Five Lines of Code: How and when to refactor

重構的時機與實作

五行程式碼規則

Christian Clausen 著
H&C 譯

献给我大学的两位导师，他们告诉我：

要一直维持卓越的关键就是每天努力地工作啊！

—Olivier Danvy

和

你没有捉到重点哦！

—Mayer Goldberg

感谢您们教会我，不要只是想着去做对的事，而是真的动手去做对的事情。

前言

您是否有曾經讀過某本與軟體相關的書，並覺得作者寫的內容對您來說太過高深了？書中內容是否使用了很多不熟悉的詞彙和過於複雜的概念來表達觀點？是否讓您覺得這本書好像是寫給的無所不知的精英份子而不是給您閱讀的？

本書不會是前述那樣的書籍，這裡的內容很踏實、集中焦點並切中要害。

這本書也不是入門書，不會從最基本的開始講述，不會有讓您厭煩的程式設計和語言的基礎知識。本書內容不會試圖討好您和讓您感覺舒服，因為書中的內容會讓您多動腦，挑戰和激發您的學習欲望。雖然內容有些挑戰性，但不會嚇到您和侮辱您的智商。

「重構（Refactoring ）」這門學科是在不破壞程式碼的情況下，把不好的程式碼轉換為好程式碼。當我們考量到現化文明都依賴於軟體才能繼續存在時，似乎找不到比「重構」更值得的研究課題。

也許您認為這種講法太過誇張，但並不是。請看一看您的周圍，目前身邊有多少個正在執行軟體的處理器呢？手錶、手機、車鑰匙、耳機...等等，在您周邊30 公尺以內有多少個呢？微波爐、電磁爐子、洗碗機、溫度自動調節器、洗衣機、車子...等等。

如今的社會，沒有軟體就什麼都不能運作了。沒有軟體，您不能買賣任何東西，無法開車或飛去任何地方、不能煮熱狗、不能看電視、也無法打電話給其他人。

這些軟體實際上真的都是好的程式碼嗎？想一想您現在正在使用的系統，這套軟體真的符合乾淨無暇（clean）原則嗎？ 還是像大多數軟體一樣有點糟，急需重構？

本書內容不會介紹以前您可能聽過或讀過的那種枯燥乏味和簡單化的重構理論。這裡談的都是真正的重構實務，在真實專案中所進行的重構，在過去遺留系統中所進行的重構，在我們幾乎每天所面對的各種環境中進行重構。

更重要的是，這本書不會讓您覺得系統沒有經過自動化測試而感到內疚。作者意識到大多數承繼下來的系統都是隨著時間的推移而成長和演變，我們不會那麼幸運能夠擁有這樣的測試套件。

本書制定了一組簡單的規則，讓讀者可以遵循這些規則，可靠地重構複雜、混亂、糾纏、未經測試的系統。學習並遵循這些規則後，您就能真正提高所維護之系統的品質。

但請不要誤解我的意思，本書並不是什麼銀彈和靈丹妙藥。要對舊有、粗糙的、未經測試的程式碼進行重構絕非易事，但在您學習了本書中的規則和範例後，就有機會能攻克長期困擾著您的問題。

所以我建議您仔細閱讀這本書，研究其中的範例，認真思考作者提出的抽象概念和意圖。請取得作者提供的程式碼庫，跟著書中的內容與作者一起重構，隨著書中的內容完成這趟重構旅程。

學習是需要花時間，閱讀本書也許讓您沮喪，而且書中內容不時挑戰您。但您在經歷過後，就會帶著一套技能從另一邊走出來，這些技能會在未來的職業生涯中提供很好的服務。您還學會怎麼區分「好的」程式碼和「不好的」程式碼，以及怎麼讓程式碼變「乾淨無暇」。

—Robert C. Martin (aka Uncle Bob)

序

父親在我很小的時候就教我寫程式，所以從我記事以來就一直在思考結構。我一直都很樂於助人，也是我每天起床的動力。因此，教學對我來說是很自然且有趣的工作。在大學有機會擔任助教的職位時，我立即接受了這項職務。我有過幾次這樣的機緣，但不幸的是我的運氣用完了，整個學期什麼也教不了。

身為創業者，我決定創辦一個學生組織，讓學生之間能互相指教學習。任何人都能參加或發言，主題範圍從業餘個人專案所學到的經驗教訓，到課程沒涵蓋的高階主題都能討論。我相信這樣會讓我有機會指導他人，從結果來看我這樣做是正確的。事實證明，電腦科學家都很膽小，我在連續主持近 60 週之後才有機會開始進行指導的教學工作。在這段時間裡，我學到了很多東西，無論是關於我指導的主題或是關於教學技巧都收穫良多。這樣的互動還催生了一群好奇的人，在那裡我遇到了我最好的朋友。

離開大學之後的一段時間裡，我和其中一位朋友出去旅遊。由於沒有什麼正事可做，所以他問我是否要即興指導交流一下，因為我在學校也做了很多這樣的交流指導，我回答說：「讓我們一起研究看看」。開啟筆電之後我並沒有停下來喘口氣，而是直接輸入了本書 Part 1 部分的主要範例。

當我把手指從鍵盤上拿開時，他驚呆了。他以為那是今天討論所準備的示範，但我有不同的想法。我想教他「重構」。

我的目標是在一小時之後，他能像重構大師一樣編寫設計程式碼。由於重構和程式碼品質是很複雜的主題，很明顯我們不得不做些假設和虛構。所以，我查看了程式碼，並試圖想出一些規則，讓他做正確的事，同時又很容易記住。在這樣的練習過程中，即使其中的程式是假設和虛構，他也對程式碼進行了真正的改進。這樣的成果很令人鼓舞，他的進步如此之快，以至於當晚回到家時，

就寫下了我們所有發生的一切。在職場工作中僱用初階新手時，我重複了這個練習，慢慢收集、建構和提煉本書中的規則和重構模式。

目標：選定的規則和重構模式

完美的達成，不是在沒有什麼可以添加，而是在沒有什麼可以去掉的時候。

—Antoine de Saint-Exupéry

世界上有數百種重構模式（refactoring patterns），我只選了 13 種，這樣做的原因是我相信「深刻的理解」比「廣泛的熟悉」更有價值。我還想製作一個完整的、連貫的故事，因為這樣有助於增加視角，使主題更容易在腦中組織起來。相同的論點和做法也可套用到「規則（rules）」上。

太陽底下沒什麼新鮮事。

—Book of Ecclesiastes

我並沒有聲稱在本書中有提出很多新奇的內容，但我卻以一種有趣又有用的方式把它們結合起來。許多規則源自 Robert C. Martin 的「Clean Code（Pearson, 2008 年出版）」一書，但經過修改後更易於理解和應用。許多重構模式源自於 Martin Fowler 的「Refactoring（Addison-Wesley Professional, 1999 出版）」一書，但經過調整改編後可用編譯器來處理，而不需要再依賴強大的測試套件。

本書讀者與學習路徑

本書是由風格很不相同的兩個部分所組成。Part 1 的內容針對是個人的學習，為重構觀念奠定堅實的基礎。我所關注的不是全面性，而是易學性。這部分的內容適用於對重構基礎還沒有確實理解的讀者，例如學生、初階新手或自學成才的開發人員。如果您查閱本書隨附的原始程式碼後，覺得「這看起來很容易改進啊」，那麼 Part 1 的內容就不適用於您了。

在 Part 2 的內容中，我把焦點放在上下脈絡（context）和團隊（team）。我選擇了現實世界中關於軟體開發最有價值的課程內容，有些主題較理論性的，例如「與編譯器的協作」和「遵循程式碼中的結構」；有些主題則是較實用性的，例如「愛上刪除程式碼」和「讓不良的程式碼看起來更糟糕」。因此這部分的應用範圍更廣，即使是有經驗的開發者也能從這些章節中學到東西。

因為 Part 1 的章節都使用了一個總體的範例來說明，所以各章節會緊密地連結在一起，應該一章接一章閱讀。但在 Part 2 中，除了少數相互參照引用之外，這些章節大部分都是獨立的。如果您沒有時間從頭到尾閱讀整本書，可以輕鬆單獨選擇 Part 2 中最讓您動心的主題進行閱讀。

關於教學指導這件事

我花了很多時間反思教學指導這件事。傳授知識和技能這件事本身就很有挑戰性，老師得要激發學生的學習動機、信心和反思能力，但學生的腦子卻更喜歡停下來休息和分散注意力，不會想要專心學習。

要應付這樣的腦洞掙扎，得要先激發學生的學習動機。我通常會用一個看起來很簡單的練習吸引學生，當學生發現自己無法解決問題時，好奇心就會被激發了，這就是 Part 1 程式碼的主要作用和目的。書中簡單的一句指示要讀者「改進這個程式碼庫」，但程式碼的品質已經達到一定水準，許多人不知道該如何要繼續下去。

第二階段是讓學生有信心去嘗試動手實作和應用新的知識或技能。我第一次意識到這一點的重要性是在課外學習法文時，當老師想要教我們新的片語時，她會帶著我們走過下列幾個同樣的步驟：

1. 她會要求我們每個人逐字重複那個片語，這個純模仿的步驟會讓我們必須真的說出那個片語一次。

2. 她向我們每個人提出了一個問題。雖然我們並不都能理解問題的意思，但語調讓我們明白這是個問題。由於我們沒有其他的工具，所以又重複了那個片語。這種重複增強了我們的自信，也讓我們對片語的語境上下脈絡有了初步的認知，就在此時，我們的理解就開始了。

3.　她要求我們在對話中使用那個片語。能夠合成出新的東西是教學的目標，這需要理解和信心兩者兼備。

我學到這種方法源自日本茶道和劍道的「**守破離（Shuhari）**」概念，這個概念現在越來越受歡迎。它由三個部分組成：「守（Shu）」是模仿，不問為何也不去理解；「破（ha）」是變化，做些稍微新穎的事情；「離（ri）」是創新，去超越已知的範疇。

「守破離」概念貫穿整個 Part 1。我建議一開始先不求甚解直接遵循「規則」，然後在理解其價值後，再加以變化。最後，當您掌握這些技巧，就可以轉進「程式碼異味（code smells）」的領域。以重構模式來說，我會展示如何在真實的程式碼中進行處理，讀者應該跟著做（模仿）。接著會在不同的情境脈絡中展示同樣的重構模式（變化）。最後，我會提供另一個適用於該模式的場景，在讓場景中我會鼓勵讀者自行嘗試（綜合運用）。

讀者可以利用本書來驗證上述的步驟，並使用 Git 標籤來驗證其程式碼。如果您沒有跟著程式碼走，那您可能會覺得有些步驟一直重複，所以我建議您在閱讀 Part 1 時要配合鍵盤輸入，實際動手實作。

關於程式碼

書中含有很多範例程式碼，都是以「Listing 編號」獨立的樣式編排呈現，程式碼是以等寬字型來排版，若是在文字段落的說明中，因為與中文字已有區別，所以只用一般英文來呈現。程式碼也會用語法突顯標示，關鍵字會以粗體標示，這樣能更好地理解程式碼的架構。

在多數情況下，原始程式碼會被重新編排，我們會加上斷行和重新調整縮排，以配合書中有限的版面空間。此外，如果內文中有說明講述程式碼的意義時，Listing 中程式碼的注釋（comment 或譯註解）就不會列出。Listing 中也會有加上箭頭的圖說文字，用來強調程式碼中的某些重點概念。

書中隨附的程式碼可連到 Manning 出版社（https://www.manning.com/books/five-lines-of-code）網站下載，另外也可連到 GitHub 倉庫（https://github.com/thedrlambda/five-lines）下載。

致謝

首先，如果不是 Olivier Danvy 和 Mayer Goldberg 這兩位老師，我不會成為現在的自己，更不會寫出這本書。我無法表達對兩位老師的感激，您們分別教授了我 type theory（型別理論）和 lambda calculus（lambda 演算），這正是本書的基石。就像所有優秀的好老師一樣，但您們做得更多。感謝 Danvy：我知道這對您來說是個驚喜，但對我而這卻不意外，您是我在科學領域中最感謝的人，因為您提供的建議立即就能應用，而且多年後仍然有用。感謝 Mayer：您不倦的熱情、耐心和教授程式設計中所有複雜主題的方法，形塑了我對程式設計的思維方式和教學方法。

我還要向 Robert C. Martin 致謝，如果有人像我一樣受到您所寫的書籍啟發，並且在我的這本書中一樣得到鼓舞和啟發，我會非常高興。很感激您抽出時間閱讀這本書，並撰寫前言。

感謝為這本書貢獻的平面設計師：謝謝你，Lee McGorie。您的創意和技能讓設計呈現的品質與書中的內容搭配得很好。

由衷地感謝 Manning 出版團隊中的每一位成員。組稿編輯 Andrew Waldron 給了我非常好的回饋和熱情，這也是我決定與 Manning 合作的原因。開發編輯 Helen Stergius 在我撰寫本書時一直扮演著導師的角色，如果沒有她的鼓勵和優秀的反饋，這本書不可能達到這樣的品質水準。技術開發編輯 Mark Elston 更是優秀，他給的評論總是非常獨到和準確，他對某些主題的觀點與我能完美互補結合。此外，還要感謝文字加工編輯、行銷團隊和 Manning 公司的合作和耐心等待。

另外還要謝謝在工作職涯中指導過我的人。向 Jacob Blom 致意：您總是以身作則，教導我如何成為一位技術優秀的顧問，同時又不會犧牲自己的價值觀。您對工作總是維持著熱情，從您還能記得並回想起十年前所寫的程式碼就能看

出您對工作的堅持，這一點至今仍讓我嘖嘖稱奇。向 Klaus Nørregaard 致意：您內心的平靜和善良是我追求的目標。向 Johan Abildskov 致意：我從未遇到過像您這樣在技術的廣度和深度能同時兼備的人，同時待人處世也非常良善。如果沒有您，這本書永遠無法出版。與此同時，我也要謝謝那些曾經受過我指導，或一些密切合作過的所有人。

我也要感謝所有透過反饋和許多技術討論來協助這本書順利出版的人們。我願意花時間和您們在一起是因為您們讓我的生活更美好。向 Hannibal Keblovszki 致意：您的好奇心孕育了這本書的最初想法。向 Mikkel Kringelbach 致意：感謝您在我需要時總能提供協助，並且一直挑戰我的智力，分享您的見解和經驗，這些對本書有很大的幫助。向 Mikkel Brun Jakobsen 致意：您對軟體工藝的熱情和能力讓我感到振奮，並激勵我變得更好。感謝所有曾經認為自己是業餘教學社群的一員，您們對知識的渴望讓我能維持對教學的熱情。特別感謝：Sune Orth Sørensen、Mathias Vorreiter Pedersen、Jens Jensen、Casper Freksen、Mathias Bak、Frederik Brinck Truelsen、Kent Grigo、John Smedegaard、Richard Möhn、Kristoffer Nøddebo Knudsen、Kenneth Hansen、Rasmus Buchholdt 和 Kristoffer Just Andersen。

最得要謝謝所有審閱者：Ben McNamara、Billy O'Callaghan、Bonnie Malec、Brent Honadel、Charles Lam、Christian Hasselbalch Thoudahl、Clive Harber、Daniel Vásquez、David Trimm、Gustavo Filipe Ramos Gomes、Jeff Neumann、Joel Kotarski、John Guthrie、John Norcott、Karthikeyarajan Rajendran、Kim Kjærsulf、Luis Moux、Marcel van den Brink、Marek Petak、Mathijs Affourtit、Orlando Méndez Morales、Paulo Nuin、Ronald Haring、Shawn Mehaffie、Sebastian Larsson、Sergiu Popa、Tan Wee、Taylor Dolezal、Tom Madden、Tyler Kowallis 和 Ubaldo Pescatore，您們的建議讓這本書變得更好。

關於作者

Christian Clausen　擁有電腦科學碩士學位，主修程式語言，特別是軟體品質和如何編寫無錯誤的程式碼。他和其他人一起寫了兩篇關於軟體品質的論文，經過同行審查後發表在一些知名的期刊和會議上。Christian 曾在巴黎的研究團隊中擔任 Coccinelle 專案的軟體工程師。他曾在兩所大學教授物件導向和函數式程式語言的入門和進階程式設計主題。Christian 有五年的時間在擔任顧問和技術負責人。

關於封面插圖

《重構的時機與實作｜五行程式碼規則》這本書的封面上所使用的圖案標題為「Femme Samojede en habit d'Été」，其意義為夏季打扮的撒莫耶德婦女。該插圖取自 Jacques Grasset de Saint-Sauveur（1757-1810 年）的《Costumes Civils Actuels de Tous les Peuples Connus》，於 1788 年在法國出版，收錄了來自不同國家的禮服。每幅插圖都是精美的手繪彩色作品。Grasset de Saint-Sauveur 豐富多樣的收藏，生動地提醒我們 200 年前世界各城鎮和地區的文化差異。人們彼此隔離，講不同的方言和語言。無論是在城市街上還是在鄉間，只要以服裝就可以很容易地識別出居住地和職業。

時隔自今，我們的著裝方式產生了變化，當時如此豐富的地區多樣性已經逐漸消失。現在很難區分不同大陸的居民，更不用說不同的城鎮、地區或國家了。也許我們已經用文化多樣性來換取了更豐富多樣的個人生活——當然是為了有更多樣化和快節奏的技術生活。

在現今一大堆電腦技術書籍且不好區分的時代裡，Manning 出版社以兩個世紀前豐富多樣的地區生活為題，取用 Grasset de Saint-Sauveur 的插圖來當作的書籍封面，表達了現今電腦行業的創造性和主動性。

目錄

第 8 章　遠離注釋　　　　　　　　　　　　　259

第 9 章　愛上刪除程式碼　　　　　　　　　　　267

第11章　遵循程式碼中的結構 313

第14章　總結回顧 377

附錄A　為 Part 1 內容安裝相關工具 387

重構重構

本章內容

- 理解重構的要素

- 將重構融入您的日常工作中

- 重構安全的重要性

- 簡介 Part 1 的總體範例

眾所周知，「高品質」的程式碼能讓維護成本變得更便宜且錯誤更少，而且還會讓開發人員更快樂。實現高品質的程式碼最常見做法就是透過「重構（refactoring）」。然而，目前教授重構的作法都是以**程式碼異味（code smells）**和**單元測試（unit testing）**為主，這樣對初學者來說門檻較高且不必要。我相信，只要多練習一些簡單的重構模式，任何人都能夠安全地進行程式碼重構。

在軟體開發中，我們把問題放在如圖 1.1 所示的某個位置，用來表示缺乏足夠的技能、文化、工具或這些因素的組合。重構是一項複雜的工作，因此放在中心位置，它需要下列各個組件來配合：

- **技能（skill）**：我們需要具備技能，知道哪些程式碼是不好且需要重構。有經驗的程式設計師能透過對程式碼異味的了解來判斷這一點。但程式碼異味的界限是模糊的（需要判斷和經驗），而且其解釋存有不確定性，因此不容易學習。對於開發新手來說，理解程式碼異味可能更像是第六感，而不是技能。

- **文化（Culture）**：我們需要一種鼓勵花時間進行重構的文化和工作流程。在許多情況下，這種文化是透過測試驅動開發中著名的「**紅燈／綠燈／重構**」循環來達成的。然而，在我看來，測試驅動開發是一門更難的技藝。「紅燈／綠燈／重構」循環也不容易在舊有遺留的程式碼庫中進行。

- **工具（Tools）**：我們需要工具來確保重構是安全的。最常用的方法是透過自動化測試來達成。但如前所述，學習如何進行有效的自動化測試本身就很不容易。

圖 1.1　技能、文化和工具

以下章節會深入探討各個領域，並解說怎麼從更簡單的基礎開始進行重構，而不需要進行測試和抽象程式碼的改善。這種學習重構的方式能快速提升開發新手、學生和程式愛好者的程式品質。技術主管也可用本書中的方法作為引入團隊重構的基礎，就算是不常進行重構的團隊也能夠依照書中方法進行重構。

1.1　什麼是重構？

我會在下一章更詳細地回答「什麼是重構？」這個問題，但在深入探討重構的各種方法之前，先對重構有個直覺的理解是有幫助的。簡單來說，重構是指「改變程式碼而不改變其功能」。讓我們透過一個重構前後的例子來解釋我所談的內容。在這裡，我們會把表示式替換成區域變數。

▶Listing 1.1　之前
```
01    return pow(base, exp / 2) * pow(base, exp / 2);
```

▶Listing 1.2　之後
```
01    let result = pow(base, exp / 2);
02    return result * result;
```

要進行重構的理由很多：

- 讓程式碼更快（以前述範例來看）

- 讓程式碼更小

- 讓程式碼更加通用或可重複使用

- 讓程式碼更容易閱讀或維護

最後一個理由很重要且這是判斷是否為好程式碼的核心依據。

> **定義**　**好的程式碼**（Good code）是指讓人好閱讀看得懂，且易於維護的程式，並且能照其設計執行，得到正確的成果。

由於重構不能改變程式碼原本的功用，因此本書中我們把重點放在讓人好閱讀和易於維護上。我們會在第 2 章中更詳細深入探討重構的這些原因。在本書中，我們只考慮能產生好的程式碼的重構，因此我們所使用的定義如下。

定義　**重構**（**Refactoring**）是把程式碼改得更易閱讀和更好維護，但不改變其功能。

我還是必須提醒一下，這裡所談的「重構」類型很大程度是針對物件導向的程式語言。

大多數的人都把程式設計（programming）想成是寫程式（writing code），但對於大多數的程式設計師來說，他們花更多時間在閱讀和試著理解程式碼的用途，而不是在寫程式。這是因為我們在一個複雜的領域中工作，沒有理解就隨意更改程式碼可能會導致災難性的失效結果。

因此，重構的第一個原因純粹是成本效益的考量：程式設計師的時間很寶貴，如果我們讓程式碼庫（codebase）更易讀，就能釋放出更多時間來實作新的功能。第二個原因是，讓程式碼更易於維護，這表示錯誤（bugs）更少且更易修復。第三個原因是，好的程式碼庫更有趣、更讓人愉悅。當我們閱讀程式碼時，需要在腦中建立一個模型，了解程式碼是要做什麼，當需要同時記住很多細節時，就會變得疲累。這就是為什麼從頭開始寫程式會較有趣，而為什麼除錯會讓人覺得很可怕的原因。

1.2　技能：要重構什麼？

了解哪些程式碼要重構是我們要面對的第一道門檻。通常，重構是要和「**程式碼異味**（**code smells**）」放在一起學習的，這些「異味」是描述程式碼可能有問題的地方。雖然很有用，但也很抽象且難以入門，這需要很多時間和經驗才能對「異味」有感覺。

本書採用了不同的做法，提出易於辨識和套用的「規則」來確定需要進行重構的內容是什麼。這些規則易用且能夠快速學會，但有時候這些規則也可能過於嚴格，有時會去修復一些本來沒有異味的程式碼。然而就算我們遵循這些規則來進行處理後，仍可能產生有異味的程式碼。

如圖 1.2 所示，程式碼異味和規則的重疊不完美。我提出的規則並不能完全涵蓋好程式碼的全部，然而這些規則能讓讀者更快地發展出像高手一樣對好程式

碼的感覺。現在讓我們舉一個例子，說明程式碼異味和書中的規則之間的有何區別。

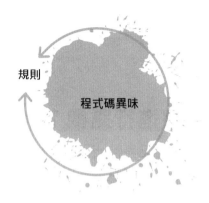

規則

程式碼異味

圖 1.2　程式碼異味和規則

1.2.1　程式碼異味的範例

有個大家都知道的程式碼異味：一個函式應該只做**一件事**。這是個很好的指導方針，但很難釐清「**一件事**」代表的是什麼。再看一下前面的程式碼：這裡是否有異味呢？程式碼的作用是進行除法、乘方的運算，然後再進行乘法運算。這是說程式做了三件事嗎？另一方面，這段程式只返回一個數字且不改變任何狀態，那是否又表示只做了一件事呢？

```
01  let result = pow(base, exp / 2);
02  return result * result;
```

1.2.2　規則的範例

將前面的程式碼異味與以下規則進行比較（在第 3 章會詳細介紹）：一個方法（method）永遠不應該超過**五行程式碼**。我們一眼就能看出這個方法是否符合該規則，而不會有進一步的問題。這條規則很清晰、簡潔且好記，尤其這也是本書的書名主題。

請記住，書中介紹的規則只是個輔助輪，如之前所討論的，這些規則不能保證在所有情況下都能得到好的程式碼，而且有時候遵循這些規則反而可能是錯的。然而，如果您不知道重構要從哪裡著手，這些規則仍是很有用的提示，可以激勵您把程式重構成好的程式碼。

請留意，所有規則的名稱都使用「**永不（never）**」等絕對詞彙來表示，因此很容易記住。但是，詳細的說明中通常會指出例外情況，也就是**不適用**規則的情況，解釋中還說明了規則的目的。在開始學習重構時，我們只需要使用絕對的情況，當這些情況被內化後，就可以開始去了解例外的情況，然後理解其例外的意圖，這樣我們就能成為程式碼專家了。

1.3　什麼時候要進行重構？

> 重構就像洗澡。

> —Kent Beck

重構最有效、最省錢的方式是定期進行。如果可以的話，我建議您把重構納入日常的工作中。大多數文獻建議使用「紅燈＼綠燈＼重構（red-green-refactor）」這套工作流程，但是，正如前面提過的，這種做法會把重構與測試驅動開發綁在一起，而在本書是希望把兩者分開，只專注在「重構」的部分。因此，我建議使用更一般化的「六步驟」工作流程來解決所有程式設計的工作，如圖 1.3 所示：

1. **探索（Explore）**。在開始任何程式工作之前，通常不完全確定需要建立什麼。有時候，客戶不知道他們想要我們建構什麼，而需求是以含糊不清的散文形式書寫。而有時候，我們甚至不知道這項任務是否能成為解決方案。因此，我建議從探索和實驗當作起始。快速實作一些東西，然後從客戶那裡進行驗證，確定您開發的東西與客戶需求是一致的。

2. **指定（Specify）**。在探索之後，對於需要建構的內容有了更好的理解，應該能明確地指定需求。最好是用自動化測試的方式來驗證結果是否有按照指定的需求正確執行。

3. **實作（Implement）**。實作程式碼。

4. **測試（Test）**。確定程式碼有通過步驟 2 的需求規格測試。

5. **重構（Refactor）**。在交付程式碼之前，請確保程式很容易能讓下一個人（可能是您自己）使用。

6. **交付**（**Deliver**）。有很多種交付程式碼的方式，最常見的做法是透過拉取請求（pull request）或推送（pushing）把程式碼交到特定分支（branch）。最重要的是要確保您的程式碼有送到使用者手中，否則交付就沒有什麼意義了？

圖 1.3　工作流程

因為我們進行的是以規則為基礎的重構，所以工作流程直接且容易進行。圖 1.4 放大了流程中的步驟 5：**重構**。

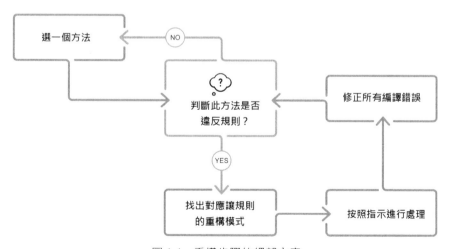

圖 1.4　重構步驟的細部內容

我設計這些規則是為了方便記憶，而且很容易在不需要任何協助的情況下就能發現使用的時機，這表示判斷某個方法是否違反規則也是很簡單的。每條規則都有幾種與之連結的重構模式，這樣就很容易知道怎麼修復問題。重構模式具

有明確的步驟指示和說明，確保您不會意外破壞原本的任何內容。書中的許多重構模式故意使用編譯錯誤來協助讀者不會引入錯誤。一旦經過練習，規則和重構模式就變得容易運用。

1.3.1　在遺留的舊系統中進行重構

就算我們是從一個龐大的遺留舊系統開始，也有聰明的做法可以把重構納入我們的日常工作，而且不必先停下一切然後才去重構整個程式碼庫。您只需要遵循下面這句很棒的名言：

> 先讓程式碼容易理解和修改，將來的修改或新增功能都會更容易。
>
> —Kent Beck

每當我們要實作新功能之前，都會先重構程式碼，這樣就更容易加入新的程式碼了。這就像在烘焙之前先準備好所有材料一樣。

1.3.2　什麼時候不應該重構？

在大多數情況下重構是很棒的處置，但這麼做也會有一些缺點。 重構可能很耗時，尤其是在您不熟悉且不常做的時候。正如前面提到的，程式設計師的時間是很寶貴的。

在以下的三種的程式碼庫中，重構可能不值得進行：

■ 您要寫的程式只會執行一次就刪掉的。這種程式在 Extreme Programming 社群中稱之為 **Spike**。

■ 程式碼準備退役前處於維護模式。

■ 具有嚴格效能要求的程式碼，例如嵌入式系統或遊戲中的高階物理引擎。

除了以上的情況，我建議都要進行重構。

1.4　工具：如何（安全地）重構

我和大家一樣喜歡自動化測試。然而，學會如何有效地測試軟體本身就是一項十分複雜的技能。因此，如果您已經知道怎麼進行自動化測試，請配合書中內容隨時使用，但如果您還不會，那也別擔心。

我們可以把測試想像成：自動化測試對軟體開發就像煞車對汽車一樣重要。汽車裝上煞車是為了能安全地快速行駛。在軟體開發中也是如此，運用自動化測試的目的是要讓我們能在快速開發時更有信心和更具安全感。但在本書的內容中，我們是在學習全新的技能，所以不需要跑得太快。

相反地，我會建議多依賴其他工具的配合而不先運用自動化測試，這些工具的配合有：

- 結構化、逐步詳細的重構模式，就像跟著食譜做菜一樣

- 版本控制

- 編譯器

我相信，如果精心設計重構模式，並且逐步小心地執行，就有可能在不破壞任何東西的情況下進行重構。特別是當整合開發環境（IDE）可以為我們執行重構時，這一點十分重要。

為了彌補本書沒有討論「測試」的事實，我們使用編譯器和型別來捕捉可能犯下的許多常見錯誤。即使如此，我還是建議讀者定期打開您在開發的應用程式，並檢查它是否完全正常。每當我們驗證通過，或者知道編譯器編譯的結果是正常的，就提交一次，當應用程式在某個時刻掛掉了，而我們不知道如何立即修復時，就能輕鬆跳回到上一次它正常運作的時間點。

如果我們處理的是沒有進行自動化測試的真實系統，仍然可以進行重構，但需要從某他方法來獲得信心，例如使用整合開發環境進行重構、手動測試、採取超小型的步驟來進行，或者其他方法。然而，這需要花額外的時間來進行這些動作，如此一來，進行自動化測試反而更具成本效益。

1.5　開始運用工具

正如我前面提過的，書中討論的重構類型需要使用物件導向語言來配合。這是讀者在閱讀和理解本書時所必需知道的重要事實。

寫程式和重構都是需要用到手指頭來實作的技藝。因此，最好是實際動手跟著範例來實驗，在動手練習時能體會更深並享受其樂趣。為了讓您能跟著書中內容來學習和實作，您需要以下的工具，其相關安裝說明請參考附錄。

1.5.1　程式語言：TypeScript

這本書中所有的程式碼範例都是以 TypeScript 編寫的。我選用 TypeScript 的原因有很多，其中最重要的是它看起來和感覺上很像一些常用的程式語言，例如 Java、C#、C++ 和 JavaScript，因此熟悉這些語言的人應該能輕易地閱讀看懂 TypeScript。此外，TypeScript 還提供一種方法，能夠把完全沒有物件導向的程式碼（也就是沒有任何類別的程式碼）轉變成高度物件導向的程式碼。

> **NOTE**　為了能更好地運用書中的版面空間，本書使用了一種避免換行但仍易讀的程式風格。我並不建議您也用這種風格，除非您碰巧也要寫一本含有大量 TypeScript 程式碼的書。這也是為什麼本書中的縮排和大括號有時會與專案程式碼不同的原因。

如果您還不熟悉 TypeScript，書中會在需要補充說明時，用以下這樣的方框來解釋所有要注意的內容。

> **在 TypeScript …**
>
> 我們使用 identity（===）來檢查相等性，因為這種表示更像是我們對相等性的期望，而不是雙等號（==）。請思考以下例子：
>
> ◎ 0 == "" 為 true。
>
> ◎ 0 === "" 為 false。

雖然書中的範例是用 TypeScript 寫的，但所有的重構模式和法規都是通用的，適用於任何物件導向的語言。在少數情況下，TypeScript 會對我們有幫助或阻礙還不知道，但這些情況會被明確提出來解說，我們也會討論在其他常見的程式語言中如何處理這些情況。

1.5.2　編輯器：Visual Studio Code

我沒有假設讀者要用某種特定的編輯器，但如果您沒有特別的偏好，我建議您使用 Visual Studio Code。這套編輯器與 TypeScript 很能配合。而且能支援在背景終端機中執行「tsc -w」來進行編譯，這樣我們就不會忘記使用了。

> NOTE　Visual Studio Code 與 Visual Studio 是完全不一樣的工具。

1.5.3　版本控制：Git

雖然在閱讀本書時不一定需要使用版本控制來配合，但我仍強烈建議使用，因為版本控制能讓您更輕鬆地復原某些修改，避免迷失和遺憾。

重設回參照的解決方案

任何時候，您都可以用類似下列的命令跳轉回到主要區段開始時的程式碼。

```
git reset --hard section-2.1
```

請小心：您可能會遺失做過的修改。

1.6 總體範例：2D 的拼圖益智遊戲

最後，讓我們討論一下要怎麼教授所有這些精彩的規則和好用的重構模式。本書是圍繞一個主要的總體範例來配合解說，這是個 2D 的拼圖益智遊戲，很像經典遊戲 Boulder Dash（圖 1.5）。

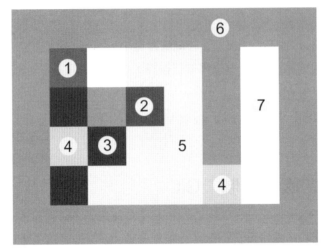

圖 1.5　遊戲的畫面示意

這表示在本書的 Part 1 內容中，我們會有一個重要的程式碼庫（codebase）可以運用。使用同一個範例來解說會節省很多時間，如此一來，我們就不必在每一章重新熟悉另一個新的範例。

這個範例是以真實業界中常用的風格來撰寫的，如果讀者已經學會本書教授的技巧，這個練習實作就不會太難。範例的程式碼已經遵循了 DRY（Don't Repeat Yourself，不要重複自己寫過的東西）和 KISS（Keep It Simple, Stupid，保持簡單）的原則來編寫，即便如此，但也沒有超越 DRY KISS 太多。

這裡選用電腦遊戲為例，是因為當我們進行手動測試時，如果某些東西的行為不正確是很容易被發現：我們對遊戲應該要怎麼動作會有一種直覺的反應。無論如何，遊戲程式還是比查看金融系統的 log 日誌稍微有趣些。

使用者利用鍵盤上的方向鍵來控制玩家的方塊。遊戲目標是把方塊（在圖 1.5 中標示為 2 的方塊）移到右下角。雖然在書中呈現的色階不顯示，但是在遊戲程式中各元素代表的顏色意義標示如下：

1. 紅色方塊代表玩家。

2. 棕色方塊代表箱子。

3. 藍色方塊代表石頭。

4. 黃色方塊是鑰匙或鎖，稍後我們會修正。

5. 綠色調方塊稱為 **flux**，是會**變化**的區塊。

6. 灰色方塊代表牆壁。

7. 白色方塊代表空的（air）。

如果箱子或石頭沒有任何支撐，它就會掉下來。玩家一次只能推動一個石頭或箱子，前提是沒有被阻擋或掉落。箱子與右下角之間的路徑最初會被鎖住，所以玩家必須先取得鑰匙才能打開它。玩家可以在變化的區塊上移動「吃掉」（移除）這些變化的區域。

現在是下載遊戲程式並試玩的絕佳時機：

1. 請在您想要儲存遊戲程式的路徑位置開啟主控台。

    a. 使用 git clone https://github.com/thedrlambda/five-lines 來下載遊戲的原始程式碼。

    b. 使用 tsc -w，每當 TypeScript 發生更改時，就會將其編譯為 JavaScript。

2. 請在瀏覽器中開啟 index.html。

在程式碼中可以修改關卡，所以請隨意更新 map 變數中的陣列來建構屬於自己的地圖，讓您玩得更開心！（請參閱附錄來查看改更的範例）

1. 請在 Visual Studio Code 中開啟範例程式所在的資料夾。

2. 選取「終端機→新增終端」指令。

3. 在終端機中執行 tsc -w 指令。

4. 當 TypeScript 有變更修改時，就會在背景中進行編譯，您現在可以關掉終端機。

5. 每次修改後，稍微等待一下 TypeScript 編譯，然後重新載入瀏覽器即可。

這是您在 Part 1 跟著範例編寫程式時會用到的相同步驟。不過在那之前，我們會在下一章先學習更詳細的重構基礎知識。

1.6.1　熟能生巧：第二個程式碼庫

因為我堅信動手實踐才是正道，所以又做了另一個專案，但沒有提供解答。如果您想挑戰一下，可以在複習重讀時使用這個專案來練習，或者如果您是當老師，可把此專案當作學生的練習題。這個專案是個 2D 動作遊戲，兩個程式碼庫使用相同的樣式和結構，具有相同的元素，在重構時也是採用相同的步驟來完成。雖然這第二個程式碼庫稍微有點進階，但仔細遵循書中講解的規則和重構模式，應該能重構生成預期的結果。若想要取得此專案的程式碼庫，請利用下列網址：https://github.com/thedrlambda/bomb-guy 下載，並採用前述的相同步驟來進行重構練習。

1.7　關於真實世界軟體的提醒

這裡要重申的是，本書的焦點是介紹重構，不是要提供可在所有情況下都能套用到上線程式碼的特定規則。規則的使用是先學習和知曉其名稱，然後再遵循它們。一旦熟悉之後，再去學習其細部描述說明和了解其例外情況。最後利用這些知識來建立對底層程式碼異味（code smell）的理解。過程如圖 1.6 所示。

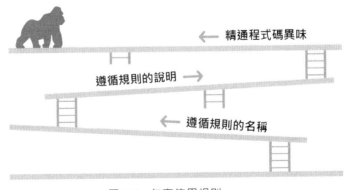

圖 1.6　怎麼使用規則

這也解釋了為什麼我們無法製作自動化重構的程式。（我們也許可以製作外掛plugin，根據規則來突顯**可能有問題的**程式碼區域。）規則的主要目的是建立對事情的理解。總之：在您更理解熟悉之前請先直接遵循規則。

還有一點要注意，由於我們只專注於學習重構，而且有個安全的環境來練習，所以我們可以不使用自動化測試—但在真實世界的系統中，這可能不是真實的情況。書中的內容之所以這樣做，是因為分開來學習自動化測試和重構會比較容易和單純的。

總結

- 進行重構需要結合技能（skills）、文化（culture）和工具（tools），了解要重構什麼、重構的時機，以及如何進行重構。

- 一般來說，程式碼異味（code smell）是用來說明什麼樣的程式需要重構。但對新手程式設計師來說很難內化，因為程式碼異味是比較模糊的概念。本書提供的學習方式是以具體的規則來替代程式碼異味。這些規則有三個抽象層級：非常具體的名稱、有加上細微差別例外情況的描述，以及最終從它們衍生出來的程式碼異味。

- 我相信自動化測試和重構可以分開來學習，這樣可以進一步降低學習的門檻。這裡不使用自動化測試，而是利用編譯器、版本控制和手動測試等工具和做法來配合。

- 重構的工作流程與測試驅動開發的紅燈＼綠燈＼重構循環是相關連結的。這表示重構依賴於自動化測試。因此，我建議使用六個步驟的工作流程（探索、明確指定需求、實作、測試、重構、交付）來開發新的程式碼，或在修改程式碼之前進行重構。

- 在本書的 Part 1 內容中，我們會使用 Visual Studio Code、TypeScript 和 Git 來實作轉換 2D 益智拼圖遊戲的原始程式碼。

深入了解重構的原理

2

本章內容

- 利用易讀性來傳達意圖

- 把不變條件局部化以提高可維護性

- 以附加新增方式來加速開發

- 把重構納入日常工作

在上一章的內容中，我們介紹說明了重構所涉及的不同元素。在本章我們會深入研究技術的細節，說明關於重構是什麼和從技術角度來看為什麼重構是很重要的，以此為讀者打下的理解重構的堅實基礎。

2.1 提升可讀性和可維護性

首先在這裡重申本書所使用的重構定義：**重構**是要讓程式碼變得更好，但不改變其原本的功用。讓我們分解這個定義的兩個主要組成部分：**讓程式碼變得更好**和**不改變其功用**。

2.1.1 讓程式碼變得更好

我們已經看到，好的程式碼在可讀性和可維護性方面表現很出色，而且也突顯了它們的重要性。但我們還沒有討論過什麼是可讀性和可維護性，又或者重構會怎麼影響它們。

可讀性

可讀性（**Readability**）是指程式碼傳達其意圖的能力。這表示如果我們假設程式碼會按照其意圖來運作，那是很容易弄清楚程式碼是做什麼的。在程式碼有很多方式會傳達其意圖：遵循慣例、編寫注釋、變數、方法、類別、檔案的命名、使用空格等等。

這些技巧的效果可能有好有壞，稍後會詳細討論。現在，我們先看一個簡單的人工函式，此函式程式碼的寫法完全沒有按照我剛才描述的所有傳達和溝通方式。相同功用的函式，其中一個版本很難閱讀，另一個版本則很易閱讀。

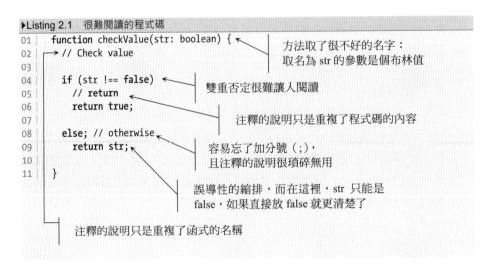

▶Listing 2.1 很難閱讀的程式碼

```
01  function checkValue(str: boolean) {          方法取了很不好的名字：
02  // Check value                              取名為 str 的參數是個布林值
03
04      if (str !== false)          雙重否定很難讓人閱讀
05          // return
06          return true;                    注釋的說明只是重複了程式碼的內容
07
08      else; // otherwise
09          return str;             容易忘了加分號（;），
10                                 且注釋的說明很瑣碎無用
11  }
                        誤導性的縮排，而在這裡，str 只能是
                        false，如果直接放 false 就更清楚了

        注釋的說明只是重複了函式的名稱
```

▶Listing 2.2　容易閱讀的程式碼

```
01 │    function isTrue(bool: boolean) {
02 │
03 │
04 │      if (bool)
05 │        return true;
06 │
07 │
08 │      else
09 │        return false;
10 │
11 │    }
```

像這樣清理之後，很明顯我們可以簡化寫成以下內容。

▶Listing 2.3　同樣功用的程式碼，簡化版

```
01 │    function isTrue(bool: boolean) {
02 │      return bool;
03 │    }
```

可維護性

每當我們需要修改某些功能時，無論是修復錯誤還是加入新功能，通常一開始都會從調查新程式碼可能放入位置的上下脈絡。我們會嘗試評估程式碼目前在做什麼，以及如何安全、快速、輕鬆地修改其內容來適應新的目標。**可維護性**（**Maintainability**）就表示我們需要調查的程度。

從這點很容易看出，如果在調查中需要閱讀和引入的程式碼越多，所花費的時間就愈長，我們就愈有可能錯過某些東西。因此，可維護性與我們進行修改時固有的風險息息相關。

很多程式設計師在調查階段會非常仔細謹慎。大家都有可能在某時不小心遺漏了某些東西而承受其後果。之所以謹慎面對，可能是無法很快確定某些東西的重要性而採取的態度。調查階段時間太長表示程式碼的可維護性不好，我們應該努力改善。

在有些系統中，當我們在某個位置進行修改時，會在某個看似不相關的地方造成錯誤。請想像一下，有個網路商店，在修改其推薦功能時，竟會造成付款系統的問題。我們把這樣的情況稱之為**系統脆弱**（**systems fragile**）。

這種脆弱性的根源通常是「**全域狀態（global state）**」，這裡的「**全域**」指的是我們要考量範圍之外的區域，從方法的角度來看，欄位就是全域的。「**狀態**」的概念則有點抽象，它是指在程式執行時可以改變的任何東西。這個概念指的是所有變數，但也包括資料庫中的資料、硬碟上的檔案以及硬體本身。（從技術上來說，甚至使用者的意圖和現實中的所有事物在某種意義上都是「狀態」，但這些東西對我們的目標並不重要。）

有個好用的技巧可協助思考全域狀態，那就是從程式碼中找出「大括號」的所在：{...}。以大括號內部所有內容來看，大括號以外的所有東西都被視為全域狀態。

全域狀態的問題在於我們常把屬性與資料關聯在一起。危險之處在於，當資料是全域的時，可能會被不同屬性與之相關聯的人進行存取或修改，進而無意中破壞了屬性。我們在程式碼中沒有明確檢查的屬性（或只用斷言檢查的屬性）就被稱為「**不變條件（invariants）**」。「這個數字永遠不會是負數」和「這個檔案一定存在」是不變條件的例子。不幸的是，要確保不變條件維持有效幾乎是不可能的，特別是當系統變更、程式設計師遺忘，或新成員加入團隊時很難維持不變。

非區域不變條件是怎麼破壞的

假設我們正為一家雜貨店開發應用程式，這家雜貨店販售水果和蔬菜，因此在系統中所有物品都有一個 daysUntilExpiry 屬性。我們實作了一個功能，每天會執行一次，從 daysUntilExpiry 中減一，如果該值為 0，則自動刪除該物品。以這個範例來看，現在有了一個不變條件，那就 daysUntilExpiry 始終是正數。

在這個系統中，我們還希望有一個緊急性的屬性，用來顯示販售每個物品的優先重要性。價值較高的物品應該具有更高的緊急性，同樣地，剩餘天數較少的物品也應該具有更高的緊急性。因此，我們實作了「urgency = value / daysUntilExpiry」設定，這裡不會出錯，因為我們知道 daysUntilExpiry 始終為正數。

> 兩年之後，由於店家開始販售燈泡，因此被要求進行系統的更新。我們迅速地加入了燈泡物品。燈泡是不會有過期的問題，而系統中的那個功能每天都會減一，如果 daysUntilExpiry 到達 0，就會刪除物品。但由於完全忘記了不變條件，我們決定把 daysUntilExpiry 設為 0，這樣在函式減 1 後，它不會等於零。
>
> 我們違反了不變條件，這樣導致系統在嘗試計算燈泡的緊急性時當掉：發生除以 0 的錯誤，Error: Division by zero。

我們可以透過明確地檢查屬性，從而去除不變條件，來提高程式碼的可維護性。但這麼做會改變程式碼的功能，這是重構不允許做的事情，這一點我們會在下一小節說明。相反地，重構通常會透過把不變條件移到更接近的位置，使其更容易看到，從而提高程式碼的可維護性。這就是所謂的**局部化不變條件**：一起變化的東西就應該放在一起。

2.1.2　維護程式碼但沒有變更原本的功用

「程式碼的功用是做什麼的？」這是個有趣的問題也有點像玄學。回應這個問題時的第一個反應是把程式碼視為**黑盒子**，而且會說，只要內部處理的結果從外面來看是一樣的，我們就可以更改內部任何東西。如果我們輸入一個值，重構前後的結果應該相同，就算結果是個例外異常也要一樣。

這樣的回應通常是對的，但有個特別的例外情況：我們可能會改變程式碼的效能。特別是在重構時，我們很少關心程式碼變慢的問題，這種現象有多個原因。首先，在大多數系統中，可讀性和可維護性比效能更重要。其次，如果效能真的很重要，則應該在分析工具或效能專家的指導下，在與重構不同的階段進行處理，我們會在第 12 章中會更詳細地討論最佳化這個議題。

在進行重構時，我們需要考量黑盒子的界線在哪裡。我們打算改變多少程式碼呢？包含的程式碼愈多，能更改的東西就愈多。與其他人合作開發時，這一點尤其重要，如果有人要修改我們正在重構的程式碼，就有可能會變生不愉快的合併衝突。

基本上,我們需要**保留**正在重構的程式碼,以便其他人不會去更動它。保留的程式碼越少,我們的更改與他人的更改發生衝突的風險就越低。因此,確定我們重構的適當範圍是一項困難且重要的取捨平衡。

總結來說,重構的三大基石是:

- 透過清晰的表達意圖來提高可讀性。

- 透過局部化不變條件來提高可維護性。

- 在不影響關注範圍之外的任何程式碼的情況下,完成第 1 點和第 2 點。

2.2　提高速度、彈性和穩定性

前述內容中已提過在一個乾淨的程式碼庫中工作的好處:我們會有更好的生產力、出錯更少,且會讓我們更愉快。更高的可維護性還帶來了一些額外的好處,在本小節中會進一步討論這些好處。

重構模式有多個層級,從具體和局部的(例如變數改名)到抽象和全域的(例如引入設計模式)。雖然變數命名會增加或減少可讀性,但我認為對程式碼品質最大的影響來自於架構的改變。在本書中,我們最接近方法內部層級(intra-method-level)的重構是討論為方法取一個好的名稱。

2.2.1　善用組合而非繼承

非局部化的不變條件式難以維護這個問題是大家都知道的狀況。在 1994 年,Erich Gamma、Richard Helm、Ralph Johnson 和 John Vlissides 四人幫合作出版了《Design Patterns》(Addison-Wesley)一書,當時他們已經建議避免意外引入非局部化的不變條件的方式:繼承(inheritance)。他們提出一句很著名建議,告訴我們如何避免這種情況:「善用物件組合而非繼承(Favor object composition over inheritance)」。

這句建議也是本書的中心思想,我們會介紹大部分的重構模式和規則都是用來協助程式使用**物件組合**:也就是物件之間互相參照的方式。下面的範例是個關於鳥類的小型程式庫(先忽略鳥類學的細節)。第一個程式使用了繼承,第二個則使用了組合。

▶Listing 2.4 使用繼承

```
01 | interface Bird {
02 |   hasBeak(): boolean;
03 |   canFly(): boolean;
04 | }
05 | class CommonBird implements Bird {
06 |   hasBeak() { return true; }
07 |   canFly() { return true; }
08 | }
09 | class Penguin extends CommonBird {      ←――― 繼承
10 |   canFly() { return false; }
11 | }
```

▶Listing 2.5 使用組合

```
01 | interface Bird {
02 |   hasBeak(): boolean;
03 |   canFly(): boolean;
04 | }
05 | class CommonBird implements Bird {
06 |   hasBeak() { return true; }
07 |   canFly() { return true; }
08 | }
09 | class Penguin implements Bird {          ――― 組合
10 |   private bird = new CommonBird();
11 |   hasBeak() { return bird.hasBeak(); }  ←――― 我們必須以手動方式
12 |   canFly() { return false; }                  來轉發呼叫
13 | }
```

在這本書中對 Listing 2.4 的優勢說明和討論很多。但為了先睹為快，以上述例子來想像，若要在 Bird 中加入一個名為 canSwim 的新方法。以上述兩種情況中，我們都把此方法加到 CommonBird 中。

▶Listing 2.6 使用繼承

```
01 | class CommonBird implements Bird {
02 |   // ...
03 |   canSwim() { return false; }
04 | }
```

在 Listing 2.5 的例子中使用了組合，但是在 Penguin 類別中仍會有編譯錯誤，因為它沒有實作新的 canSwim 方法，所以我們必須手動加入並決定 Penguin 是否會游泳。如果我們只是希望 Penguin 的行為與其他鳥類相同，這樣很容易實作，就像 hasBeak 一樣。但相反地，繼承的範例預設認定 Penguin 不會游泳，因此必須記得覆寫 canSwim 方法。依賴人來記憶是很脆弱的想法，特別是當我們的注意力被正在開發的新功能所佔據時。

彈性

以組合為基礎的系統讓我們能更細緻地組合和重複使用程式碼，比起其他方式要更容易且更有彈性。處理組合技術的系統，就像玩樂高積木一樣。當所有東西都建立成可以相互組合的形式時，就很容易快速更換零件或透過組合現有元件來建構新東西。當我們意識到大多數系統最終被運用的方式都不是原本程式設計師所想像的時候，這種「彈性」就變得更加重要。

2.2.2　以新增而不是修改的方式來變更程式碼

使用組合方式最大的好處是能夠透過**新增附加的方式來變更**系統，這表示能在不影響其他現有功能的情況下新增或修改功能，在某些情況下，甚至不需要更改現有程式碼。在整本書中都會一直談到怎麼讓這樣的技術實現，現在我們來看一下透過新增方式進行修改的一些影響。這種功能特性有時也被稱為**開閉原則**（**open-closed principle**），這表示元件應該對擴充（新增）開放，但對修改關閉。

程式設計的速度

如前所述，當我們需要新增功能或修復錯誤時，首先必須考慮其上下周圍的程式碼，要確保我們不會破壞任何東西。但如果我們能在不接觸其他程式碼的情況下進行修改，那就能夠節省很多時間。

當然，如果我們不斷地新增程式碼，程式碼庫很快就會變得非常龐大，這也可能會成為問題。我們需要特別注意哪些程式碼正在使用，哪些沒有被使用，最好儘快刪除未被使用的程式碼。在整本書的內容中都會回應這個觀點。

穩定性

當我們遵循「透過新增來變更（change-by-addition）」的思維模式時，大概都會保留現有的程式碼。就算新程式碼失效，實作回舊功能原本的程式碼是很容易的。如此一來，我們就能確保在現有功能中不會引入新的錯誤。加上因為局部化不變條件，讓出錯變少的特性，這樣就能讓系統更加穩定。

2.3　重構與您的日常工作

在簡介中我有提到重構應該是程式設計師日常工作中的一部分。如果我們交付未經重構的程式碼，這種結果只是從下一位程式設計師那裡借時間。在前述的內容中所提到過的負面因素中最更糟糕的是，很爛的軟體架構會產生利息負擔，讓您付出很高的代價，我們通常稱之為**技術債務**，在本書第 9 章會更詳細地討論這個概念。書中已經說明過我推薦的兩種日常重構的變化運用了：

■ 在遺留的舊系統中進行任何修改之前要先重構程式碼，隨後再按照正規流程處置。

■ 對程式碼進行任何修改後，繼續進行重構。

確定在交付程式碼之前有進行過重構，有時也被稱為童子軍規則：

> 離開某個地方之前，讓那裡比使用前更加乾淨。

—The Boy Scout Rule（童子軍規則）

2.3.1　以「重構」當作學習的方法

最後一點要提醒是，重構像許多事情一樣，需要花費時間來學習，最後自然而然就成習慣了。用眼睛看和動手體驗更好的程式碼這是有好處的，會讓我們改變編寫和思考程式碼的方式。一旦我們更穩定了，就會開始思考如何利用這種穩定性。其中一個例子是增加部署頻率，這通常會提供更穩定的環境。有了彈性，就有可能建立配置設定管理或功能切換系統，如果沒有彈性，維護這些系統變得不可行了。

重構是研究程式碼的一種完全不同的方式，重構能讓我們有獨特的視角。我們要處理的程式碼可能需要花上數小時或幾天時間才能理解。在接下來的章節中會展示重構的力量，讓我們就算在不完全理解程式碼的情況下，也能改進這些程式。如此一來，我們可以在工作中逐步消化，直到最後就會變得非常容易理解了。

以重構當作入門工作

重構常被當作新團隊成員的入門工作，這樣新成員可以在不必立刻面對客戶的安全環境下處理和學習程式碼。雖然這樣的做法還不錯，但重構早就應該當作日常工作的一部分才對，所以我當然不會支持把重構當作入門工作這種做法。

正如我所說，學習和實踐重構會有很多好處。我希望讀者能很愉快地和我一起踏上重構世界的旅程！

2.4 定義軟體脈絡中的「領域」

軟體是現實生活某些特定方面的模型，不論是用來自動化流程、追踪或模擬現實世界的事件，或進行其他操作，軟體始終有其現實世界的對應物。我們把這個現實世界的部分稱為軟體領域。**領域**（**domain**）通常會有使用者和專家，還會有自己的語言和文化。

在本書的 Part 1 中，領域是 2D 益智拼圖遊戲，使用者是玩家，領域專家是遊戲或關卡設計師。我們已經看到遊戲的過關方法，這裡使用遊戲自己的語言來陳述，遊戲的過關就是讓玩家可以「吃掉」、「flux」等詞來陳述。最後，電玩遊戲帶來了很多文化元素，以我們如何與之互動的期望形式呈現。有個例子是，熟悉電玩遊戲的人很容易接受遊戲中某些物體會受到重力影響（如石頭和箱子），而有些物體不受影響（如鑰匙和玩家）。

在開發軟體時，通常必須與不同的領域專家密切合作，這表示我們必須學習他們的專有語言和文化。程式語言的撰寫不允許任何模糊不清的地方，有時我們必須探索連這些專家都不熟悉的新東西，由此來看，程式設計主要的工作是與學習和溝通有密切相關。

總結

- 「重構」是指讓程式碼傳達其意圖，把不變條件局部化，而且不改變其原本功用。

- 優先採用「組合」而不是「繼承」，這樣就能以新增附加的方式進行修改，如此一來就能得到更好的開發速度、彈性和穩定性。

- 我們應該讓重構當作日常工作的一部分，以防止積累技術債務。

- 練習實作重構給了我們對程式碼有獨特的視角和觀點，這樣能讓我們想出更好的解決方案。

PART 1
藉由重構遊戲程式來學習

在 Part 1 中，我們會探討一個看起來合理的程式碼庫，並以逐步的方式來進行改進。與此同時還會引入了一組規則（rules），並建構一組強大重構模式（refactoring patterns）的小型目錄分類。

我們分四個階段來改進程式碼，每個階段都有專門的章節討論：拆分長函式、讓型別碼（type codes）發揮作用、把相似的程式碼統合在一起，最後是保護資料。每個章節的內容都建立在前一個章節的基礎上，因此某些轉換是暫時的。如果一開始的某些程式碼或指令感覺怪怪的或不好看，請耐心等待，這些內容會隨著後續章節改進。

別緊張。（Don't panic.）

—Douglas Adams, The Hitchhiker's Guide to the Galaxy

拆分長函式

3

本章內容

- 以五行當標準來辨識過長的方法

- 在不看細節的情況下處理程式碼

- 使用「提取方法（EXTRACT METHOD）」來拆分過長的方法

- 用「呼叫或傳遞（EITHER CALL OR PASS）」來平衡抽象程度

- 使用「僅在開頭使用 if（if ONLY AT THE START）」來隔離 if 陳述句

就算遵循了「Don't Repeat Yourself (DRY)」和「Keep It Simple, Stupid (KISS)」準則,寫出來的程式碼仍然很容易變得混亂和令人困惑。這些可能導致程式碼混亂的因素羅列如下:

- 方法做了多種不同的工作。

- 使用了低層級的基本操作(例如:存取陣列、算術運算等等)。

- 缺少易讀好懂的文字陳述,例如注釋和取了好名字的方法和變數。

很不幸地,就算知道上述的因素還是不足以確定到底哪裡有問題,更別提該如何處理了。

在這個章節中,我們會介紹具體的做法來找出可能有負責太多事情的方法。我們會 2D 益智拼圖遊戲中的一個具體的 draw 方法為例,此方法負責了太多工作。這裡會展示結構化且安全的做法來改進 draw 方法,同時也消除掉不必要的注釋文字。隨後將這個過程概括成一個可重複使用的重構模式:「提取方法(EXTRACT METHOD)」(3.2.1 小節)。接著以同樣的 draw 方法為例來學習如何辨認出混合不同抽象層次的問題,並學會如何使用提取方法(EXTRACT METHOD)解決這個問題。在這整個處理過程中也學會和養成了好的方法命名習慣。

在完成了 draw 方法的處理後,我們會繼續用另一個範例 update 方法,並重複這個流程,進一步改善我們處理程式碼的方式,但先不必深入探究細節。這個範例會讓我們學到如何識別方法功能過重的另一種症狀,並透過提取方法(EXTRACT METHOD)學會如何以修改變數名稱來提高程式碼的可讀性。

我們通常會區分方法(定義在物件上)和函式(靜態或在類別外部),但這樣可能有點混亂。好在 TypeScript 能協助我們,在定義函式時必須加上 function 關鍵字,而在定義方法時就不用加,所以很容易區分。如果您仍然覺得這種區分會讓您分心,就把 **function** 簡單替換成 **method**,因為所有的規則和重構模式都同樣適用於兩者。

假設您已經按照附錄中的說明安裝設定了工具並下載書中隨附的程式碼,那就可以直接進入 index.ts 檔案中的程式碼。請記住,您可以透過執行諸如「git diff section-3.1」來檢查您的程式碼是否與書中的頂層部分保持最新狀態。如果您

迷失了方向，還可以使用像「git reset --hard section-3.1」命令來重設取回頂層的乾淨程式碼副本。當我們有了程式碼，就會想要提升它的品質，但應該從哪裡著手呢？

3.1　建立我們的第一條規則：為什麼是五行？

要回答這個問題，我們先介紹本書最基本的規則：五行（FIVE LINES）。這是個簡單的規則，說明任何方法都不應該超過五行。在這本書中，五行規則是最終目標，因為遵守這個規則本身就是個巨大的改進。

3.1.1　規則：五行（FIVE LINES）

陳述

一個方法中的程式不應該超過五行，但不包括 { 和 }。

說明

一行程式碼有時也被稱為**陳述句**（statement），它指的是 if、for、while 或以分號「;」結尾的任何內容，例如指定值、方法呼叫、返回等等。但五行規則不包括空行和大括號 {、}。

我們可以把任何方法轉換成符合這個規則的方法。以下介紹一種簡單的做法，讓您了解如何運用這條規則：如果有個 20 行的方法，我們可以建立一個輔助方法放入前 10 行，再建立另一個輔助方法放入後 10 行。現在原本的方法就變成只有兩行：一行用來呼叫第一個輔助方法，一行用來呼叫第二個輔助方法。我們可以重複這個過程，直到每個方法都只剩下兩行。

特定具體的限制會比只是個限制更重要。在我的經驗中，把「限制」設定為實作基本資料結構所需的任何「值」都是可行的。

在本書中我們使用的實作範例是在 2D 的情境下進行工作，這表示基本資料結構是個 2D 陣列。以下兩個函式會遍訪 2D 陣列：其中一個檢查陣列是否含有偶數，另一個是要找出陣列的最小元素，兩個函式都只有五行。

▶Listing 3.1　用來檢查 2D 陣列是否含有偶數的函式

```
01  function containsEven(arr: number[][]) {
02    for (let x = 0; x < arr.length; x++) {
03      for (let y = 0; y < arr[x].length; y++) {
04        if (arr[x][y] % 2 === 0) {
05          return true;
06        }
07      }
08    }
09    return false;
10  }
```

在 TypeScript 中…

沒有針對整數和浮點數定義不同的型別，這兩者都是同一種型別：數字
（number）。

▶Listing 3.2　找出 2D 陣列的最小元素的函式

```
01  function minimum(arr: number[][]) {
02    let result = Number.POSITIVE_INFINITY;
03    for (let x = 0; x < arr.length; x++) {
04      for (let y = 0; y < arr[x].length; y++) {
05        result = Math.min(arr[x][y], result);
06      }
07    }
08    return result;
09  }
```

在 TypeScript 中…

使用 let 來宣告變數。let 會嘗試推斷型別，但我們也可以用類似「let a:
number = 5;」的方式來明確指定型別。這裡從不使用 var，因為它的作用域
規則很奇怪：變數可以在使用之後才定義。左側的程式碼是有效的，但可能
不是我們的意思。右側的程式碼會產生錯誤，這是我們所期望想要的。

不良的	好的
a = 5;	a = 5;
var a: number;	let a: number;

為了說明怎麼計算程式碼的行數，以下是第二章一開始提到的範例。函式中的程式總共算四行：每一個 if（包括 else）和每一個分號都算一行。

▶Listing 3.3　第二章的範例程式
```
01    function isTrue(bool: boolean) {
02      if (bool)
03        return true;
04      else      return false;
05    }
```

異味

長方法（long methods）本身就算是一種程式碼異味了，因為長的方法很難處理。您必須一次性記住方法中的所有處理邏輯。但這個「長方法」帶出了一個問題：怎麼樣才算是**長的**？

為了回答這個問題，我們從另一種異味中得出結論：方法應該做一件事。如果「五行（FIVE LINES）」規則恰好是完成一件有意義事情所必需的，那麼這個限制也可以防止我們違反異味原則。有時我們在不同的程式碼區域中使用不同的基本資料結構。一旦熟悉了這個規則，我們就可以開始根據具體的情況來調整程式行數。這麼做很好，但實際的做法中，行數往往最終會停在五行左右。

意圖

如果不加限制，方法中的程式行數往往會隨著不斷加入更多功能而不斷增長。這使程式碼變得越來越難理解。在編寫方法時加入行數的限制，可以防止我們滑入這種糟糕的境地。

我認為四個各自只有五行程式碼的方法，會比一個 20 行程式碼的方法更容易和更快速地讓人理解。這是因為每個方法的名稱都是傳達程式碼「意圖」的機會。基本上，方法的命名相當於每五行就放置一個注釋。而且，如果小方法有適當取了好的名字，那在為大函式取好的名字也會變得更容易。

參考

為了能協助實現這個規則，可以參考重構模式中的「提取方法（EXTRACT METHOD）」。若想要了解「方法應該只做一件事」的相關議題，可閱讀 Robert

C. Martin 所寫的《Clean Code》（Pearson，2008）一書。若想要了解「長方法」的相關議題，則可閱讀 Martin Fowler 的《Refactoring》（Addison-Wesley Professional，1999）一書。

3.2 引入重構模式來拆分函式

「五行規則（FIVE LINES rule）」很容易理解，但要實現卻不是那麼容易。因此，在本書這個 Part 的內容中會多次回顧此規則的相關運用，並透過愈來愈複雜的範例進行實作練習。

現在已經知道了這條規則，接下來就開始進入程式碼練習的部分。我們從一個名為 draw 的函式開始。在第一次嘗試理解程式碼時，應該先考慮函式名稱的含義。千萬不要一下子就想要理解每一行程式碼，那會用掉很多時間且無效。相反地，應該先看看程式碼的整體「形狀（shape）」。

我們試著找出相關的程式碼行，並將程式行進行分組。為了清楚顯示這些分組，我們在應該分組的位置加入空行。有時還會加上註釋（comment，或譯註解），協助我們記住分組的上下相關。一般來說，應該盡量避免使用註釋，因為註釋文字常會過時沒更新，或者只是當作掩蓋糟糕程式碼異味的香水。但在這裡的範例實作中，註釋是暫時的，接下來會看到我們怎麼處置。

在圖 3.1 中，為了避免因過多的細節而分心，所以模糊去除掉所有非必要內容，以方框線條表示，讓我們專注於程式的整體結構（我們只在一開始時這樣做）。就算沒有看到程式中的任何細節，也會留意到這是兩個分組，兩個分組分別以 // Draw map 和 // Draw player 註釋為開頭。

我們可以利用那些註釋做以下的事情：

1.　建立一個新的（空的）的方法 drawMap。

2.　在註釋的位置改放入呼叫 drawMap 的程式。

3.　選取我們找到的那一組程式碼行，然後將它們剪下，並貼到 drawMap 的本體中。

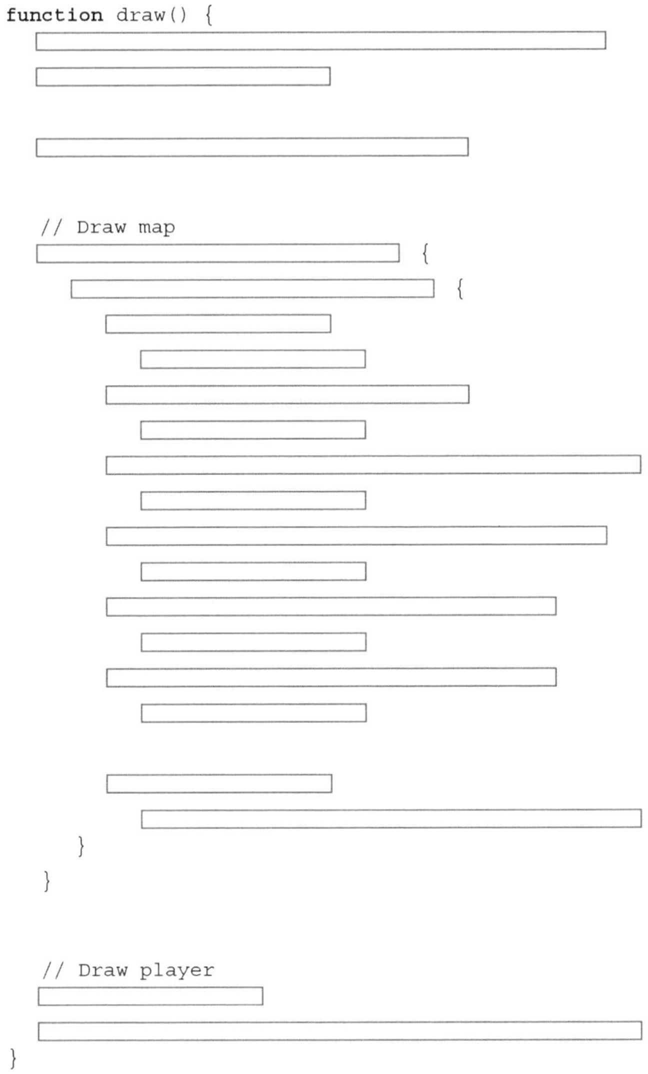

```
function draw() {
```

// Draw map

// Draw player

}

圖 3.1　初始的 draw 函式

再次對 drawPlayer 函式進行重複相同的處理過程，其轉換的結果如圖 3.2 和 3.3 所示。

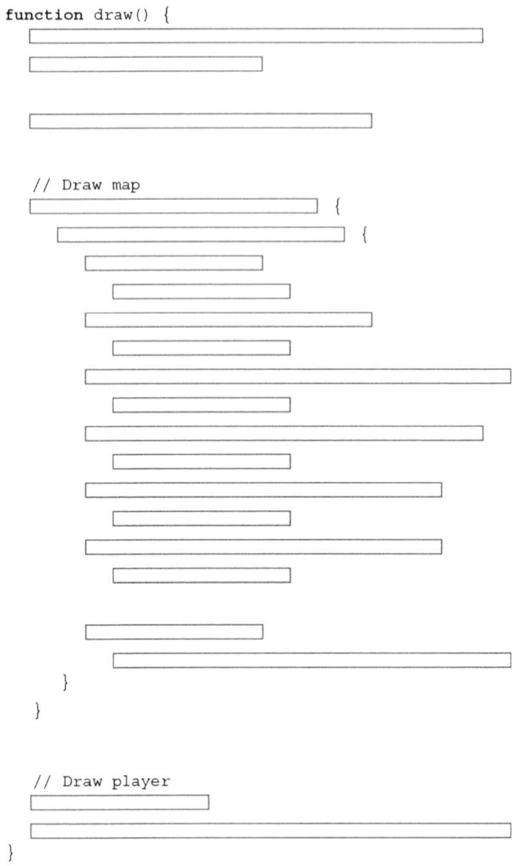

```
function draw() {



    // Draw map
                     {
                 {







                  






            }
        }


    // Draw player


}
```

圖 3.2 轉換之前

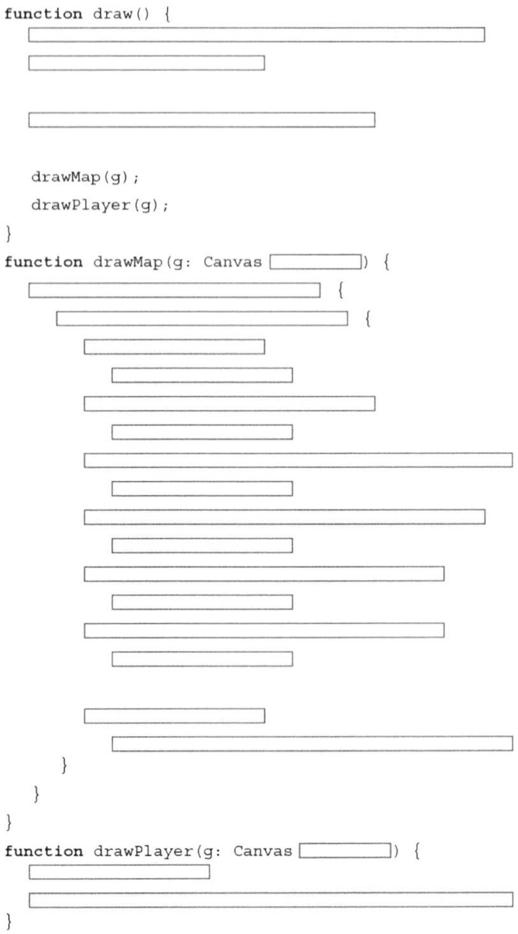

```
function draw() {



    drawMap(g);
    drawPlayer(g);
}
function drawMap(g: Canvas        ) {
                         {
                     {












        }
    }
}
function drawPlayer(g: Canvas        ) {

}
```

圖 3.3 轉換之後

現在讓我們看看如何在實際的程式碼中進行相同的處理。我們從 Listing 3.4 中的程式碼開始,請留意這裡我們仍然是找出相同的結構,而不需要看每個單獨的程式碼行在做什麼。

▶Listing 3.4 初始的程式碼

```
01    function draw() {
02      let canvas = document.getElementById("GameCanvas") as
03        HTMLCanvasElement;
04      let g = canvas.getContext("2d");
05
06      g.clearRect(0, 0, canvas.width, canvas.height);
07
08      // Draw map                              ←── 標註邏輯分組起始的註釋
09      for (let y = 0; y < map.length; y++) {
10        for (let x = 0; x < map[y].length; x++) {
11          if (map[y][x] === Tile.FLUX)
```

```
12 |          g.fillStyle = "#ccffcc";
13 |        else if (map[y][x] === Tile.UNBREAKABLE)
14 |          g.fillStyle = "#999999";
15 |        else if (map[y][x] === Tile.STONE || map[y][x] === Tile.FALLING_STONE)
16 |          g.fillStyle = "#0000cc";
17 |        else if (map[y][x] === Tile.BOX || map[y][x] === Tile.FALLING_BOX)
18 |          g.fillStyle = "#8b4513";
19 |        else if (map[y][x] === Tile.KEY1 || map[y][x] === Tile.LOCK1)
20 |          g.fillStyle = "#ffcc00";
21 |        else if (map[y][x] === Tile.KEY2 || map[y][x] === Tile.LOCK2)
22 |          g.fillStyle = "#00ccff";
23 |
24 |        if (map[y][x] !== Tile.AIR && map[y][x] !== Tile.PLAYER)
25 |          g.fillRect(x * TILE_SIZE, y * TILE_SIZE,
26 |                  TILE_SIZE, TILE_SIZE);
27 |      }
28 |    }
29 |
30 |    // Draw player          ←────────────────────   標註邏輯分組起始的注釋
31 |    g.fillStyle = "#ff0000";
32 |    g.fillRect(playerx * TILE_SIZE, playery *
33 |            TILE_SIZE, TILE_SIZE, TILE_SIZE);
34 |  }
```

在 TypeScript 中…

使用「as」在不同的型別之間進行轉換，類似於其他語言中的型別轉換。但是當轉換無效時，它不會返回 null，這與 C# 中的「as」不同。

我們按照先前提過的步驟進行：

1.　建立一個新的（空的）的方法 drawMap。

2.　在注釋的位置改放入呼叫 drawMap 的程式。

3.　選取我們找到的那一組程式碼行，然後將它們剪下，並貼到 drawMap 的本體中。

現在若嘗試進行編譯，會收到相當多的錯誤回報，這是因為變數 g 現在已經超出作用範圍了。我們可以透過先把滑鼠游標懸停在原本的 draw 方法中的 g 變數上，這樣 VS Code 會顯示其型別，隨後在 drawMap 中引入一個參數「g: CanvasRenderingContext2D」來解決這個問題。

再次編譯後，出現一個錯誤訊息，告知在呼叫 drawMap 時缺少了參數 g。這個問題也很容易解決，只需要將 g 當作引數傳進去即可。

現在再次重複相同的步驟來處理 drawPlayer 方法，最後得到了預期的結果。請留意，除了查閱方法的名稱，仍然不需要深入檢查了解程式碼是做了什麼。

▶Listing 3.5　在提取方法（EXTRACT METHOD）之後

```
01  function draw() {
02    let canvas = document.getElementById("GameCanvas") as HTMLCanvasElement;
03    let g = canvas.getContext("2d");
04
05    g.clearRect(0, 0, canvas.width, canvas.height);
06
07    drawMap(g);          ←──────────────── 對應第一個注釋的新函式與呼叫
08    drawPlayer(g);
09  }
10
11  function drawMap(g: CanvasRenderingContext2D) {  ←
12    for (let y = 0; y < map.length; y++) {
13      for (let x = 0; x < map[y].length; x++) {
14        if (map[y][x] === Tile.FLUX)
15          g.fillStyle = "#ccffcc";
16        else if (map[y][x] === Tile.UNBREAKABLE)
17          g.fillStyle = "#999999";
18        else if (map[y][x] === Tile.STONE || map[y][x] === Tile.FALLING_STONE)
19          g.fillStyle = "#0000cc";
20        else if (map[y][x] === Tile.BOX || map[y][x] === Tile.FALLING_BOX)
21          g.fillStyle = "#8b4513";
22        else if (map[y][x] === Tile.KEY1 || map[y][x] === Tile.LOCK1)
23          g.fillStyle = "#ffcc00";
24        else if (map[y][x] === Tile.KEY2 || map[y][x] === Tile.LOCK2)
25          g.fillStyle = "#00ccff";
26
27        if (map[y][x] !== Tile.AIR && map[y][x] !== Tile.PLAYER)
28          g.fillRect(x * TILE_SIZE, y * TILE_SIZE,
29            TILE_SIZE, TILE_SIZE);
30      }
31    }
32  }
33                          ──────────────── 對應第二個注釋的
34  function drawPlayer(g: CanvasRenderingContext2D) {   新函式與呼叫
35    g.fillStyle = "#ff0000";
36    g.fillRect(playerx * TILE_SIZE, playery * TILE_SIZE,
37      TILE_SIZE, TILE_SIZE);
38  }
```

我們已經完成了前兩次的重構，可喜可賀！剛剛經歷的過程是個標準的模式，一個我們稱之為「提取方法（EXTRACT METHOD）」的重構模式。

NOTE　因為我們只是在搬動程式碼行，所以引入錯誤的風險是最小的，特別是因為編譯器還會在我們忘記傳入參數時提醒我們。

我們使用注釋當作方法的名稱，因此函式名稱扮演了注釋所傳達相同的資訊，所以就能刪除掉注釋。我們還刪除了現在已經過時不會用到的空行，原本那些空行是用於程式碼結構的分組。

3.2.1　重構模式：提取方法（EXTRACT METHOD）

描述

提取方法（EXTRACT METHOD）是從一個方法中提取部分內容並將其獨立成另外的方法。這是可以機械化自動處理的，現代許多 IDE 都有內建此重構模式，這種做法本身已經足夠安全，因為電腦很少會出錯。但也有一種安全的做法可以手動執行。

這種做法可能會變得複雜些，如果我們對多個參數進行指定值或僅在某些路徑上返回，而不是所有路徑上都返回，情況就會變得更複雜。我們不在這裡考量這些情況，因為很少發生，而且我們還能夠利用重新排放或複製方法中的程式碼行來進行簡化。

專家提示　如果在 if 陳述句中只有一些分支中有返回，那就無法將其提取成一個方法。我建議從方法底部開始往上重構，這樣可以將 retrun 語句向上推演，從而最終在所有分支中都有返回。

處理步驟

1. 在要提取的程式碼上下加上空白行分隔，可能的話也加入注釋。

2. 建立一個新的（空的）方法，為方法取具描述性的名稱。

3. 在剛才程式碼分組的開端，放入一個呼叫新方法的陳述句。

4. 選取這個區塊的所有程式碼，然後剪下它，貼到剛才新建方法內成為讓方法的本體。

5. 編譯。

6. 引入參數，這樣就會出現錯誤。

7. 如果我們要為某個參數（假設叫做 p）指定值，則：

   a. 把「return p;」放在新方法的最後。

   b. 在呼叫這個方法的位置加上「p = newMethod(...);」指令。

8. 編譯。

9. 傳入引數修復錯誤。

10. 刪除已經不必要的空白行和注釋。

範例

讓我們看一個範例，了解整個處理過程是如何運作的。這裡有個函式是用來尋找 2D 陣列中最小的元素。我們覺得此函式太長了，想要提取在空白行之間的部分。

▶Listing 3.6　用來找出 2D 陣列中最小元素的函式

```
01   function minimum(arr: number[][]) {
02     let result = Number.POSITIVE_INFINITY;
03     for (let x = 0; x < arr.length; x++)
04       for (let y = 0; y < arr[x].length; y++)
05
06         if (result > arr[x][y])            要提取出來的程式碼行
07           result = arr[x][y];
08
09     return result;
10   }
```

我們按照以下的處理步驟進行：

1. 用空白行或注釋標示要提取的程式碼區塊。

2. 建立一個新方法，取名為 min。

3. 在程式碼區塊的最頂端放入呼叫 min 方法。

4. 剪下該區塊的程式碼並貼上到新方法的本體中。

▶Listing 3.7　之前

```
01 | function minimum(arr: number[][]) {
02 |   let result = Number.POSITIVE_INFINITY;
03 |   for (let x = 0; x < arr.length; x++)
04 |     for (let y = 0; y < arr[x].length; y++)
05 |
06 |       if (result > arr[x][y])
07 |         result = arr[x][y];
08 |
09 |     return result;
10 | }
```

▶Listing 3.8　之後（1/3）

```
01 | function minimum(arr: number[][]) {
02 |   let result = Number.POSITIVE_INFINITY;
03 |   for (let x = 0; x < arr.length; x++)
04 |     for (let y = 0; y < arr[x].length; y++)
05 |
06 |       min();
07 |
08 |
09 |     return result;
10 | }
11 |
12 | function min() {
13 |   if (result > arr[x][y])
14 |     result = arr[x][y];
15 | }
```

新的方法與呼叫

從前面提取的程式碼行

5.　編譯。

6.　為 result、arr、x 和 y 引入參數。

7.　函式抽取的結果指定到 result。因此，我們需要：

　　a. 在 min 方法的最後放入「return result;」。

　　b. 在呼叫的位置放入「result = min(...);」。

▶Listing 3.9　之前

```
01 | function minimum(arr: number[][]) {
02 |   let result = Number.POSITIVE_INFINITY;
03 |   for (let x = 0; x < arr.length; x++)
04 |     for (let y = 0; y < arr[x].length; y++)
05 |
06 |       min();
07 |
08 |     return result;
09 | }
10 |
11 | function min() {
12 |
```

```
13 |
14 |      if (result > arr[x][y])
15 |        result = arr[x][y];
16 |
17 |    }
```

▶Listing 3.10　之後（2/3）

```
01 |    function minimum(arr: number[][]) {
02 |      let result = Number.POSITIVE_INFINITY;
03 |      for (let x = 0; x < arr.length; x++)
04 |        for (let y = 0; y < arr[x].length; y++)
05 |
06 |          result = min();          ←——┤ 指定給 result
07 |
08 |      return result;
09 |    }
10 |
11 |    function min(result: number, arr: number[][], x: number, y: number)
12 |    {                                                                  ＼ 加入參數
13 |      if (result > arr[x][y])
14 |        result = arr[x][y];
15 |      return result;              ←——┤ 加入返回陳述句
16 |    }
```

8.　編譯。

9.　傳入導致錯誤的引數 result、arr、x 和 y。

10.　最後刪除已經不必要的空行。

▶Listing 3.11　之前

```
01 |    function minimum(arr: number[][]) {
02 |      let result = Number.POSITIVE_INFINITY;
03 |      for (let x = 0; x < arr.length; x++)
04 |        for (let y = 0; y < arr[x].length; y++)
05 |          result = min();
06 |      return result;
07 |    }
08 |
09 |    function min(result: number, arr: number[][], x: number, y: number)
10 |    {
11 |      if (result > arr[x][y])
12 |        result = arr[x][y];
13 |      return result;
14 |    }
```

▶Listing 3.12　之後（3/3）

```
01 |    function minimum(arr: number[][]) {
02 |      let result = Number.POSITIVE_INFINITY;
03 |      for (let x = 0; x < arr.length; x++)
04 |        for (let y = 0; y < arr[x].length; y++)
05 |          result = min(result, arr, x, y);    ←——┤ 加入引數並刪除
                                                      不必要的空行
```

```
06 |     return result;
07 |   }
08 |
09 |   function min(result: number, arr: number[][], x: number, y: number)
10 |   {
11 |     if (result > arr[x][y])
12 |       result = arr[x][y];
13 |     return result;
14 |   }
```

也許您正在考量使用內建的「Math.min」或「arr[x][y]」當作為一個引數，而不是分別用三個引數來處理。如果您確定能安全地使用，那就可能是更好的方法。但是，從這個範例學習的重要一課是，雖然轉換稍微有點麻煩，但是很**安全**。嘗試改用別種做法有可能聰明反被聰明誤，通常是得不償失的。

我們相信整個處理過程不會弄壞什麼東西。保證沒有弄壞任何東西的信心比完美的輸出更有價值，特別是在我們還沒有深入研究程式碼是在做什麼的時候。我們要記的東西愈多就愈容易忘記，但編譯器不會，這個處理過程就是專門利用編譯器的這個特質。我們寧願安全地生成看起來不怎麼樣的程式碼，也不願意用缺乏信心的方式來生成漂亮的程式碼。（如果因為有其他原因讓您感到有信心，例如有很多自動化測試，那就冒更多的風險，但在這裡的範例並不是這種情況。）

進一步閱讀

如果想要得到漂亮的結果，可以結合其他的重構模式來進行。在本書中，我們只考慮了方法之間的重構模式運用，但不會深入探討這些模式。如果讀者想要進一步研究，這裡概述了處理過程：

1. 執行另一個小的重構模式「提取共同的子表示式（Extract common subexpression）」，在這個範例中引入一個臨時變數「let tmp = arr[x][y]」，將其放在分組之外，並用 tmp 替換分組內部的 arr[x][y]。

2. 如前所述使用「提取方法（EXTRACT METHOD）」模式。

3. 使用「內聯區域變數（INLINE LOCAL VARIABLE）」，以 arr[x][y] 來取代 tmp 變數，這樣就可還原「提取共同的子表示式（Extract common subexpression）」所做的動作，並刪除暫存變數 tmp。

讀者可以參考 Martin Fowler 的《Refactoring》一書，閱讀更多關於這些模式（包括 EXTRACT METHOD）的說明。

3.3　拆分函式平衡抽象程度

我們已經完成讓 draw 這個函式只有五行程式碼的目標。當然，drawMap 函式還是違反了五行程式規則，我們會在第 4 章回過頭修正。但目前我們對 draw 函式的處置還不算完成，因為它還違反另一項規則。

3.3.1　規則：呼叫或傳遞（EITHER CALL OR PASS）

陳述

函式應該只能在物件上呼叫其方法，或是把該物件當作引數傳遞，但不能同時做這兩件事情。

說明

當我們開始引入更多方法和傳遞不同的參數時，可能會出現職責不平均的情形。舉例來說，某個函式可能同時執行低層級的操作，如在陣列中設定索引足標，並將同一陣列當作參數傳給更複雜的函式。這樣的程式碼會很難閱讀，因為我們需要在低層級的操作和高層級的方法名稱之間切換。若在同一抽象層級上進行操作會更容易理解。

以這個求取陣列平均值的函式為例。請留意它同時使用了抽象高層級的 sum(arr) 和低層級的 arr.length。

▶Listing 3.13　求取陣列平均值的函式

```
01 │    function average(arr: number[]) {
02 │        return sum(arr) / arr.length;
03 │    }
```

這段程式碼違反了我們的規則。這裡提供一個更好的實作方式，可以以抽象的方式隱藏了如何求取長度的細節。

▶Listing 3.14　之前的程式碼

```
01 |    function average(arr: number[]) {
02 |      return sum(arr) / arr.length;
03 |    }
```

▶Listing 3.15　之後的程式碼

```
01 |    function average(arr: number[]) {
02 |      return sum(arr) / size(arr);
03 |    }
```

異味

「函式的內容應該處在相同的抽象層級上」這個說法很有說服力，但它本身就是一種程式碼異味。然而，與大多數其他程式碼異味一樣，很難量化其含義，更不用說要如何解決了。檢測是否有物件被當作引數傳遞以及是否用了「.」符號是很容易，但要確定如何調整才能達到相同抽象層級，就比較困難了。

意圖

當我們透過提取方法中的某些細節來引入抽象化概念時，這個規則會強制我們也要提取其他細節。如此一來就能確保方法內部的抽象層級始終維持一致。

參考

為了能協助實現這個規則，可以參考重構模式中的「提取方法（EXTRACT METHOD）」。可閱讀 Robert C. Martin 所寫的《Clean Code》（Pearson，2008）書，從中了解更多關於「函式的內容應該維持在相同的抽象層級」這個程式碼異味的說明。

3.3.2　套用這項規則

同樣先不考慮細節，只看目前 draw 方法的整體結構，我們發現它違反了這項規則。如圖 3.4 所示，變數 g 被當作參數傳入，同時還以它來呼叫了方法。

我們使用「提取方法（EXTRACT METHOD）」重構模式來修復違反這項規則的問題。但是，我們要提取什麼呢？這裡需要看一下程式的細節。Listing 3.16 程式碼中有空行，如果我們提取 g.clearRect 這行，就必須傳遞 canvas 作為參數，同時也要呼叫 canvas.getContext，這樣又違反了規則。

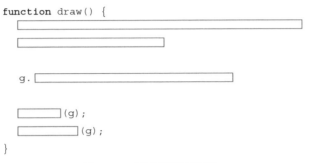

```
function draw() {


    g.


            (g);
            (g);
}
```

圖 3.4　g 同時呼叫和傳遞

▶Listing 3.16　draw 方法目前的樣貌

```
01   function draw() {
02     let canvas = document.getElementById("GameCanvas") as HTMLCanvasElement;
03     let g = canvas.getContext("2d");
04
05     g.clearRect(0, 0, canvas.width, canvas.height);  ←──── │ 在 g 上呼叫方法
06
07     drawMap(g);      │ g 被當作引數傳遞
08     drawPlayer(g);
09   }
```

我們決定把前三行一起提取出來。每當使用「提取方法」進行重構時,都可以利用引入一個好的方法名稱來讓程式碼更易讀好懂。所以,在我們抽出這些程式行之前,先討論一下什麼是好的方法名稱。

3.4　好的函式名稱所具備的特質

我無法提供一個適用於所有情況的好名稱通用規則,但我可以提供一些好的名稱應該具備的特質:

- 函式名稱應該誠實描述函式的意圖目的。

- 函式名稱應該完整,涵蓋它執行的所有事項。

- 函式名稱應該讓該領域的工作人員易於理解。使用該領域的專用詞語有助於溝通的成效,並讓開發團隊成員和客戶在交流程式碼時更容易溝通。

這是我們第一次需要考慮程式碼正在做什麼,因為沒有任何注釋可以參考。幸運的是,我們已經大幅減少了需要考慮的程式碼行數:這裡只有三行。

這段程式碼的第一行是取得要繪製的 HTML 元素，第二行是實例化圖形物件來進行繪製，第三行則是清空畫布。簡單來說，這段程式碼是用來建立一個圖形物件。

▶Listing 3.17　之前

```
01    function draw() {
02      let canvas = document.getElementById("GameCanvas") as HTMLCanvasElement;
03      let g = canvas.getContext("2d");
04
05      g.clearRect(0, 0, canvas.width, canvas.height);
06
07      drawMap(g);
08      drawPlayer(g);
09    }
```

▶Listing 3.18　之後

```
01    function createGraphics() {
02      let canvas = document.getElementById("GameCanvas") as HTMLCanvasElement;
03      let g = canvas.getContext("2d");
04      g.clearRect(0, 0, canvas.width, canvas.height);
05      return g;
06    }
07
08    function draw() {
09      let g = createGraphics();
10      drawMap(g);
11      drawPlayer(g);
12    }
```

新的方法和呼叫

原本的程式碼行

請留意，這裡現在不再需要任何空行了，因為這段程式碼現在非常容易理解。

draw 方法算是已經完成了，我們可以繼續進行下一步。讓我們重新開始，並使用另一個長函式 update 進行相同的處理步驟。同樣沒有閱讀任何程式碼細節，我們也可以識別出兩個明確的程式碼分組，分別由一個空白行分隔。

▶Listing 3.19　原本的程式碼

```
01    function update() {
02      while (inputs.length > 0) {
03        let current = inputs.pop();
04        if (current === Input.LEFT)
05          moveHorizontal(-1);
06        else if (current === Input.RIGHT)
07          moveHorizontal(1);
08        else if (current === Input.UP)
09          moveVertical(-1);
10        else if (current === Input.DOWN)
11          moveVertical(1);
12      }
13
```

分隔兩個群組的空行

```
14 |     for (let y = map.length - 1; y >= 0; y--) {
15 |       for (let x = 0; x < map[y].length; x++) {
16 |         if ((map[y][x] === Tile.STONE || map[y][x] === Tile.FALLING_STONE)
17 |           && map[y + 1][x] === Tile.AIR) {
18 |           map[y + 1][x] = Tile.FALLING_STONE;
19 |           map[y][x] = Tile.AIR;
20 |         } else if ((map[y][x] === Tile.BOX || map[y][x] === Tile.FALLING_BOX)
21 |           && map[y + 1][x] === Tile.AIR) {
22 |           map[y + 1][x] = Tile.FALLING_BOX;
23 |           map[y][x] = Tile.AIR;
24 |         } else if (map[y][x] === Tile.FALLING_STONE) {
25 |           map[y][x] = Tile.STONE;
26 |         } else if (map[y][x] === Tile.FALLING_BOX) {
27 |           map[y][x] = Tile.BOX;
28 |         }
29 |       }
30 |     }
31 |   }
```

我們可以很自然地把這段程式碼拆分成兩個更小的函式。但應該怎麼稱呼它們呢？這兩個分組仍然相當複雜，所以我們想要暫時延後對其內容的深入了解。我們有留意到，在第一組中佔主導地位的用詞是「input」，而在第二組中主要的用詞是「map」。

我們知道正在分拆的是名為 update 的函式，所以構思第一個草稿名稱時可以把這些用詞組合在一起，得到函式名稱 updateInputs 和 updateMap。updateMap 這個名稱還不錯，但不太會用「update」來進行「inputs」。因此，我們決定使用另一個命名技巧，改用 handle，因此得到的名稱為 handleInputs。

> NOTE　當選擇這樣的名稱時，請一定要在稍後回頭檢視這樣的函式名稱是否還能改進。

▶Listing 3.20　使用提取方法重構之後

```
01 |   function update() {
02 |     handleInputs();                                    提取第一個分組和呼叫
03 |     updateMap();
04 |   }
05 |
06 |   function handleInputs() {
07 |     while (inputs.length > 0) {
08 |       let current = inputs.pop();
09 |       if (current === Input.LEFT)
10 |         moveHorizontal(-1);
11 |       else if (current === Input.RIGHT)    提取第二個分組和呼叫
12 |         moveHorizontal(1);
```

```
13 |     else if (current === Input.UP)
14 |       moveVertical(-1);
15 |     else if (current === Input.DOWN)
16 |       moveVertical(1);
17 |   }
18 | }
19 |
20 | function updateMap() {
21 |   for (let y = map.length - 1; y >= 0; y--) {
22 |     for (let x = 0; x < map[y].length; x++) {
23 |       if ((map[y][x] === Tile.STONE || map[y][x] === Tile.FALLING_STONE)
24 |          && map[y + 1][x] === Tile.AIR) {
25 |         map[y + 1][x] = Tile.FALLING_STONE;
26 |         map[y][x] = Tile.AIR;
27 |       } else if ((map[y][x] === Tile.BOX || map[y][x] === Tile.FALLING_BOX)
28 |          && map[y + 1][x] === Tile.AIR) {
29 |         map[y + 1][x] = Tile.FALLING_BOX;
30 |         map[y][x] = Tile.AIR;
31 |       } else if (map[y][x] === Tile.FALLING_STONE) {
32 |         map[y][x] = Tile.STONE;
33 |       } else if (map[y][x] === Tile.FALLING_BOX) {
34 |         map[y][x] = Tile.BOX;
35 |       }
36 |     }
37 |   }
38 | }
```

提取第二個分組和呼叫

現在 update 符合我們的規則了。這看起來好像不是很重要，但我們會愈來愈接近「五行程式碼」這個目標。

3.5　拆分做太多事情的函式

我們完成了 update 函式的拆分，現在可以繼續處理剛才介紹的其中一個新函式：updateMap。在這個函式中好像不能再加入更多的空格，因此需要另一個規則來配合：在函式中僅在開頭使用 if（if ONLY AT THE START）。

3.5.1　規則：僅在開頭使用 if （if ONLY AT THE START）

陳述

如果有使用 if，這個 if 應該是函式的第一件工作。

說明

我們已經討論過函式應該只做一件事。「檢查某件事」就是一件事。如果函式有使用 if，這個 if 應該是函式的第一件事情，也應該是唯一的事，這表示我們不應該在它後面放入其他程式來處理任何事情。我們可以像之前多次看到的那樣，將其分離出來，避免在 if 後面有其他程式來處理任何事情。

當我們說 if 應該是方法中所做的唯一工作時，我們不需要提取其主體，也不應該讓它與 else 分開，主體和 else 都是程式碼結構的一部分，依靠這個結構就能引導我們進行處理，所以不需要理解程式碼細節。行為和結構是密切相關，當我們在重構時，不應該改變其行為，因此也不應該改變其結構。

接下來的範例函式其功用是印出從 2 到 n 之間的質數。

▶Listing 3.21　印出從 2 到 n 之間的質數的函式

```
01 | function reportPrimes(n: number) {
02 |   for (let i = 2; i < n; i++)
03 |     if (isPrime(i))
04 |       console.log(`${i} is prime`);
05 | }
```

這裡有兩個很清楚的職責：

- 以迴圈遍訪所有到 number 的數字。

- 檢查數字是否為質數。

因此至少會有兩個函式。

▶Listing 3.22　之前

```
01 | function reportPrimes(n: number) {
02 |   for (let i = 2; i < n; i++)
03 |     if (isPrime(i))
04 |       console.log(`${i} is prime`);
05 | }
```

▶Listing 3.23　之後

```
01 | function reportPrimes(n: number) {
02 |   for (let i = 2; i < n; i++)
03 |     reportIfPrime(i);
04 | }
05 |
06 | function reportIfPrime(n: number) {
07 |   if (isPrime(n))
08 |     console.log(`${n} is prime`);
09 | }
```

每當要檢查某些東西時,這就是一項職責,而這項職責應該由一個函式來處理。因此我們有了這項規則。

異味

這項規則和「五行程式碼」規則一樣,是為了防止函式超過一個職責,因而產生程式碼異味。

意圖

這項規則的目的是要隔離 if 陳述句,因為它們有單一職責,而一連串的 else if 代表的是一個不可分割的原子單位。這意味著,在 if 和 else if 陳述句的上下脈絡中使用「提取方法(EXTRACT METHOD)」重構模式是能實現的最少行數的,其做法是提取剛好含有 if 與其 else if 的程式碼部分。

參考

為了能協助實現這個規則,可以參考重構模式中的「提取方法(EXTRACT METHOD)」。可閱讀 Robert C. Martin 所寫的《Clean Code》(Pearson,2008)一書,了解「方法應該只做一件事」的相關議題。

3.5.2　套用這項規則

不用細看程式碼內容就能用這項法來發現是否有違反其規定。在圖 3.5 中,函式中央有一個很大的 if 群組,非常容易看出這違反了這項規則。

為了決定抽出函式的名稱,我們需要對抽出的程式碼做一個表面的理解。在這一組程式碼中,有兩個主要的用詞:map 和 tile。由於我們已經有了 updateMap,因此我們稱新函式為 updateTile。

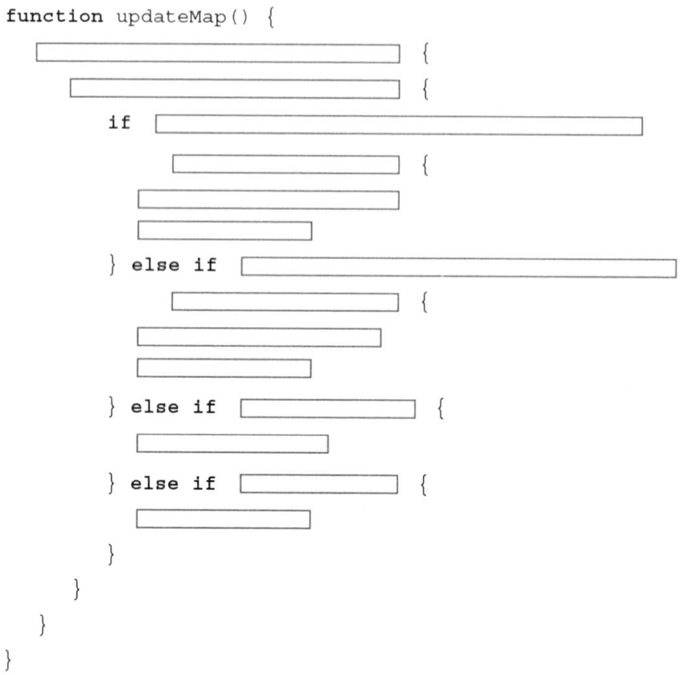

```
function updateMap() {
    ┌─────────────────────────┐ {
    │                         │
      ┌────────────────────────┐ {
      │                        │
        if ┌──────────────────────────────────────┐
           │                                       │
            ┌────────────────────────┐ {
            │                        │
            ┌────────────────────────┐
            │                        │
            ┌──────────────┐
            │              │
        } else if ┌──────────────────────────────────┐
                  │                                   │
            ┌────────────────────────┐ {
            │                        │
            ┌────────────────────────┐
            │                        │
            ┌──────────────┐
            │              │
        } else if ┌────────────────┐ {
                  │                │
            ┌──────────────────┐
            │                  │
        } else if ┌────────────────┐ {
                  │                │
            ┌──────────────┐
            │              │
        }
      }
    }
}
```

圖 3.5　函式中央的 if 群組

▶Listing 3.24　經過提取方法（EXTRACT METHOD）重構之後

```
01 | function updateMap() {
02 |   for (let y = map.length - 1; y >= 0; y--) {
03 |     for (let x = 0; x < map[y].length; x++) {
04 |       updateTile(x, y);          ←
05 |     }
06 |   }
07 | }
08 |                                              提取方法與呼叫
09 | function updateTile(x: number, y: number) {
10 |   if ((map[y][x] === Tile.STONE || map[y][x] === Tile.FALLING_STONE)
11 |     && map[y + 1][x] === Tile.AIR) {
12 |     map[y + 1][x] = Tile.FALLING_STONE;
13 |     map[y][x] = Tile.AIR;
14 |   } else if ((map[y][x] === Tile.BOX || map[y][x] === Tile.FALLING_BOX)
15 |     && map[y + 1][x] === Tile.AIR) {
16 |     map[y + 1][x] = Tile.FALLING_BOX;
17 |     map[y][x] = Tile.AIR;
18 |   } else if (map[y][x] === Tile.FALLING_STONE) {
19 |     map[y][x] = Tile.STONE;
20 |   } else if (map[y][x] === Tile.FALLING_BOX) {
21 |     map[y][x] = Tile.BOX;
22 |   }
23 | }
```

現在 updateMap 符合「五行程式碼」規則了，我們對它很滿意。現在開始感受到持續前進的動力了，接下來就快速在 handleInputs 上執行同樣的轉換處理。

▶Listing 3.25　之前
```
01 │    function handleInputs() {
02 │      while (inputs.length > 0) {
03 │        let current = inputs.pop();
04 │        if (current === Input.RIGHT)
05 │          moveHorizontal(1);
06 │        else if (current === Input.LEFT)
07 │          moveHorizontal(-1);
08 │        else if (current === Input.DOWN)
09 │          moveVertical(1);
10 │        else if (current === Input.UP)
11 │          moveVertical(-1);
12 │      }
13 │    }
```

▶Listing 3.26　之後
```
01 │    function handleInputs() {
02 │      while (inputs.length > 0) {
03 │        let current = inputs.pop();
04 │        handleInput(current);        ← ─────────  提取方法與呼叫
05 │      }
06 │    }
07 │
08 │    function handleInput(input: Input) {
09 │      if (input === Input.RIGHT)
10 │        moveHorizontal(1);
11 │      else if (input === Input.LEFT)
12 │        moveHorizontal(-1);
13 │      else if (input === Input.DOWN)
14 │        moveVertical(1);
15 │      else if (input === Input.UP)
16 │        moveVertical(-1);
17 │    }
```

這樣就完成了 handleInputs 的重構處理了。透過這次的「提取方法（EXTRACT METHOD）」重構，讓程式碼更易讀好懂，同時也讓我們可以在新的程式上下脈絡中給予參數更具描述性的名稱。在迴圈中，current 這個名稱還算可以，但在新的 handleInput 函式中，input 這個名稱更適合。

現在我們似乎引入了一個看起來有問題的函式，handleInput 本身已經很緊湊了，很難看出要如何使其符合五行程式碼規則。但本章只考量提取方法（EXTRACT METHOD）與套用的時機，由於每個 if 的主體已經是單行，我們無法提取某個 else if 串的一部分，因此無法將提取方法套用於 handleInput 函式，但我們會在下一章中學到一個優雅的解決方案。

總結

■ 五行程式碼規則（FIVE LINES rule）是指一個方法應該只有五行或更少的程式碼。這項規則有助於識別出方法內處理執行了超過一件的工作。我們使用提取方法（EXTRACT METHOD）重構模式來拆分這些長的方法，並且透過把注釋變成提取出來方法的名稱，以此來消除原本的注釋。

■ 呼叫或傳遞（EITHER CALL OR PASS）規則指出一個方法應該要只是在物件上呼叫方法或是把物件當作參數傳遞，但不能同時進行這兩種操作。這項規則有助於辨識出方法內混合了多層不同程度的抽象層級。我們再次使用提取方法（EXTRACT METHOD）來分離不同程度的抽象層級。

■ 方法取的名稱應該要誠實、完整且易於理解。使用「提取方法（EXTRACT METHOD）」可讓我們重新為參數取名稱，進一步提升程式的可讀性。

■ 「僅在開頭使用 if（if ONLY AT THE START）」規則表示，使用 if 檢查條件只處理一件事情，所以方法中不應該再做其他事情。這項規則也有助於辨識出方法內處理執行了多件的工作。我們使用「提取方法（EXTRACT METHOD）」來分離這些 if 陳述句。

讓型別碼能運作

本章內容

- 遵守「不要使用 if 搭配 else（NEVER USE if WITH else）」和「不要使用 switch（NEVER USE switch）」規則，以避免過早綁定的問題

- 遵守「用類別替代型別碼（REPLACE TYPE CODE WITH CLASSES）」和「把程式碼移到類別中（PUSH CODE INTO CLASSES）」來移除 if陳述句

- 使用「特定化方法（SPECIALIZE METHOD）」來修正不好的泛用程式碼

- 遵守「只能從介面來繼承（ONLY INHERIT FROM INTERFACES）」以避免耦合情況

- 使用「內聯方法（INLINE METHOD）」和「嘗試刪除後再編譯（TRY DELETE THEN COMPILE）」來移除不必要的方法

在前一章的結尾，我們介紹了一個 handleInput 函式，但無法使用「提取方法（EXTRACT METHOD）」（3.2.1 小節）對其進行重構，因為我們不想拆開一連串的 else if。不幸的是，handleInput 函式不符合「五行程式碼規則（FIVE LINES rule）」，因此我們要進行重構修改。

以下是這個函式的程式內容。

▶Listing 4.1　原本的程式碼

```
01 │  function handleInput(input: Input) {
02 │    if (input === Input.LEFT) moveHorizontal(-1);
03 │    else if (input === Input.RIGHT) moveHorizontal(1);
04 │    else if (input === Input.UP) moveVertical(-1);
05 │    else if (input === Input.DOWN) moveVertical(1);
06 │  }
```

4.1　重構一個簡單的 if 陳述句

之前我們卡住了。為了說明示範如何處理類似的一連串 else if，我們開始引入新的規則來協助處理。

4.1.1　規則：不要使用 if 搭配 else（NEVER USE if WITH else）

陳述

除非是要檢查我們無法控制的資料型別，否則永遠不要使用 if 搭配 else 語法。

解說

做決策並不容易。在生活中，很多人都試圖避免和延遲做出決定，但在程式碼中，我們似乎渴望使用 if-else 陳述句來進行決定。我不會指示現實生活中什麼是最好的，但在程式碼中，我則建議延遲和等待是更好做法。當我們使用 if-else 時，就會把決定點鎖定在程式碼中的某個位置，這會讓程式碼變得沒有彈性，因為不可能在 if-else 陳述式位置之後引入新的變化。

我們可以把 if-else 視為寫死的決策，就像我們不喜歡在程式碼中使用寫死的常數一樣，也不喜歡寫死的決策。

我們寧願不要寫死的決策，也就是不使用 if-else，但我們還是必須留意條件檢查的對象。舉例來說，我們使用 e.key 來檢查按下的鍵是哪一個，而它有型別字串。我們無法修改字串的實作方式，所以無法避免要用 else if 的一連串條件來判斷。

不過這種情況不應該讓我們灰心喪氣，因為這些情況通常發生在程式的邊緣，例如從應用程式外部取得輸入：使用者輸入、從資料庫取得資料等等。在這些情況下，第一件要做的事情是把第三方資料型別映射到我們可以控制的資料型別上。在我們的範例遊戲程式中，這樣的 else if 串是用來讀取使用者的輸入並將其映射到我們的資料型別上。

▶Listing 4.2　把使用者的輸入映射到我們控制的資料型別上

```
01   window.addEventListener("keydown", e => {
02     if (e.key === LEFT_KEY || e.key === "a")
03       inputs.push(Input.LEFT);
04     else if (e.key === UP_KEY || e.key === "w")
05       inputs.push(Input.UP);
06     else if (e.key === RIGHT_KEY || e.key === "d")
07       inputs.push(Input.RIGHT);
08     else if (e.key === DOWN_KEY || e.key === "s")
09       inputs.push(Input.DOWN);
10   });
```

我們對兩個條件中的資料型別均沒有控制權：KeyboardEvent 和 string。正如先前所述，這一連串的 else if 應該直接與輸入/輸出（I/O）相連接，並應該與應用程式的其餘部分分開處理。

請留意，我們認為獨立的 if 陳述句是用來檢查，而 if-else 陳述句則是進行決策的。我們允許在方法開始時進行簡單的檢查，而且很難提取早期的 return，例如在下一個例子中的運用。因此，這條規則特別是針對 else 陳述句。

除此之外，這條規則很容易驗證：只需要尋找 else 即可。讓我們重新審視一個前面提過的函式，其功用是接受一個數字陣列並求取其平均值。如果我們以一個空陣列呼叫先前的實作，就會得到一個「除以 0（division by zero）」錯誤。此錯誤很合理，因為我們知道這個實作方式，但對於使用者來說沒有任何幫助，因此我們想要拋出一個更具說明性的錯誤訊息。以下是兩種修復方式。

```
▶Listing 4.3  之前
01   function average(ar: number[]) {
02     if (size(ar) === 0)
03       throw "Empty array not allowed";
04     else
05       return sum(ar) / size(ar);
06   }
```

```
▶Listing 4.4  之後
01   function assertNotEmpty(ar: number[]) {
02     if (size(ar) === 0)
03       throw "Empty array not allowed";
04   }
05   function average(ar: number[]) {
06     assertNotEmpty(ar);
07     return sum(ar) / size(ar);
08   }
```

異味

這項規則與**早期綁定**（early binding）有關，早期綁定是一種程式碼異味。當我們編譯程式時，像 if-else 這樣的行為會被解析並鎖定在我們的應用程式中，如果不重新編譯就無法進行修改。相反的是，**後期綁定**（late binding）是指當程式碼執行時，在最後一刻才確定行為的做法。

早期綁定會阻止新增變更，只能透過修改 if 陳述句來進行變更。而後期綁定的特性允許使用新增變更，這是很理想的做法，正如在第 2 章中所討論的一樣。

意圖

if 是一種控制流程的條件運算子。這表示 if 決定了下一步執行哪段程式碼。然而，物件導向程式設計有更強大的控制流程運算子：物件。假如我們使用一個含有兩個實作的介面，那麼就可以根據我們實例化的類別來決定要執行哪段程式碼。本質上，這項規則迫使我們使用更強大、更靈活的工具：物件。

參考

我們在介紹「用類別替代型別碼（REPLACE TYPE CODE WITH CLASSES）」（4.1.3 小節）和「引入策略模式（INTRODUCE STRATEGY PATTERN ）」（5.4.2 小節）這些重構模式時，會更詳細地討論後期綁定。

4.1.2　套用這項規則

若想要消除 handleInput 函式中的 if-else，第一步是使用 Input **介面**（**interface**）來替換 Input **列舉**（**enum**）。接下來，這些值會被類別替換。最後，因為這些值現在是物件，我們可以把 if 中的程式碼移到每個類別中的方法內。需要幾個步驟才能完成，所以要有點耐心。讓我們逐步來看：

1. 引入一個名為 Input2 的新介面，其中包含我們 enum 型別中四個值所對應的方法。

▶Listing 4.5　新介面

```
01   enum Input {
02     RIGHT, LEFT, UP, DOWN
03   }
04   interface Input2 {
05     isRight(): boolean;
06     isLeft(): boolean;
07     isUp(): boolean;
08     isDown(): boolean;
09   }
```

2. 建立與四個 enum 值相對應的四個類別。除了對應到該類別的方法之外，其他方法都應該是返回 false。請注意，這些方法是暫時的，稍後會看到。

▶Listing 4.6　新類別

```
01   class Right implements Input2 {
02     isRight() { return true; }    ←——     isRight 在 Right 類別中是返回 true
03     isLeft() { return false; }
04     isUp() { return false; }      ｜  其他方法返回 false
05     isDown() { return false; }
06   }
07   class Left implements Input2 { ... }
08   class Up implements Input2 { ... }
09   class Down implements Input2 { ... }
```

3. 將 enum 的名稱改為類似「RawInput」的名稱。這會讓編譯器回報我們在使用 enum 的所有地方出現錯誤。

▶Listing 4.7　之前	▶Listing 4.8　之後

`01   enum Input {`
`02     RIGHT, LEFT, UP, DOWN`
`03   }`
	`enum RawInput {`
	`  RIGHT, LEFT, UP, DOWN`
	`}`

4. 將型別從 Input 改為 Input2，並用新的方法取代相等性的檢查。

▶Listing 4.9　之前

```
01    function handleInput(input: Input) {
02      if (input === Input.LEFT)
03        moveHorizontal(-1);
04      else if (input === Input.RIGHT)
05        moveHorizontal(1);
06      else if (input === Input.UP)
07        moveVertical(-1);
08      else if (input === Input.DOWN)
09        moveVertical(1);
10    }
```

▶Listing 4.10　之後

```
01    function handleInput(input: Input2) {    ◀──────   改變型別來使用介面
02      if (input.isLeft())    ◀──────
03        moveHorizontal(-1);
04      else if (input.isRight())    ◀──────
05        moveHorizontal(1);
06      else if (input.isUp())    ◀──────
07        moveVertical(-1);                              使用新方法來取代
08      else if (input.isDown())    ◀──────             相等性檢查
09        moveVertical(1);
10    }
```

5.　修改最後的錯誤。

▶Listing 4.11 之前

```
01    Input.RIGHT
02    Input.LEFT
03    Input.UP
04    Input.DOWN
```

▶Listing 4.12 之後

```
new Right()
new Left()
new Up()
new Down()
```

6.　最後把程式中所有 Input2 改為 Input。

現在程式呈現的樣貌如下。

▶Listing 4.13　之前

```
01    window.addEventListener("keydown", e =>
02    {
03      if (e.key === LEFT_KEY || e.key === "a")
04        inputs.push(Input.LEFT);
05      else if (e.key === UP_KEY || e.key === "w")
06        inputs.push(Input.UP);
07      else if (e.key === RIGHT_KEY || e.key === "d")
08        inputs.push(Input.RIGHT);
09      else if (e.key === DOWN_KEY || e.key === "s")
10        inputs.push(Input.DOWN);
11    });
12
13    function handleInput(input: Input) {
14      if (input === Input.LEFT)
```

```
15 |     moveHorizontal(-1);
16 |   else if (input === Input.RIGHT)
17 |     moveHorizontal(1);
18 |   else if (input === Input.UP)
19 |     moveVertical(-1);
20 |   else if (input === Input.DOWN)
21 |     moveVertical(1);
22 | }
```

▶Listing 4.14　之後
```
01 | window.addEventListener("keydown", e =>
02 | {
03 |   if (e.key === LEFT_KEY || e.key === "a")
04 |     inputs.push(new Left());
05 |   else if (e.key === UP_KEY || e.key === "w")
06 |     inputs.push(new Up());
07 |   else if (e.key === RIGHT_KEY || e.key === "d")
08 |     inputs.push(new Right());
09 |   else if (e.key === DOWN_KEY || e.key === "s")
10 |     inputs.push(new Down());
11 | });
12 |
13 | function handleInput(input: Input) {
14 |   if (input.isLeft())
15 |     moveHorizontal(-1);
16 |   else if (input.isRight())
17 |     moveHorizontal(1);
18 |   else if (input.isUp())
19 |     moveVertical(-1);
20 |   else if (input.isDown())
21 |     moveVertical(1);
22 | }
```

我們把列舉（enum）型別改成類別（class）的過程，稱之為「用類別替代型別碼（REPLACE TYPE CODE WITH CLASSES）」重構模式。

4.1.3　重構模式：用類別替代型別碼（REPLACE TYPE CODE WITH CLASSES）

描述

這個重構模式把列舉（enum）轉換為介面（interface），而列舉的值則變成類別（class）。這樣做可以讓我們在每個值上加入屬性，並局部化與該特定值相關的功能。這會導致和另一個「把程式碼移到類別中（PUSH CODE INTO CLASSES）」重構模式（4.1.5 小節）一起協同處理新增的變更。原因是我們經

常在應用程式內分散各處的 switch 或 else if 中使用了列舉值。switch 陳述句說明了在該處位置要如何處理 enmu 中的每個可能的值。

當我們把 enum 的值轉換成類別時，可以在不需要考慮其他 enum 值的情況下把相關的功能聚集在一起。這個過程會把功能和資料結合在一起，它把功能局部化到資料內，也就是特定的值。向 enum 加入新值表示要在許多檔案中去驗證與該 enum 相關的處理邏輯，而新增實作介面的新類別則只需要在該檔案中實作方法，不需要去修改其他程式碼（除非我們想使用新類別）。

請留意，**型別碼**（**type codes**）除了 enum 之外還有其他種類。任何整數型別，或支援精確等於檢查 === 的型別，都可充當型別碼。最常用的是 int 和 enum。以下是 T 恤尺寸的型別程式碼範例。

▶Listing 4.15　原本的程式碼

```
01   const SMALL = 33;
02   const MEDIUM = 37;
03   const LARGE = 42;
```

當型別碼為 int 時，追蹤其使用就變得棘手，因為某人可能直接用了數字而沒有參照中央常數。因此，在看到型別碼時，就立即將其轉換為 enum。只有這樣，我們才能安全地套用這個重構模式。

▶Listing 4.16　之前

```
01   const SMALL = 33;
02   const MEDIUM = 37;
03   const LARGE = 42;
04
05
```

▶Listing 4.17　之後

```
enum TShirtSizes {
  SMALL = 33,
  MEDIUM = 37,
  LARGE = 42
}
```

處理步驟

1. 請引入一個暫時的介面，取個臨時的名字。這個介面應該要含有 enum 的每個值所對應的方法。

2. 建立與 enum 的每個值對應的類別，除了與該類別相對應的方法返回 true 之外，介面中的所有方法都應該返回 false。

3. enum 重新命名。這樣做會導致編譯器在我們使用該 enum 的所有地方回執錯誤訊息。

4. 把型別的舊名稱改成臨時名稱，並用新的方法替換相等性檢查。

5. 將剩下的參照到 enum 值的位置都替換為實例化新類別的處理方式。

6. 最後當不再回報錯誤時，把介面的名稱全都修改為永久使用的名稱。

範例

以一個小型的範例來介紹，程式中有紅綠燈的 enum，另外還有個函式用來依
據紅綠燈判斷是否能開車前進。

▶Listing 4.18　原本的程式碼

```
01 | enum TrafficLight {
02 |   RED, YELLOW, GREEN
03 | }
04 | const CYCLE = [TrafficLight.RED, TrafficLight.GREEN, TrafficLight.YELLOW];
05 | function updateCarForLight(current: TrafficLight) {
06 |   if (current === TrafficLight.RED)
07 |     car.stop();
08 |   else
09 |     car.drive();
10 | }
```

我們依照下列步驟進行處理：

1. 請引入一個暫時的介面，取個臨時的名字。這個介面應該要含有 enum 的
   每個值所對應的方法。

▶Listing 4.19　新介面

```
01 | interface TrafficLight2 {
02 |   isRed(): boolean;
03 |   isYellow(): boolean;
04 |   isGreen(): boolean;
05 | }
```

2. 建立與 enum 的每個值對應的類別，除了與該類別相對應的方法返回 true
   之外，介面中的所有方法都應該返回 false。

▶Listing 4.20　新類別

```
01 | class Red implements TrafficLight2 {
02 |   isRed() { return true; }
03 |   isYellow() { return false; }
04 |   isGreen() { return false; }
05 | }
06 | class Yellow implements TrafficLight2 {
07 |   isRed() { return false; }
```

```
08 |     isYellow() { return true; }
09 |     isGreen() { return false; }
10 |   }
11 |   class Green implements TrafficLight2 {
12 |     isRed() { return false; }
13 |     isYellow() { return false; }
14 |     isGreen() { return true; }
15 |   }
```

3. enum 重新命名。這樣做會導致編譯器在我們使用該 enum 的所有地方回執錯誤訊息。

▶Listing 4.21　之前

```
01 |   enum TrafficLight {
02 |     RED, YELLOW, GREEN
03 |   }
```

▶Listing 4.22　之後（1/4）

```
01 |   enum RawTrafficLight {
02 |     RED, YELLOW, GREEN
03 |   }
```

4. 把型別的舊名稱改成臨時名稱，並用新的方法替換相等性檢查。

▶Listing 4.23　之前

```
01 |   function updateCarForLight(current: TrafficLight)
02 |   {
03 |     if (current === TrafficLight.RED)
04 |       car.stop();
05 |     else
06 |       car.drive();
07 |   }
```

▶Listing 4.24　之後（2/4）

```
01 |   function updateCarForLight(current: TrafficLight2)
02 |   {
03 |     if (current.isRed())
04 |       car.stop();
05 |     else
06 |       car.drive();
07 |   }
```

5. 將剩下的參照到 enum 值的位置都替換為實例化新類別的處理方式。

▶Listing 4.25　之前

```
01 |   const CYCLE = [
02 |     TrafficLight.RED,
03 |     TrafficLight.GREEN,
04 |     TrafficLight.YELLOW
05 |   ];
```

▶Listing 4.26　之後（3/4）

```
   const CYCLE = [
     new Red(),
     new Green(),
     new Yellow()
   ];
```

6.　最後當不再回報錯誤時，把介面的名稱全都修改為永久使用的名稱。

▶Listing 4.27　之前	▶Listing 4.28　之後（4/4）

```
01    interface TrafficLight2 {
02      // ...
03    }
```

```
interface TrafficLight {
  // ...
}
```

這個重構模式本身的價值並不太大，但是它為之後的改進提供了極大的便利性。擁有所有值的 is 方法本身就是程式碼的異味，而我們把這種異味換成了另一種。雖然 enum 值是緊密相連的，但我們可以逐個處理這些方法。需要留意的是，大多數的 is 方法都是臨時的，並且不會存在太長時間，在本章中我們會清除其中一些，而在第 5 章中會清除更多的方法。

進一步閱讀

這個重構模式也可以在 Martin Fowler 的書《Refactoring》中找到。

4.1.4　把程式碼移到類別中

現在神奇的事情即將發生囉！handleInput 函式中的所有條件都配合輸入參數來處理，這表示程式碼應該要在該類別中。幸運的是，有一種簡單的方法可以做到這一點：

1.　複製 handleInput，並貼上到所有類別中。移掉 function，因為現在這是個方法，然後把 input 參數取代為 this。由於這還是錯的名稱，所以編譯時會回報錯誤。

▶Listing 4.29　之後

```
01    class Right implements Input {
02      // ...
03      handleInput() {                    移掉 function 字樣和參數
04        if (this.isLeft())
05          moveHorizontal(-1);
06        else if (this.isRight())
07          moveHorizontal(1);
08        else if (this.isUp())
09          moveVertical(-1);
10        else if (this.isDown())          把 input 都改成 this
11          moveVertical(1);
12      }
13    }
```

2. 把該方法簽章複製到 Input 介面中，並且給它一個與來源方法 handleInput 略為不同的名字。在這個範例中，我們已經在 Input 介面內，所以把 Input 字樣去掉，取名為 handle。

▶Listing 4.30 新介面

```
01 | interface Input {
02 |   // ...
03 |   handle(): void;
04 | }
```

3. 逐一處理所有四個類別中的 handleInput 方法。步驟完全相同，因此我們只展示一個例子：

a. 將 isLeft、isRight、isUp 和 isDown 方法的返回值直接替換到呼叫處。

▶Listing 4.31 之前

```
01 | class Right implements Input {
02 |   // ...
03 |   handleInput() {
04 |     if (this.isLeft())
05 |       moveHorizontal(-1);
06 |     else if (this.isRight())
07 |       moveHorizontal(1);
08 |     else if (this.isUp())
09 |       moveVertical(-1);
10 |     else if (this.isDown())
11 |       moveVertical(1);
12 |   }
13 | }
```

▶Listing 4.32 之後 (1/4)

```
01 | class Right implements Input {
02 |   // ...
03 |   handleInput() {
04 |     if (false)          ◀
05 |       moveHorizontal(-1);
06 |     else if (true)      ◀
07 |       moveHorizontal(1);
08 |     else if (false)     ◀
09 |       moveVertical(-1);
10 |     else if (false)     ◀          經過內聯處理的 is 方法
11 |       moveVertical(1);
12 |   }
13 | }
```

b. 把所有 if (false) { ... } 和 if (true) 中的 if 部分都移掉。

▶Listing 4.33 之前
```
01 | class Right implements Input {
02 |   // ...
03 |   handleInput() {
04 |     if (false)
05 |       moveHorizontal(-1);
06 |     else if (true)
07 |       moveHorizontal(1);
08 |     else if (false)
09 |       moveVertical(-1);
10 |     else if (false)
11 |       moveVertical(1);
12 |   }
13 | }
```

▶Listing 4.34 之後 (2/4)
```
01 | class Right implements Input {
02 |   // ...
03 |   handleInput() {
04 |
05 |
06 |
07 |       moveHorizontal(1);
08 |
09 |
10 |
11 |
12 |   }
13 | }
```

c. 將名稱更改為 handle 以表明我們已完成此方法了。此時編譯器應該會接受這個方法。

▶Listing 4.35 之前
```
01 | class Right implements Input {
02 |   // ...
03 |   handleInput() { moveHorizontal(1); }
04 | }
```

▶Listing 4.36 之後 (3/4)
```
01 | class Right implements Input {
02 |   // ...
03 |   handle() { moveHorizontal(1); }
04 | }
```

4. 把 handleInput 方法的主體替換為對新方法的呼叫。

▶Listing 4.37 之前
```
01 | function handleInput(input: Input) {
02 |   if (input.isLeft())
03 |     moveHorizontal(-1);
04 |   else if (input.isRight())
```

```
05 |     moveHorizontal(1);
06 |   else if (input.isUp())
07 |     moveVertical(-1);
08 |   else if (input.isDown())
09 |     moveVertical(1);
10 | }
```

▶Listing 4.38　之後
```
01 | function handleInput(input: Input) {
02 |   input.handle();
03 | }
```

經過這個處理步驟之後，我們完成了很棒的改進。所有的 if 陳述句都不見了，
而這些方法也輕鬆地符合五行程式碼的規定。

▶Listing 4.39　之前
```
01 | function handleInput(input: Input) {
02 |   if (input.isLeft())
03 |     moveHorizontal(-1);
04 |   else if (input.isRight())
05 |     moveHorizontal(1);
06 |   else if (input.isUp())
07 |     moveVertical(-1);
08 |   else if (input.isDown())
09 |     moveVertical(1);
10 | }
```

▶Listing 4.40　之後
```
01 | function handleInput(input: Input) {
02 |   input.handle();
03 | }
04 |
05 | interface Input {
06 |   // ...
07 |   handle(): void;
08 | }
09 | class Left implements Input {
10 |   // ...
11 |   handle() { moveHorizontal(-1); }
12 | }
13 | class Right implements Input {
14 |   // ...
15 |   handle() { moveHorizontal(1); }
16 | }
17 | class Up implements Input {
18 |   // ...
19 |   handle() { moveVertical(-1); }
20 | }
21 | class Down implements Input {
22 |   // ...
23 |   handle() { moveVertical(1); }
24 | }
```

這是我最喜歡的重構模式：它非常有結構性，只需很少的認知負擔就能執行，最終得到的程式碼結果也非常好。我稱它為「把程式碼移到類別中（PUSH CODE INTO CLASSES）」模式。

4.1.5 重構模式：把程式碼移到類別中 （PUSH CODE INTO CLASSES）

描述

這個是「用類別替代型別碼（REPLACE TYPE CODE WITH CLASSES）」重構模式的自然延伸。從結果來看，if 陳述句通常會被消除掉，其功能也更接近資料。正如早先討論過的，這有助於把不變條件局限在某個區域，因為與特定值相關的功能會被移至對應該值的類別中。

以最簡單的形式來看，我們是假設把整個方法都移動到類別中。這不是問題，因為，正如我們所看到的，通常在開始時會先提取方法。當然，也可以直接搬移程式碼而不需要先提取，但這樣做需要付出更多的注意力來驗證沒有搞砸任何東西。

處理步驟

1. 把來源函式複製並貼上到所有的類別中。刪掉 function 字樣，因為它現在是個方法。將上下脈絡更換為 this，並刪除未使用的參數。該方法仍然有錯的名稱，所以編譯仍然會回報錯誤提示。

2. 把方法簽章複製到目標介面中，並為它取一個稍微不同於原本方法的名稱。

3. 遍覽所有類別中的新方法：

   a. 將返回常數表示式之方法的結果直接內聯放入到呼叫的地方。

   b. 盡可能把所有運算都提前處理好，如此大都能移除掉「if (true)」和「if (false) { ... }」這樣的陳述句，但也可能需要先簡化條件，例如把「false || true」簡化成「true」。

c. 把這個方法的名稱改為適當的名稱，表示我們已經完成了相關的處理。編譯器應該會接受它。

4. 將原來函式的主體替換為對新方法的呼叫。

範例

由於這個重構模式與「用類別替代型別碼（REPLACE TYPE CODE WITH CLASSES）」密切相關，因此我們繼續使用前面的紅綠燈的範例程式來說明。

▶Listing 4.41　原本的程式碼

```
01 | interface TrafficLight {
02 |   isRed(): boolean;
03 |   isYellow(): boolean;
04 |   isGreen(): boolean;
05 | }
06 | class Red implements TrafficLight {
07 |   isRed() { return true; }
08 |   isYellow() { return false; }
09 |   isGreen() { return false; }
10 | }
11 | class Yellow implements TrafficLight {
12 |   isRed() { return false; }
13 |   isYellow() { return true; }
14 |   isGreen() { return false; }
15 | }
16 | class Green implements TrafficLight {
17 |   isRed() { return false; }
18 |   isYellow() { return false; }
19 |   isGreen() { return true; }
20 | }
21 | function updateCarForLight(current: TrafficLight) {
22 |   if (current.isRed())
23 |     car.stop();
24 |   else
25 |     car.drive();
26 | }
```

我們依照下列處理步驟進行：

1. 在目標介面中建立一個新的方法。並為新方法取一個和來源方法稍微不同的名稱。

▶Listing 4.42　新方法

```
01 | interface TrafficLight {
02 |   // ...
03 |   updateCar(): void;
04 | }
```

2. 複製原本的函式並貼上到所有的類別內,接著刪除掉函式,因為函式現在變成一個方法了,把程式上下脈絡的內容替換為 this,並移除未使用的參數。由於方法的名稱仍然不對,因此編譯仍然會回報錯誤訊息。

▶Listing 4.43　複製函式並貼到所有類別中

```
01 | class Red implements TrafficLight {
02 |   // ...
03 |   updateCarForLight() {
04 |     if (this.isRed())
05 |       car.stop();
06 |     else
07 |       car.drive();
08 |   }
09 | }
10 | class Yellow implements TrafficLight {
11 |   // ...
12 |   updateCarForLight() {
13 |     if (this.isRed())
14 |       car.stop();
15 |     else
16 |       car.drive();
17 |   }
18 | }
19 | class Green implements TrafficLight {
20 |   // ...
21 |   updateCarForLight() {
22 |     if (this.isRed())
23 |       car.stop();
24 |     else
25 |       car.drive();
26 |   }
27 | }
```

3. 遍覽所有類別中的新方法:

a. 將返回常數表示式方法的結果直接內聯放入(inline)到呼叫的地方。

b. 盡可能把所有運算都提前處理好。

▶Listing 4.44　之前

```
01 | class Red implements TrafficLight {
02 |   // ...
03 |   updateCarForLight() {
04 |     if (this.isRed())
05 |       car.stop();
06 |     else
07 |       car.drive();
08 |   }
09 | }
10 | class Yellow implements TrafficLight {
11 |   // ...
12 |   updateCarForLight() {
```

```
13 |      if (this.isRed())
14 |         car.stop();
15 |      else
16 |         car.drive();
17 |    }
18 | }
19 | class Green implements TrafficLight {
20 |    // ...
21 |    updateCarForLight() {
22 |      if (this.isRed())
23 |         car.stop();
24 |      else
25 |         car.drive();
26 |    }
27 | }
```

▶Listing 4.45 之後 (1/4)

```
01 |    class Red implements TrafficLight {
02 |       // ...
03 |       updateCarForLight() {
04 |          if (true)
05 |             car.stop();
06 |          else
07 |             car.drive();
08 |       }
09 |    }
10 |    class Yellow implements TrafficLight {
11 |       // ...
12 |       updateCarForLight() {
13 |          if (false)
14 |             car.stop();
15 |          else
16 |             car.drive();
17 |       }
18 |    }
19 |    class Green implements TrafficLight {
20 |       // ...
21 |       updateCarForLight() {
22 |          if (false)
23 |             car.stop();
24 |          else
25 |             car.drive();
26 |       }
27 |    }
```

▶Listing 4.46 之前

```
01 |    class Red implements TrafficLight {
02 |       // ...
03 |       updateCarForLight() {
04 |          if (true)
05 |             car.stop();
06 |          else
07 |             car.drive();
08 |       }
```

```
09 |     }
10 |   class Yellow implements TrafficLight {
11 |     // ...
12 |     updateCarForLight() {
13 |       if (false)
14 |         car.stop();
15 |       else
16 |         car.drive();
17 |     }
18 |   }
19 |   class Green implements TrafficLight {
20 |     // ...
21 |     updateCarForLight() {
22 |       if (false)
23 |         car.stop();
24 |       else
25 |         car.drive();
26 |     }
27 |   }
```

▶Listing 4.47　之後（2/4）

```
01 |   class Red implements TrafficLight {
02 |     // ...
03 |     updateCarForLight() {
04 |
05 |         car.stop();
06 |
07 |
08 |     }
09 |   }
10 |   class Yellow implements TrafficLight {
11 |     // ...
12 |     updateCarForLight() {
13 |
14 |
15 |
16 |         car.drive();
17 |     }
18 |   }
19 |   class Green implements TrafficLight {
20 |     // ...
21 |     updateCarForLight() {
22 |
23 |
24 |
25 |         car.drive();
26 |     }
27 |   }
```

　　c. 把方法的名稱改為適當的名稱，表示我們已經完成了相關的處理。

▶Listing 4.48　之前

```
01 |   class Red implements TrafficLight {
02 |     // ...
```

```
03 |     updateCarForLight() { car.stop(); }
04 |   }
05 |   class Yellow implements TrafficLight {
06 |     // ...
07 |     updateCarForLight() { car.drive(); }
08 |   }
09 |   class Green implements TrafficLight {
10 |     // ...
11 |     updateCarForLight() { car.drive(); }
12 |   }
```

▶Listing 4.49　之後（3/4）

```
01 |   class Red implements TrafficLight {
02 |     // ...
03 |     updateCar() { car.stop(); }
04 |   }
05 |   class Yellow implements TrafficLight {
06 |     // ...
07 |     updateCar() { car.drive(); }
08 |   }
09 |   class Green implements TrafficLight {
10 |     // ...
11 |     updateCar() { car.drive(); }
12 |   }
```

4.　將原來函式的主體替換為對新方法的呼叫。

▶Listing 4.50　之前

```
01 |   function updateCarForLight(current: TrafficLight)
02 |   {
03 |     if (current.isRed())
04 |       car.stop();
05 |     else      car.drive();
06 |   }
```

▶Listing 4.51　之後（4/4）

```
01 |   function updateCarForLight(current: TrafficLight)
02 |   {
03 |     current.updateCar();
04 |   }
```

之前提過，如果 is 方法沒被移除，就會變成程式碼異味。現在值得注意的是，在這個小型範例中已不需要 is 方法了，從這裡可看出重構模式優點的延伸。

進一步閱讀

在簡易形式下，這個重構模式的本質與 Martin Fowler 的「移動方法（Move method）」相同。然而，我認為這裡重新命名為「程式碼移到類別中（PUSH CODE INTO CLASSES）」更能傳達它的意圖和力量。

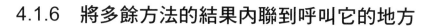

4.1.6　將多餘方法的結果內聯到呼叫它的地方

此時，我們可以看到重構的另一個有趣效果。就算剛剛引入了 handleInput 函式，但這並不一定表示它應該留下來。重構通常是循環處理的，在有需要時加入可以啟用進一步重構的內容，隨後還是能將其刪除。因此，不必要害怕加入多的程式碼。

在引入 handleInput 當時，它是有明確的目標。然而，現在它對我們的程式碼沒有任何幫助，且佔用空間，所以我們可以將其移除：

1.　把方法名稱改為 handleInput2，這樣在使用該函式時編譯器會回報錯誤。

2.　複製 input.handle()的本體區塊，並留意 input 是該函式的參數。

3.　我們只在一個地方使用到這個函式，因此把該處的函式呼叫替換成剛才複製的本體區塊。

▶Listing 4.52　之前

```
01    handleInput(current);
```

▶Listing 4.53　之後

```
    current.handle();
```

隨後快速把 current 改名為 input，handleInputs 的樣貌會如下所示。

▶Listing 4.54　之前

```
01    function handleInputs() {
02      while (inputs.length > 0) {
03        let current = inputs.pop();
04        handleInput(current);
05      }
06    }
07
08    function handleInput(input: Input) {
09      input.handle();
10    }
```

▶Listing 4.55　之後

```
01    function handleInputs() {
02      while (inputs.length > 0) {
03        let input = inputs.pop();
04        input.handle();            ←──┤ 內聯方法
05      }
06    }
07          ←────┤ handleInput 移除掉
08
09
10
```

這個「內聯方法（INLINE METHOD）」重構模式，是第 3 章「提取方法（EXTRACT METHOD）」（3.2.1 小節）的完全相反。

4.1.7 重構模式：內聯方法（INLINE METHOD）

描述

這本書有兩個主要的議題，一個是增加程式碼（通常是為了支援類別），另一個是刪除程式碼。這個重構模式支援後者：它會刪除掉不能提升程式碼易讀性的方法。其做法是將方法中的程式碼移到所有呼叫的位置，這使得該方法變成不再被使用，此時就能安全地刪除掉。

請留意我們區分了「將多餘方法的結果內聯到呼叫它的地方」和「內聯方法（INLINE METHOD）」重構模式。之前的小節中，我們在把程式碼推入類別中時，是利用把 is 方法內聯，然後再使用「內聯方法（INLINE METHOD）」重構模式消除原本的函式。當我們將結果內聯到呼叫位置時（沒有強調時），我們不會在每個呼叫點進行內聯，因此保留了原本方法，通常這是為了簡化呼叫點。當我們使用「內聯方法（INLINE METHOD）」重構模式（沒有強調時），則會在每個呼叫點進行內聯，然後刪除該方法。

在本書中，當方法只有一行程式碼時，我們經常會進行這項處理。這是因為有嚴格的五行程式碼限制，內聯一個只有一行程式碼的方法不會破壞此限制。當然，我們也可以將此重構方式套用於有多行程式碼的方法。

另一個考慮的因素是方法是否太複雜而不能進行內聯。下面的方法範例給了一個數字的絕對值，我們為了效能而進行了最佳化，所以它是無分支的，它只有一行程式碼，會依賴於低階操作來達成其目的，因此擁有這個方法能增加可讀性，我們不應該將其內聯。在這個範例中，將其內聯也會違反「操作邏輯應該放在同一抽象層級」的程式碼異味，這是「呼叫或傳遞（EITHER CALL OR PASS）」規則（3.1.1 小節）的用意。

▶Listing 4.56　不應該內聯的方法

```
01   const NUMBER_BITS = 32;
02   function absolute(x: number) {
03     return (x ^ x >> NUMBER_BITS-1) - (x >> NUMBER_BITS-1);
04   }
```

處理步驟

1. 先把方法名稱暫時換掉，這樣能讓編譯器顯示在何處使用了這個方法。

2. 複製這個方法的本體區塊，並留意它的參數。

3. 在編譯器回報錯誤的位置，將複製的本體區塊替換掉原本的呼叫，並把參數對映到相對的引數位置。

4. 當編譯器不再回報錯誤時，表示原本的方法已經沒有被使用到，這樣就可以安全地刪除掉。

範例

在本書前面內容中，我們已經看過一個關於遊戲程式碼的範例，現在來看一個不同領域的例子。在這個例子中，我們把銀行交易的兩個部分分開了：從一個帳戶提款，以及另一個帳戶存款。這表示如果誤用了方法，我們可能會在沒有提款的情況下存款。為了解決這個問題，我們決定將這兩個方法合併。

▶Listing 4.57 原本的程式碼

```
01 | function deposit(to: string, amount: number) {
02 |   let accountId = database.find(to);
03 |   database.updateOne(accountId, { $inc: { balance: amount } });
04 | }
05 |
06 | function transfer(from: string, to: string, amount: number) {
07 |   deposit(from, -amount);
08 |   deposit(to, amount);
09 | }
```

在 TypeScript …

符號「$」跟底線「_」一樣，是個普通的字元，並沒有特別的含義，所以 $ 可以成為名稱的一部分。因此，$inc 跟 do_inc 一樣，都是合法有效的方法名稱。

我們依照下列處理步驟進行：

1. 先把方法名稱暫時換掉，這樣能讓編譯器顯示在哪些地方使用了此方法。

▶Listing 4.58　之前
```
01    function deposit(to: string,amount: number) {
02      // ...
03    }
```

▶Listing 4.59　之後 (1/2)
```
01    function deposit2(to: string, amount: number) {
02      // ...
03    }
```

2.　複製這個方法的本體區塊,並留意它的參數。

3.　在編譯器回報錯誤的位置,將複製的本體區塊替換掉原本的呼叫,並把參數對映到相對的引數位置。

▶Listing 4.60　之前
```
01    function transfer(from: string, to: string, amount: number)
02    {
03      deposit(from, -amount);
04
05
06      deposit(to, amount);
07
08
09    }
```

▶Listing 4.61　之後 (1/2)
```
01    function transfer(from: string, to: string,amount: number)
02    {
03      let fromAccountId = database.find(from);
04      database.updateOne(fromAccountId,
05        { $inc: { balance: -amount } });
06      let toAccountId = database.find(to);
07      database.updateOne(toAccountId,
08        { $inc: { balance: amount } });
09    }
```

4.　當編譯器不再回報錯誤時,表示原本的方法已經沒有被使用到,這樣就可以安全地刪除掉。

此時的程式碼還無法從無中建立金錢。另外在程式碼中的重複部分是否有問題還值得商榷。在第 6 章中,我們會看到另一種使用封裝的解決方案。

進一步閱讀

這個重構模式在 Martin Fowler 的《Refactoring》一書中也有討論和說明。

4.2 重構大型的 if 陳述句

讓我們再次運用相同的處理步驟，但這次重構的是大型的 drawMap 方法。

▶Listing 4.62 原本的程式碼

```
01  function drawMap(g: CanvasRenderingContext2D) {
02    for (let y = 0; y < map.length; y++) {
03      for (let x = 0; x < map[y].length; x++) {
04        if (map[y][x] === Tile.FLUX)
05          g.fillStyle = "#ccffcc";
06        else if (map[y][x] === Tile.UNBREAKABLE)
07          g.fillStyle = "#999999";
08        else if (map[y][x] === Tile.STONE || map[y][x] === Tile.FALLING_STONE)
09          g.fillStyle = "#0000cc";
10        else if (map[y][x] === Tile.BOX || map[y][x] === Tile.FALLING_BOX)
11          g.fillStyle = "#8b4513";
12        else if (map[y][x] === Tile.KEY1 || map[y][x] === Tile.LOCK1)
13          g.fillStyle = "#ffcc00";
14        else if (map[y][x] === Tile.KEY2 || map[y][x] === Tile.LOCK2)
15          g.fillStyle = "#00ccff";
16
17        if (map[y][x] !== Tile.AIR && map[y][x] !== Tile.PLAYER)
18          g.fillRect(x * TILE_SIZE, y * TILE_SIZE, TILE_SIZE, TILE_SIZE);
19      }
20    }
21  }
```

一開始就馬上發現嚴重違反上一章節提到的「僅在開頭使用 if（if ONLY AT THE START）」（3.5.1 小節）規則：在程式碼中間有一長串的 else if。所以，我們先要把這一長串的 else if 提取到自己的方法中。

▶Listing 4.63 經過提取方法的重構之後（3.2.1 小節）

```
01  function drawMap(g: CanvasRenderingContext2D) {
02    for (let y = 0; y < map.length; y++) {
03      for (let x = 0; x < map[y].length; x++) {
04        colorOfTile(g, x, y);                    ←
05        if (map[y][x] !== Tile.AIR && map[y][x] !== Tile.PLAYER)
06          g.fillRect(x * TILE_SIZE, y * TILE_SIZE, TILE_SIZE, TILE_SIZE);
07      }
08    }
09  }
                                                          提取方法和呼叫
10
11  function colorOfTile(g: CanvasRenderingContext2D, x: number, y: number) { ←
12    if (map[y][x] === Tile.FLUX)
13      g.fillStyle = "#ccffcc";
14    else if (map[y][x] === Tile.UNBREAKABLE)
15      g.fillStyle = "#999999";
16    else if (map[y][x] === Tile.STONE || map[y][x] === Tile.FALLING_STONE)
17      g.fillStyle = "#0000cc";
```

```
18 |     else if (map[y][x] === Tile.BOX || map[y][x] === Tile.FALLING_BOX)
19 |       g.fillStyle = "#8b4513";
20 |     else if (map[y][x] === Tile.KEY1 || map[y][x] === Tile.LOCK1)
21 |       g.fillStyle = "#ffcc00";
22 |     else if (map[y][x] === Tile.KEY2 || map[y][x] === Tile.LOCK2)
23 |       g.fillStyle = "#00ccff";
24 |   }
```

目前的 drawMap 符合了五行程式碼規則，因此我們繼續處理 colorOfTile。
colorOfTile 違反了「不要使用 if 搭配 else（NEVER USE if WITH else）」規則。
就像我們之前所做的一樣，為了解決這個問題，我們替換了 Tile 的 enum 型
別，改為使用 Tile 介面：

1. 引入一個新的介面，暫時取名為 Tile2，其中含有 enum 中所有值的方法。

▶Listing 4.64　新的方法

```
01 |   interface Tile2 {
02 |     isFlux(): boolean;
03 |     isUnbreakable(): boolean;
04 |     isStone(): boolean;
05 |     // ...          ◀──────────────── enum 的所有值都有其對應的方法
06 |   }
```

2. 根據每個 enum 值建立對應的類別。

▶Listing 4.65　新的類別

```
01 |   class Flux implements Tile2 {
02 |     isFlux() { return true; }
03 |     isUnbreakable() { return false; }
04 |     isStone() { return false; }
05 |     // ...
06 |   }
07 |   class Unbreakable implements Tile2 { ... }
08 |   class Stone implements Tile2 { ... }
09 |   /// ...          ◀──────────────── enum 其餘值的相似類別
```

3. 把 enum 的名稱改為 RawTile，以便讓編譯器回報錯誤訊息來顯示其使用的
    位置。

▶Listing 4.66　之前

```
01 |   enum Tile {
02 |     AIR,
03 |     FLUX,
04 |     UNBREAKABLE,
05 |     PLAYER,
06 |     STONE, FALLING_STONE,
07 |     BOX, FALLING_BOX,
08 |     KEY1, LOCK1,
```

```
09 |    KEY2, LOCK2
10 | }
```

▶Listing 4.67　之後

```
01 | enum RawTile {
02 |    AIR,
03 |    FLUX,
04 |    UNBREAKABLE,
05 |    PLAYER,
06 |    STONE, FALLING_STONE,
07 |    BOX, FALLING_BOX,
08 |    KEY1, LOCK1,
09 |    KEY2, LOCK2
10 | }
```

修改名稱讓編譯器回報錯誤

4.　把相等檢查條件式替換為新的方法。我們必須在整支應用程式中進行這樣的修改，在這裡只了展示 colorOfTile 的更改。

▶Listing 4.68　之前

```
01 | function colorOfTile(g: CanvasRenderingContext2D, x: number, y: number)
02 | {
03 |    if (map[y][x] === Tile.FLUX)
04 |      g.fillStyle = "#ccffcc";
05 |    else if (map[y][x] === Tile.UNBREAKABLE)
06 |      g.fillStyle = "#999999";
07 |    else if (map[y][x] === Tile.STONE || map[y][x] === Tile.FALLING_STONE)
08 |      g.fillStyle = "#0000cc";
09 |    else if (map[y][x] === Tile.BOX || map[y][x] === Tile.FALLING_BOX)
10 |      g.fillStyle = "#8b4513";
11 |    else if (map[y][x] === Tile.KEY1 || map[y][x] === Tile.LOCK1)
12 |      g.fillStyle = "#ffcc00";
13 |    else if (map[y][x] === Tile.KEY2 || map[y][x] === Tile.LOCK2)
14 |      g.fillStyle = "#00ccff";
15 | }
```

▶Listing 4.69　之後

```
01 | function colorOfTile(g: CanvasRenderingContext2D, x: number, y: number)
02 | {
03 |    if (map[y][x].isFlux())
04 |      g.fillStyle = "#ccffcc";
05 |    else if (map[y][x].isUnbreakable())
06 |      g.fillStyle = "#999999";
07 |    else if (map[y][x].isStone() || map[y][x].isFallingStone())
08 |      g.fillStyle = "#0000cc";
09 |    else if (map[y][x].isBox() || map[y][x].isFallingBox())
10 |      g.fillStyle = "#8b4513";
11 |    else if (map[y][x].isKey1() || map[y][x].isLock1())
12 |      g.fillStyle = "#ffcc00";
13 |    else if (map[y][x].isKey2() || map[y][x].isLock2())
14 |      g.fillStyle = "#00ccff";
15 | }
```

使用新的方法來替換相等條件式的檢查

> **警告** 　請留意，「map[y][x] === Tile.FLUX」要改成「map[y][x].isFlux()」，
> 而「map[y][x] !== Tile.AIR 要改成「!map[y][x].isAir()」，記得還要放上驚嘆號
> 「!」。

5.　以新的 Flux() 取代 Tile.FLUX、以新的 Air() 取代 Tile.AIR...等以此類推。

上次在這個時間點，編譯沒有錯誤，並且可以把臨時名稱 Tile2 更改為永久要
用的 Tile。但現在情況不同了：編譯時仍然有兩個錯誤顯示我們正在使用
Tile。這就是為什麼我們要使用臨時名稱的原因，不然的話，我們可能不會在
remove 中發現問題，並假定一切都能正常執行，但實際上並沒有。

▶Listing 4.70　最後兩個錯誤

```
01 | let map: Tile[][] = [
02 |   [2, 2, 2, 2, 2, 2, 2, 2],
03 |   [2, 3, 0, 1, 1, 2, 0, 2],
04 |   [2, 4, 2, 6, 1, 2, 0, 2],
05 |   [2, 8, 4, 1, 1, 2, 0, 2],
06 |   [2, 4, 1, 1, 1, 9, 0, 2],
07 |   [2, 2, 2, 2, 2, 2, 2, 2],
08 | ];
09 |
10 | function remove(tile: Tile) {
11 |   for (let y = 0; y < map.length; y++) {
12 |     for (let x = 0; x < map[y].length; x++) {
13 |       if (map[y][x] === tile) {
14 |         map[y][x] = new Air();
15 |       }
16 |     }
17 |   }
18 | }
```

出現錯誤，因為我們
指到 Tile

這兩個錯誤都需要特殊的處置，因此我們將逐一進行處理。

4.2.1　去除泛化通用性

remove 函式的問題在於它接受一個 tile 型別，並且將所有相同型別的 tile 從 map
上刪除。換句話說，它並不是針對 Tile 的特定實例進行檢查，而是檢查它們的
實例是否相同。

▶Listing 4.71　原本的程式碼

```
01 | function remove(tile: Tile) {
02 |   for (let y = 0; y < map.length; y++) {
03 |     for (let x = 0; x < map[y].length; x++) {
```

```
04 |        if (map[y][x] === tile) {
05 |          map[y][x] = new Air();
06 |        }
07 |      }
08 |    }
09 |  }
```

換句話說，remove 函式的問題在於它太過於泛化通用，它能移除 map 上的任何一種方塊，而不是針對特定的 Tile 實例進行檢查。這種通用泛化通用性讓它的彈性降低，而且更難修改。我們更喜歡專門特化的處置：建立一個不太泛化通用的版本，然後改用該版本來執行。

在能夠製作泛化通用的版本之前，需要調查它是怎麼被使用的。若想要讓參數不那麼泛化通用，就需要查看實際傳遞給它的引數是什麼。我們使用熟悉的流程來處理，把 remove 重新命名為臨時的名稱 remove2，編譯時會發現 remove 在程式中四個位置被使用。

▶Listing 4.72　之前
```
01 |  /// ...
02 |  remove(new Lock1());
03 |  /// ...
04 |  remove(new Lock2());
05 |  /// ...
06 |  remove(new Lock1());
07 |  /// ...
08 |  remove(new Lock2());
09 |  /// ...
```

如我們所見到的，雖然 remove 可以移除任何類型的 Tile，但在實際應用中它只是移除 Lock1 或 Lock2。我們可以利用這一點：

1.　重製 remove2。

▶Listing 4.73　之前
```
01 |  function remove2(tile: Tile) {
02 |    // ...
03 |  }
```

▶Listing 4.74　之後（1/4）
```
01 |  function remove2(tile: Tile) {
02 |    // ...            ◀─────────────┐
03 |  }                                 │  它們都有相同的本體
04 |  function remove2(tile: Tile) {    │
05 |    // ...            ◀─────────────┘
06 |  }
```

2. 把其中一個改名為 removeLock1，去掉參數，暫時把「=== tile」取代成「=== Tile.LOCK1」。就算已經把 Tile 重新命名為 RawTile，我們仍然這麼做，因為這樣能讓程式碼與我們之前處理的程式碼一致。

▶Listing 4.75　之前
```
01 | function remove2(tile: Tile) {
02 |   for (let y = 0; y < map.length; y++)
03 |     for (let x = 0; x < map[y].length; x++)
04 |       if (map[y][x] === tile)
05 |         map[y][x] = new Air();
06 | }
```

▶Listing 4.76　之後（2/4）
```
01 | function removeLock1() {                    ←──  改名和去掉參數
02 |   for (let y = 0; y < map.length; y++)
03 |     for (let x = 0; x < map[y].length; x++)
04 |       if (map[y][x] === Tile.LOCK1)         把 tile 替換成 Tile.LOCK1
05 |         map[y][x] = new Air();
06 | }
```

3. 這正是我們所用的消除相等性檢查的方式。如之前所做的處理一樣，我們將其替換為方法的呼叫。

▶Listing 4.77　之前
```
01 | function removeLock1() {
02 |   for (let y = 0; y < map.length; y++)
03 |     for (let x = 0; x < map[y].length; x++)
04 |       if (map[y][x] === Tile.LOCK1)
05 |         map[y][x] = new Air();
06 | }
```

▶Listing 4.78　之後（3/4）
```
01 | function removeLock1() {
02 |   for (let y = 0; y < map.length; y++)
03 |     for (let x = 0; x < map[y].length; x++)
04 |       if (map[y][x].isLock1())      ←──  使用方法來替換相等性檢查
05 |         map[y][x] = new Air();
06 | }
```

4. 這個函式已經沒有錯誤了，這樣就能把舊的呼叫方式改成新的呼叫方式。

▶Listing 4.79　之前
```
01 | remove(new Lock1());
```

▶Listing 4.80　之後（4/4）
```
01 | removeLock1();
```

我們也對 removeLock2 函式採取同樣的做法。修改完成之後，removeLock1 和 removeLock2 都不再有錯誤。雖然 remove2 還有錯誤，但已經不會被呼叫到，所以直接把它刪除。整體而言，我們進行了以下的更動。

▶Listing 4.81　之前

```
01    function remove(tile: Tile) {
02      for (let y = 0; y < map.length; y++)
03        for (let x = 0; x < map[y].length; x++)
04          if (map[y][x] === tile)
05            map[y][x] = new Air();
06    }
```

▶Listing 4.82　之後

```
01    function removeLock1() {
02      for (let y = 0; y < map.length; y++)
03        for (let x = 0; x < map[y].length; x++)
04          if (map[y][x].isLock1())
05            map[y][x] = new Air();
06    }
07    function removeLock2() {
08      for (let y = 0; y < map.length; y++)
09        for (let x = 0; x < map[y].length; x++)
10          if (map[y][x].isLock2())
11            map[y][x] = new Air();
12    }                              ←──────  原本的 remove 刪掉了
13
```

引入一個不太泛化通用版本之函式的整個過程，我們就稱之為「特定化方法（SPECIALIZE METHOD）」。

4.2.2　重構模式：特定化方法（SPECIALIZE METHOD）

描述

這個重構方法比較抽象，因為與大多數程式設計師的本能反應相反。我們天生希望讓程式碼泛化通用並且能重複使用，但這樣做可能會有問題，因為它會模糊責任的範圍，也表示程式碼可以從各種地方呼叫取用。這個重構模式扭轉了這些影響，愈專用愈特定化的方法，被呼叫取用的地方就愈少，這意味著很快就會變得不再使用，反而可以移除掉。

處理步驟

1. 複製我們想要特定化的方法。

2. 將其中一個方法重新命名為新的固定名稱，然後刪除（或替換）我們要特定化的參數。

3. 根據需要修正方法，使其沒有錯誤。

4. 將舊的呼叫改為使用新的呼叫。

範例

試著想像一下，我們正在製作一款西洋棋遊戲程式。在製作棋子移位檢測時，我們想出了一個很棒的通用表示式，可用來測試棋子的移動是否符合規則。

▶Listing 4.83　原本的程式碼
```
01 │  function canMove(start: Tile, end: Tile, dx: number, dy: number)
02 │  {
03 │    return dx * abs(start.x - end.x)
04 │      === dy * abs(start.y - end.y)
05 │       || dy * abs(start.x - end.x)
06 │      === dx * abs(start.y - end.y);
07 │  }
08 │  /// ...
09 │    if (canMove(start, end, 1, 0)) // Rook 城堡
10 │  /// ...
11 │    if (canMove(start, end, 1, 1)) // Bishop 主教
12 │  /// ...
13 │    if (canMove(start, end, 1, 2)) // Knight 騎士
14 │  /// ...
```

我們依照下列處理步驟進行重構：

1. 複製我們想要特定化的方法。

▶Listing 4.84　之前
```
01 │  function canMove(start: Tile, end: Tile, dx: number, dy: number)
02 │  {
03 │    return dx * abs(start.x - end.x)
04 │      === dy * abs(start.y - end.y)
05 │       || dy * abs(start.x - end.x)
06 │      === dx * abs(start.y - end.y);
07 │  }
```

▶Listing 4.85　之後（1/4）
```
01 │  function canMove(start: Tile, end: Tile, dx: number, dy: number)
02 │  {
03 │    return dx * abs(start.x - end.x)
```

```
04 |       === dy * abs(start.y - end.y)
05 |         || dy * abs(start.x - end.x)
06 |       === dx * abs(start.y - end.y);
07 |   }
08 |   function canMove(start: Tile, end: Tile, dx: number, dy: number)
09 |   {
10 |     return dx * abs(start.x - end.x)
11 |       === dy * abs(start.y - end.y)
12 |         || dy * abs(start.x - end.x)
13 |       === dx * abs(start.y - end.y);
14 |   }
```

2. 將其中一個方法重新命名為新的固定名稱，然後刪除（或替換）我們要特定化的參數。

▶Listing 4.86　之前
```
01 |   function canMove(start: Tile, end: Tile, dx: number, dy: number)
02 |   {
03 |     return dx * abs(start.x - end.x)
04 |       === dy * abs(start.y - end.y)
05 |         || dy * abs(start.x - end.x)
06 |       === dx * abs(start.y - end.y);
07 |   }
```

▶Listing 4.87　之後（2/4）
```
01 |   function rookCanMove(start: Tile, end: Tile)
02 |   {
03 |     return 1 * abs(start.x - end.x)
04 |       === 0 * abs(start.y - end.y)
05 |         || 0 * abs(start.x - end.x)
06 |       === 1 * abs(start.y - end.y);
07 |   }
```

3. 根據需要修正方法，使其沒有錯誤。由於這裡沒有錯誤，我們只需進行簡化即可。

▶Listing 4.88　之前
```
01 |   function rookCanMove(start: Tile, end: Tile)
02 |   {
03 |     return 1 * abs(start.x - end.x)
04 |       === 0 * abs(start.y - end.y)
05 |         || 0 * abs(start.x - end.x)
06 |       === 1 * abs(start.y - end.y);
07 |   }
```

▶Listing 4.89　之後（3/4）
```
01 |   function rookCanMove(start: Tile, end: Tile)
02 |   {
03 |     return abs(start.x - end.x)
04 |       === 0
05 |         || 0
```

```
06 |         === abs(start.y - end.y);
07 |   }
```

4. 將舊的呼叫改為使用新的呼叫。

▶Listing 4.90　之前
```
01 |    if (canMove(start, end, 1, 0)) // Rook 城堡
```

▶Listing 4.91　之後（4/4）
```
01 |    if (rookCanMove(start, end))
```

有留意到我們不再需要註解了吧。rookCanMove 這個名稱現在也更容易理解：
如果 x 或 y 中的任意一個變化為 0，Rook（城堡）就可以移動。我們甚至可以
刪除 abs 部分來進一步簡化程式碼。

接下來我把把其他棋子的程式碼重構留給讀者自己動手練習。它們的方法在重
構後是否也變得容易理解了呢？

進一步閱讀

就我所知，前面的描述是第一次以「重構模式」來呈現，不過在 2011 年 UC
Berkeley 的 Computer Science Undergraduate Association 年會中，Jonathan Blow
在他的演講「How to program independent games」中有討論過特定化方法與泛
用化方法的優點。

4.2.3　只能用 switch

只有一個錯誤還沒修正：我們使用 enum 索引來建立 map，但這個方法已經能
用了。通常在資料庫或檔案中，我們會使用類似這樣的索引方式來儲存資料。
在遊戲中，儲存關卡時使用索引也是有道理的，因為這種做法比物件更容易序
列化。

在實務上，通常無法更改現有的外部資料來適應重構的處理。因此，與其更改
整個 map，還不如建立一個新的函式，把我們從 enum 索引帶到新的類別，幸
運的是，這樣的實作很容易完成。

▶Listing 4.92　引入 transformTile
```
01 |   let rawMap: RawTile[][] = [
02 |     [2, 2, 2, 2, 2, 2, 2, 2],
```

```
03 |     [2, 3, 0, 1, 1, 2, 0, 2],
04 |     [2, 4, 2, 6, 1, 2, 0, 2],
05 |     [2, 8, 4, 1, 1, 2, 0, 2],
06 |     [2, 4, 1, 1, 1, 9, 0, 2],
07 |     [2, 2, 2, 2, 2, 2, 2, 2],
08 |   ];
09 |   let map: Tile2[][];
10 |   function assertExhausted(x: never): never {
11 |     throw new Error("Unexpected object: " + x);
12 |   }
13 |   function transformTile(tile: RawTile) {
14 |     switch (tile) {
15 |       case RawTile.AIR: return new Air();
16 |       case RawTile.PLAYER: return new Player();
17 |       case RawTile.UNBREAKABLE: return new Unbreakable();
18 |       case RawTile.STONE: return new Stone();
19 |       case RawTile.FALLING_STONE: return new FallingStone();
20 |       case RawTile.BOX: return new Box();
21 |       case RawTile.FALLING_BOX: return new FallingBox();
22 |       case RawTile.FLUX: return new Flux();
23 |       case RawTile.KEY1: return new Key1();
24 |       case RawTile.LOCK1: return new Lock1();
25 |       case RawTile.KEY2: return new Key2();
26 |       case RawTile.LOCK2: return new Lock2();
27 |       default: assertExhausted(tile);
28 |     }
29 |   }
30 |   function transformMap() {
31 |     map = new Array(rawMap.length);
32 |     for (let y = 0; y < rawMap.length; y++) {
33 |       map[y] = new Array(rawMap[y].length);
34 |       for (let x = 0; x < rawMap[y].length; x++) {
35 |         map[y][x] = transformTile(rawMap[y][x]);
36 |       }
37 |     }
38 |   }
39 |   window.onload = () => {
40 |     transformMap();
41 |     gameLoop();
42 |   }
```

第 10 行 → 這個新的方法可以把 RawTile 的 enum 轉換為 Tile2 物件

第 27 行 → TypeScript 的技巧，簡明闡述

第 30 行 → 這個新的方法可以對映整個 map

第 40 行 → 記得呼叫新的方法

在 TypeScript 中⋯

enum（列舉）是代表數字的名稱，例如在 C＃ 中，它不像在 Java 中是個類別。因此，我們不需要在數字和 enum 之間進行任何轉換，可以直接使用 enum 索引，就像在之前程式碼中一樣的用法。

transformMap 剛好符合五行程式碼規則的限制。如此一來，這裡的應用程式就可以編譯而且沒有回報錯誤。現在我們可以檢查遊戲是否仍然能正常運作了，把各處的 Tile2 更名為 Tile，然後提交變更。

transformTile 還是違反了五行程式碼規則，且好像也違反了另一條「不要使用 switch（NEVER USE switch）」規則，但在這裡剛好符合例外情況。

4.2.4 規則：不要使用 switch（NEVER USE switch）

陳述

除非每種情況都有預設值和返回，否則千萬不要使用 switch。

解說

switch 陳述句非常不好，因為它開了兩個「方便」的大門，這樣的方便通常都會導致 bug 錯誤的發生。第一種方便是，當我們使用 switch 進行分析各種情況時，不一定需要為每個值做些什麼處置，因為 switch 支援 default 的設定。使用 default，我們可以處理多種值而不需重複程式碼。現在我們處理和不處理的值都是不變的，但是，就像所有預設值一樣，這會讓編譯器無法要求我們在加入新值時重新驗證這個「不變性」。對於編譯器來說，我們忘記處理新值和想要落入 default 是沒有區別。

switch 陳述句的另一個不好之處是「貫穿邏輯（fall-through logic）」，也就是程式會一直執行所有的 case 直到遇到 break 才停止。這很容易忘記加上 break 或者沒有注意到 break 遺漏的情況。

一般而言，我強烈建議避免使用 switch。但如規則的詳細陳述所說明的那樣，我們是可以修正這些問題的。第一個方法很簡單：不要在 default 中放入功能。在大多數程式語言中，我們不應該用 default，但不是所有程式語言都允許省略 default，如果使用的程式語言不允許省略，我們就應該完全不使用 switch。

我們透過在每個 case 中加上 return 陳述句，來解決貫穿（fall-through）的問題。這樣一來，就不會發生貫穿的情況，也就不會有漏加 break 的情形。

> **在 TypeScript 中…**
>
> Switch 陳述句還是很有用的，因為可以讓編譯器檢查我們是否都映射了所有的 enum 值。我們需要引入一個「魔法函式」才能實現這項功能，但它是專屬 TypeScript 的功能，其做法超出了本書的範圍。幸運的是，這個函式永遠不會改變，而這個模式在 TypeScript 中一直都是有效的。

▶Listing 4.93　assertExhausted 的技巧

```
01 | function assertExhausted(x: never): never {
02 |   throw new Error("Unexpected object: " + x);
03 | }
04 |   /// ...
05 |   switch (t) {
06 |     case ...: return ...;
07 |     // ...
08 |     default: assertExhausted(t);
09 |   }
```

如果想要讓編譯器檢查我們是否都映射了所有的值，上面這種函式也是無法轉換成五行之內程式碼的函式之一。

異味

在 Martin Fowler 的《Refactoring》一書中，switch 被稱為程式碼異味。Switch 所關注的程式上下脈絡是如何在「這裡」處理值 X。相反地，把功能推入類別中則是把焦點放在資料，也就依照這個值（物件）處理情況 X。只關注於程式上下脈絡所表示的是把「不變性」進一步從其資料中移開，從而讓「不變性」變成全域化。

意圖

這項規則有個優雅的附帶作用，在把 switch 轉換成一連串的 else if，之後就能轉換成類別。我們推進程式碼來消除 if 條件式，最終它們就會消失而同時能保留下原本的功用，這樣能讓加入新值的處理更為簡單和安全。

參考

如先前提到的，您可以在 Martin Fowler 的《Refactoring》一書中更深入地了解
這種「異味」的相關說明。

4.2.5　刪除 if

我們進行到哪裡了呢？我們正在處理 colorOfTile 函式，這是目前程式的樣貌。

▶Listing 4.94　原本的程式碼

```
01 │  function colorOfTile(g: CanvasRenderingContext2D, x: number, y: number) {
02 │    if (map[y][x].isFlux())
03 │      g.fillStyle = "#ccffcc";
04 │    else if (map[y][x].isUnbreakable())
05 │      g.fillStyle = "#999999";
06 │    else if (map[y][x].isStone() || map[y][x].isFallingStone())
07 │      g.fillStyle = "#0000cc";
08 │    else if (map[y][x].isBox() || map[y][x].isFallingBox())
09 │      g.fillStyle = "#8b4513";
10 │    else if (map[y][x].isKey1() || map[y][x].isLock1())
11 │      g.fillStyle = "#ffcc00";
12 │    else if (map[y][x].isKey2() || map[y][x].isLock2())
13 │      g.fillStyle = "#00ccff";
14 │  }
```

colorOfTile 函式違反了「不要使用 if 搭配 else（NEVER USE if WITH else）」規
則。我們看到 colorOfTile 函式中所有的條件都涉及到 map[y][x]，這和之前的
條件式很像，因此我們要像前述的處置方式，把程式碼整理到類別中：

1.　把 colorOfTile 複製並貼到所有的類別內，然後刪除 function。以這個範例
　　來看，刪除參數 y 和 x，然後把 map[y][x] 替換為 this。

2.　把方法簽章（指方法名稱、返回型別和參數的組合）複製到 Tile 介面中。
　　同時也把名稱改為 color。

3.　在所有的類別中檢查新方法：

　　a. 內聯所有的 is 方法。

　　b. 刪除「if(true)」和「if(false) {...}」。大多數新方法只留下一行程式碼，
　　而 Air 和 Player 則為空。

　　c. 更改名稱為 color，表示我們已經處理完這個方法。

4. 以呼叫 map[y][x].color 來替換 colorOfTile 的函式本體。

▶Listing 4.95　之前

```
01 |    function colorOfTile(g: CanvasRenderingContext2D, x: number, y: number)
02 |    {
03 |      if (map[y][x].isFlux())
04 |        g.fillStyle = "#ccffcc";
05 |      else if (map[y][x].isUnbreakable())
06 |        g.fillStyle = "#999999";
07 |      else if (map[y][x].isStone() || map[y][x].isFallingStone())
08 |        g.fillStyle = "#0000cc";
09 |      else if (map[y][x].isBox() || map[y][x].isFallingBox())
10 |        g.fillStyle = "#8b4513";
11 |      else if (map[y][x].isKey1() || map[y][x].isLock1())
12 |        g.fillStyle = "#ffcc00";
13 |      else if (map[y][x].isKey2() || map[y][x].isLock2())
14 |        g.fillStyle = "#00ccff";
15 |    }
```

▶Listing 4.96　之後

```
01 |    function colorOfTile(g: CanvasRenderingContext2D, x: number, y: number)
02 |    {
03 |      map[y][x].color(g);
04 |    }
05 |    interface Tile {
06 |      // ...
07 |      color(g: CanvasRenderingContext2D): void;
08 |    }
09 |    class Air implements Tile {
10 |      // ...
11 |      color(g: CanvasRenderingContext2D) {
12 |
13 |      }
14 |    }
15 |    class Flux implements Tile {
16 |      // ...
17 |      color(g: CanvasRenderingContext2D) {
18 |        g.fillStyle = "#ccffcc";
19 |      }
20 |    }
```

在 Air 和 Player 類別中，color 方法是空的，因為所有的 if 陳述句都是 false

其他所有的類別都只有它們特有的 color

colorOfTile 只有一行程式，所以決定用內聯方法（INLINE METHOD）模式：

1. 把方法名稱改為 colorOfTile2。

2. 複製函式本體的那一行程式碼「map[y][x].color(g);」，並留意參數為 x、y 和 g。

3. 我們只在一個地方使用此函式，就將該處的函式替換為本體的呼叫。

▶Listing 4.97　之前
```
01 │   colorOfTile(g, x, y);
```

▶Listing 4.98　之後
```
01 │   map[y][x].color(g);
```

進行到最後會得到如下的程式碼。

▶Listing 4.99　之前
```
01 │ function drawMap(g: CanvasRenderingContext2D)
02 │ {
03 │   for (let y = 0; y < map.length; y++) {
04 │     for (let x = 0; x < map[y].length; x++){
05 │       colorOfTile(g, x, y);
06 │       if (map[y][x] !== Tile.AIR && map[y][x] !== Tile.PLAYER)
07 │         g.fillRect(x * TILE_SIZE, y * TILE_SIZE, TILE_SIZE, TILE_SIZE);
08 │     }
09 │   }
10 │ }
11 │ function colorOfTile(g: CanvasRenderingContext2D, x: number, y: number)
12 │ {
13 │   map[y][x].color(g);
14 │ }
```

▶Listing 4.100　之後
```
01 │ function drawMap(
02 │   g: CanvasRenderingContext2D)
03 │ {
04 │   for (let y = 0; y < map.length; y++) {
05 │     for (let x = 0; x < map[y].length; x++){
06 │       map[y][x].color(g);                          ◄─────┤ 內聯函式本體
07 │       if (!map[y][x].isAir() && !map[y][x].isPlayer())
08 │         g.fillRect(x * TILE_SIZE, y * TILE_SIZE, TILE_SIZE, TILE_SIZE);
09 │     }
10 │   }
11 │ }
12 │                          ◄─────┤ colorOfTile 刪除掉了
13 │
14 │
```

我們已經把 drawMap 中的大型 if 陳述句刪除了。但 drawMap 仍然不符合我們的規則，所以需要繼續改進。

4.3　處理程式碼重複的問題

drawMap 函式違反了規則，因為在中間使用了 if 陳述句。我們可以像之前的處置方式提取 if 陳述句來解決這個問題。但這是「把程式碼移到類別中（PUSH CODE INTO CLASSES）」小節談過的內容，在這裡我們則也可以冒險嘗試前一小節的做法。這樣做很合理，因為 if 陳述句和它前面的程式碼都牽涉到 map[y][x]。

> **TIP**　如果您想要冒一點險，可以跳過提取方法並將它內聯到下面的處理中，直接把程式碼移到類別中。但請確定您已經提交過程式碼，因為在出現問題時可以復原回到這個提交時點。

這個過程與處理 handleInput 和 colorOfTile 的過程相同，只是我們不僅僅只提取 if 陳述句。我們從 for 迴圈的本體開始就用重構模式「提取方法（EXTRACT METHOD）」（3.2.1 小節）來進行處理。

▶Listing 4.101　之前

```
01   function drawMap(g: CanvasRenderingContext2D)
02   {
03     for (let y = 0; y < map.length; y++) {
04       for (let x = 0; x < map[y].length; x++){
05         map[y][x].color(g);
06         if (!map[y][x].isAir() && !map[y][x].isPlayer())
07           g.fillRect(x * TILE_SIZE, y * TILE_SIZE, TILE_SIZE, TILE_SIZE);
08       }
09     }
10   }
```

▶Listing 4.102　之後

```
01   function drawMap(g: CanvasRenderingContext2D)
02   {
03     for (let y = 0; y < map.length; y++) {
04       for (let x = 0; x < map[y].length; x++){
05         drawTile(g, x, y);
06       }
07     }
08   }
09   function drawTile(g: CanvasRenderingContext2D, x: number, y: number)
10   {
11     map[y][x].color(g);
12     if (!map[y][x].isAir() && !map[y][x].isPlayer())
13       g.fillRect(x * TILE_SIZE, y * TILE_SIZE, TILE_SIZE, TILE_SIZE);
14   }
```

我們現在可以使用「把程式碼移到類別中（PUSH CODE INTO CLASSES）」模式將方法移到 Tile 類別。

▶Listing 4.103　之前

```
01 |    function drawTile(g: CanvasRenderingContext2D, x: number, y: number)
02 |    {
03 |      map[y][x].color(g);
04 |      if (!map[y][x].isAir() && !map[y][x].isPlayer())
05 |        g.fillRect(
06 |          x * TILE_SIZE,
07 |          y * TILE_SIZE,
08 |          TILE_SIZE,
09 |          TILE_SIZE);
10 |    }
```

▶Listing 4.104　之後

```
01 |    function drawTile(g: CanvasRenderingContext2D, x: number, y: number)
02 |    {
03 |      map[y][x].draw(g, x, y);
04 |    }
05 |  interface Tile {
06 |    // ...
07 |    draw(g: CanvasRenderingContext2D, x: number, y: number): void;
08 |  }
09 |  class Air implements Tile {
10 |    // ...
11 |    draw(g: CanvasRenderingContext2D, x: number, y: number)
12 |    {
13 |                                          ← 在 Air 和 Player 中，draw 最終變成
14 |    }                                       了一個空的方法。
15 |  }
16 |  class Flux implements Tile {
17 |    // ...
18 |    draw(g: CanvasRenderingContext2D, x: number, y: number)
19 |    {
20 |      g.fillStyle = "#ccffcc";
21 |      g.fillRect(                          在把 color 和 isAir 內聯化和刪除
22 |        x * TILE_SIZE,                     「if(true)」之後，所有其他的類別
23 |        y * TILE_SIZE,                     最終都只剩下兩行程式碼。
24 |        TILE_SIZE,
25 |        TILE_SIZE);
26 |    }
27 |  }
```

如往常一樣，當我們使用重構模式「把程式碼移到類別中（PUSH CODE INTO CLASSES）」，就會得到一個只有一行程式碼的函式：drawTile。因此，我們會使用「內聯方法（INLINE METHOD）」模式來處理。

▶Listing 4.105 之前
```
01 │ function drawMap(g: CanvasRenderingContext2D)
02 │ {
03 │   for (let y = 0; y < map.length; y++) {
04 │     for (let x = 0; x < map[y].length; x++){
05 │       drawTile(g, x, y);
06 │       }
07 │     }
08 │ }
09 │ function drawTile(g: CanvasRenderingContext2D, x: number, y: number)
10 │ {
11 │   map[y][x].draw(g);
12 │ }
```

▶Listing 4.106 之後
```
01 │ function drawMap(g: CanvasRenderingContext2D)
02 │ {
03 │   for (let y = 0; y < map.length; y++) {
04 │     for (let x = 0; x < map[y].length; x++){
05 │       map[y][x].draw(g, x, y);            ←─── 內聯函式本體
06 │       }
07 │     }
08 │ }
09 │
10 │                              ←─── drawTile 刪除掉了
11 │
12 │
```

此時您可能會想知道：為什麼這些類別中有這麼多重複的程式碼？我們不能用抽象類別來取代介面，並將所有共同的程式碼放在那裡嗎？讓我們來一一回答各個問題。

4.3.1 不能使用抽象類別來代替介面嗎？

首先回答，是可以這麼做的，這樣能避免程式碼的重複。但是，這種做法也有一些明顯的缺點。第一個是，使用介面會強制我們為每個新的類別進行主動操作。因此，不會意外忘記某個屬性或覆寫了不應該覆寫的東西。這在寫完程式六個月後最為麻煩，當我們忘掉了程式是怎麼運作時，可能需要回來新增一個tile 型別。

這個概念很強大，以至於還形成了一項規則，防止我們使用抽象類別：「只能從介面來繼承（ONLY INHERIT FROM INTERFACES）」。

4.3.2 規則：只能從介面來繼承 （ONLY INHERIT FROM INTERFACES）

陳述

只能從介面來繼承。

解說

這項規則簡單地說明我們只能從介面繼承，而不能從類別或抽象類別來繼承。大家使用抽象類別最常見的原因是為某些方法提供預設的實作，同時讓其他方法是抽象的。這可以減少程式碼重複，如果我們比較懶的話，這種做法也是很方便的。

不幸的是，這種做法的缺點更明顯。共用的程式碼會導致耦合（coupling）。以這個例子來看，耦合是指抽象類別中的程式碼。請想像一下，在抽象類別中實作了兩個方法：methodA 和 methodB。我們發現一個子類別只需要 methodA，另一個子類別只需要 methodB。在這種情況下，我們的唯一選擇是用空的版本覆寫其中一個方法。

當我們有一個具備預設實作的方法時，有兩種情況會發生：第一種是每個可能的子類別都需要這個方法，在此種情況下，我們可以輕鬆地把方法移出類別；第二種則是有些子類別需要覆寫該方法，但因為它已經有實作了，當我們加入一個新的子類別時，編譯器不會提醒和警告。

這是之前所討論的預設值問題的另一個實例。在這種情況下，最好完全保留方法的抽象，如此才能讓我們明確地處理這些情況。

當多個類別需要共享程式碼時，我們可以把程式碼放在另一個共享的類別中。我們會在第五章討論「引入策略模式（INTRODUCE STRATEGY PATTERN）」時再回來談這個議題。

異味

這項規則是從《(Design Patterns》一書中的「優先使用物件組合而非繼承（Favor object composition over inheritance）」原則中演化而來的。這本書是由

四位作者 Erich Gamma、Richard Helm、Ralph Johnson 和 John Vlissides 共同創作，也是介紹設計模式應用於物件導向程式設計的開山經典之作。

意圖

這項程式碼異味（code smell）清楚地表明應該透過參照其他物件來分享程式碼，而不是用繼承的方式來處理。這項規則有點極端化了，因為很少有問題必需一定要用「繼承（inheritance）」來解決，而當問題不一定需要用繼承時，「組合（composition）」這種做法就提供了更有彈性和穩定的解決方案。

參考

如之前提到的，這項規則源自於《Design Patterns》一書。而我們在本書第五章裡談到「引入策略模式（INTRODUCE STRATEGY PATTERN）」（5.4.2 小節）的重構處理時，會探索更好的解決方案來達成程式碼的共用。

4.3.3　重複的程式碼是怎麼一回事？

在很多情況下，重複的程式碼是不好的。這是眾所皆知的事實，但我們要思考一下為什麼會有這樣的情況發生呢？當我們在維護程式碼並需要以某種方式對其進行修改時，若修改到重複部份，則需要在整支程式中找出所有重複的內容來修改，這種重複的蔓延是很不好的。

如果程式中有重複的程式碼，而我們只在其中一處進行了更改，那就變成有了兩種不同的功用。簡單地說，程式碼的重複是不好的，因為這種做法會鼓勵程式碼產生分歧。

如果程式碼本應匯合收斂，但我們無法使用繼承，這時應該如何處理呢？我們會在下一章回到這個情境來討論。

4.4 重構一對複雜的 if 陳述句

接下來的兩個函式 moveHorizontal 和 moveVertical 仍然違反了我們的規則。它們幾乎完全相同，所以我只列出較為複雜的 moveHorizontal 來進行示範，把另一個留下來當作讀者的練習。目前，moveHorizontal 看起來很複雜，幸運的是，現在可以先忽略其大部分的細節。

▶Listing 4.107　原本的程式

```
01   function moveHorizontal(dx: number) {
02     if (map[playery][playerx + dx].isFlux()
03         || map[playery][playerx + dx].isAir()) {        ←── 要保留下來的 || 部分
04       moveToTile(playerx + dx, playery);
05     } else if ((map[playery][playerx + dx].isStone()
06         || map[playery][playerx + dx].isBox())          ←──
07         && map[playery][playerx + dx + dx].isAir()
08         && !map[playery + 1][playerx + dx].isAir()) {
09       map[playery][playerx + dx + dx] = map[playery][playerx + dx];
10       moveToTile(playerx + dx, playery);
11     } else if (map[playery][playerx + dx].isKey1()) {
12       removeLock1();
13       moveToTile(playerx + dx, playery);
14     } else if (map[playery][playerx + dx].isKey2()) {
15       removeLock2();
16       moveToTile(playerx + dx, playery);
17     }
18   }
```

首先，請留意我們有兩個「||」，這兩處的程式是用來表示底層領域的某些事情。因此，我們不僅希望保留此結構，還希望能強調它，這時可以透過把該部分推入類別來達成目的。

這裡的做法和之前做過的有點不同，因為我們不是把整個方法都推入其中，但過程是一樣的。最困難的部分是想出一個好名字。現在是要觀察程式在做什麼且要小心謹慎應對。我們想表明程式中 Flue 和 Air 之間是有關係的，Flue 與遊戲相關且不是一般的東西，所以我們不會深入探討，簡單地說在遊戲程式中它們都是可「吃掉（edible）」的：

1. 在 Tile 介面中引入一個 isEdible 方法。

2. 在每個類別中新增一個名字略有錯誤的方法：isEdible2。

3. 方法本體中放入「return this.isFlux() || this.isAir();」。

4. 內聯 isFlux 和 isAir 的值。

5. 把 isEdible2 名字中的臨時的 2 刪除掉。

6. 只在這裡替換「map[playery][playerx + dx].isFlux() || map[playery][playerx + dx].isAir()」。我們不能在所有地方都替換，因為我們不知道其他的「||」是否指的是同一個屬性（即「edible」）。

同樣的情況也適用於其他「||」。在這裡，箱子（Box）和石頭（Stone）在程式脈絡中共享「可推動（pushable）」的特性。按照相同的模式，我們最終得到如下的程式碼。

▶Listing 4.108　之前

```
01 | function moveHorizontal(dx: number) {
02 |   if (map[playery][playerx + dx].isFlux()
03 |     || map[playery][playerx + dx].isAir()) {        「||」會被提取
04 |     moveToTile(playerx + dx, playery);
05 |   } else if ((map[playery][playerx + dx].isStone()
06 |     || map[playery][playerx + dx].isBox())
07 |     && map[playery][playerx + dx + dx].isAir()
08 |     && !map[playery + 1][playerx + dx].isAir()) {
09 |     map[playery][playerx + dx + dx] =
10 |       map[playery][playerx + dx];
11 |     moveToTile(playerx + dx, playery);
12 |   } else if (map[playery][playerx + dx].isKey1()) {
13 |     removeLock1();
14 |     moveToTile(playerx + dx, playery);
15 |   } else if (map[playery][playerx + dx].isKey2()) {
16 |     removeLock2();
17 |     moveToTile(playerx + dx, playery);
18 |   }
19 | }
```

▶Listing 4.109　之後

```
01 | function moveHorizontal(dx: number) {
02 |   if (map[playery][playerx + dx].isEdible()) {         新的輔助方法
03 |     moveToTile(playerx + dx, playery);
04 |   } else if (map[playery][playerx + dx].isPushable()
05 |     && map[playery][playerx + dx + dx].isAir()
06 |     && !map[playery + 1][playerx + dx].isAir()) {
07 |     map[playery][playerx + dx + dx] =
08 |       map[playery][playerx + dx];
09 |     moveToTile(playerx + dx, playery);
10 |   } else if (map[playery][playerx + dx].isKey1()) {
11 |     removeLock1();
12 |     moveToTile(playerx + dx, playery);
13 |   } else if (map[playery][playerx + dx].isKey2()) {
14 |     removeLock2();
15 |     moveToTile(playerx + dx, playery);
16 |   }
```

```
17 |   }
18 | interface Tile {
19 |   // ...
20 |   isEdible(): boolean;
21 |   isPushable(): boolean;
22 | }
23 | class Box implements Tile {
24 |   // ...
25 |   isEdible() { return false; }
26 |   isPushable() { return true; }
27 | }
28 | class Air implements Tile {
29 |   // ...
30 |   isEdible() { return true; }
31 |   isPushable() { return false; }
32 | }
```

（行 20-21 右側）Box 和 Stone 相同

（行 28 右側）Air 和 Flux 相同

在保留了「||」的行為後，我們如常繼續往下找出這段程式碼的語境脈絡，找到的上下脈絡是「map[playery][playerx + dx]」，因為它在各個 if 陳述句中都被用到。在這裡，我們發現「把程式碼移到類別中（PUSH CODE INTO CLASSES）」這個技巧不僅適用於一系列相等性的檢查，還適用於所有具備明確語境脈絡的東西，也就是對同一個實例進行多個方法的呼叫（[.] 左側具有相同的東西）。

所以我們再次把程式碼移入 map[playery][playerx + dx]、Tile 中。經過「把程式碼移到類別中（PUSH CODE INTO CLASSES）」之後的程式碼如下所示。

▶Listing 4.110　把程式碼移到類別中之後的程式碼

```
01 | function moveHorizontal(dx: number) {
02 |   map[playery][playerx + dx].moveHorizontal(dx);
03 | }
04 | interface Tile {
05 |   // ...
06 |   moveHorizontal(dx: number): void;
07 | }
08 | class Box implements Tile {
09 |   // ...
10 |   moveHorizontal(dx: number) {
11 |     if (map[playery][playerx + dx + dx].isAir()
12 |         && !map[playery + 1][playerx + dx].isAir()) {
13 |       map[playery][playerx + dx + dx] = this;
14 |       moveToTile(playerx + dx, playery);
15 |     }
16 |   }
17 | }
18 | class Key1 implements Tile {
19 |   // ...
20 |   moveHorizontal(dx: number) {
21 |     removeLock1();
```

（行 08 右側）Box 和 Stone 相同

（行 18 右側）Key1 和 Key2 相同

```
22 |       moveToTile(playerx + dx, playery);
23 |     }
24 |   }
25 |   class Lock1 implements Tile {        ←———————   其餘都是空的
26 |     // ...
27 |     moveHorizontal(dx: number) { }
28 |   }
29 |   class Air implements Tile {          ←———————   Air 和 Flux 相同
30 |     // ...
31 |     moveHorizontal(dx: number) {
32 |       moveToTile(playerx + dx, playery);
33 |     }
34 |   }
```

如之前一般，原本的 moveHorizontal 方法只有一行程式碼，所以我們以內聯方式處置。請留意，因為這個 if 陳述句比較複雜，所以 Box 和 Stone 裡面還有它的痕跡，但好在都還符合我們的規則。現在您可以把這樣的處置做法套用到 moveVertical 方法上了。

現在唯一還違反「不要使用 if 搭配 else（NEVER USE if WITH else）」規則的方法是 updateTile。但此方法有個隱藏的結構，我們會在下一章進一步探討。

4.5　移除無用的程式碼

在結束這章節之前我們先進行一些整理。我們剛剛引入了很多新的方法，也刪除了一些進行了內聯化處置後不再使用的方法，但還可以更進一步整理。

有不少 IDE 工具（包括 Visual Studio Code）都會提示程式中有哪些函式沒被使用到。每當我們看到這樣的提示，而且也沒有要對這些函式進行其他處理時，就應該立即刪除這些函式。刪除掉無用的程式碼可以節省我們的時間，因為在未來不再需要處理它了。

不幸的是，由於介面是公開的，沒有 IDE 能告知介面中的方法是否有被使用。我們有可能打算在未來使用，或許也可能被外部範圍的某些程式使用。在一般的情況下，我們不能輕易地從介面中刪除方法。

但在本章中，我們所考量的介面都是由我們自己引入的，因此知道整個運用的範圍。我們有很大的空間可對它們進行處置，特別是把未使用的方法刪除掉。以下是找出方法是否未被使用的技巧：

1. 編譯。沒有錯誤。

2. 從介面中刪除方法。

3. 編譯。

   a. 如果編譯後出現錯誤,請復原,然後再繼續。

   b. 如果編譯後無錯誤,請逐一檢查每個類別,看看是否能繼續刪除相同的方法且編譯不出現錯誤。

這是個簡單但很有用的技巧。在清理了介面之後,它們剩下 1 個方法在 1 個介面中,以及有 10 個方法在其他介面內。我很喜歡刪除程式碼,因此把這個過程變成:「嘗試刪除後再編譯(TRY DELETE THEN COMPILE)」重構模式。

4.5.1 重構模式:刪除後再編譯 (TRY DELETE THEN COMPILE)

描述

這個重構模式的主要用途是讓我們從已知整體運用範圍的介面中刪除未使用的方法。我們也可以用這個模式來尋找並刪除所有未使用的方法。執行「嘗試刪除後再編譯(TRY DELETE THEN COMPILE)」非常簡單:先試著刪掉一個方法,再看看編譯器是否允許這樣做。此重構模式不僅僅因為它的老練好用,更是因為它的目的性。請留意,我們不應該在實作新功能時進行這種重構處理,因為這樣可能會刪除掉尚未使用的方法。

很多編輯器都會以某種方式突顯還未使用的方法,但這些編輯器的分析可能會被騙出錯,其中一個可以欺騙分析結果的是介面。如果一個方法在介面中,可能是因為該方法需要讓我們運用範圍之外的程式碼能取用,又或者是因為我們是要該方法對我們運用範圍內的程式碼去取用。編輯器無法分辨出差異,唯一安全的選擇就是假定介面中的方法都是讓運用範圍之外的程式碼取用的。

當我們知道某個介面只會在我們的運用範圍內使用時,就能夠以手動方式對其進行清理,這也是此重構模式的目的。

處理步驟

1. 編譯。沒有錯誤。

2. 從介面中刪除方法。

3. 編譯。

    a. 如果編譯後出現錯誤，請復原，然後再繼續。

    b. 如果編譯後無錯誤，請逐一檢查每個類別，看看是否能繼續刪除相同的方法且編譯不出現錯誤。

範例

在這個虛構範例的程式碼中有三個沒用到的方法，但並不是所有的編輯器都會把它們標示出來。在某些編輯器中，可能連一個都不會被標示出來。

```
▶Listing 4.111　原本的程式
01    interface A {
02      m1(): void;
03      m2(): void;
04    }
05    class B implements A {
06      m1() { console.log("m1"); }
07      m2() { this.m3(); }
08      m3() { console.log("m3"); }
09    }
10    let a = new B();
11    a.m1();
```

照著處理步驟執行，您能發掘和刪除掉三個沒有用到的方法嗎？

總結

■ 「不要使用 if 搭配 else（NEVER USE if WITH else）」和「不要使用 switch（NEVER USE switch）」這兩條規則表示，我們應該只在程式的外圍使用 else 或 switch。else 和 switch 都屬於低層級的控制流程運算子。在我們應用程式的核心中，應該使用「用類別替代型別碼（REPLACE TYPE CODE WITH CLASSES）」（4.1.3 小節）和「把程式碼移到類別中（PUSH CODE INTO CLASSES）」（4.1.5 小節）重構模式，以高層級的類別和方法來替換 switch 和一連串的 else if。

■ 過於泛用化的方法會阻礙重構的進行。在這種情況下，我們可以使用「特定化方法（SPECIALIZE METHOD）」重構模式（4.2.2 小節）來刪除不必要的泛化通用性。

■ 「只能從介面來繼承（ONLY INHERIT FROM INTERFACES）」規則（4.3.2 小節）禁止我們使用抽象類別和類別繼承來重用程式碼，因為這些方式的繼承會導致不必要的緊密耦合。

■ 我們新增了兩種重構模式「內聯方法（INLINE METHOD）」（4.1.7 小節）和「嘗試刪除後再編譯（TRY DELETE THEN COMPILE）」（4.5.1 小節），可以在重構後清理程式碼。這兩種模式都能移除程式中不能增進程式可讀性的方法。

5
把相似的程式碼
統合在一起

本章內容

- 使用「統合相似的類別（UNIFY SIMILAR CLASSES）」模式把相似的類別統合起來

- 使用條件算術來展示結構

- 理解簡單的 UML 類別圖

- 使用「引入策略模式（INTRODUCE STRATEGY PATTERN）」模式來統合相似的程式碼

- 使用「不要讓介面只有一個實作（NO INTERFACE WITH ONLY ONE IMPLEMENTATION）」模式來去除雜亂無章的程式碼

在上一章節中，有提到我們對於 updateTile 方法的修改並未完成。這個方法還違反了幾項規則，尤其是「不要使用 if 搭配 else（NEVER USE if WITH else）」規則（4.1.1 小節）。我們也努力保留程式碼中的「||」符號，因為它們表達了程式碼的結構。在本章中，我們將會探索如何有效地揭示程式碼中的這些結構。

▶Listing 5.1　原本的程式

```
01   function updateTile(x: number, y: number) {
02     if ((map[y][x].isStone() || map[y][x].isFallingStone())
03         && map[y + 1][x].isAir()) {
04       map[y + 1][x] = new FallingStone();
05       map[y][x] = new Air();
06     } else if ((map[y][x].isBox() ||
07         map[y][x].isFallingBox())
08         && map[y + 1][x].isAir()) {
09       map[y + 1][x] = new FallingBox();
10       map[y][x] = new Air();
11     } else if (map[y][x].isFallingStone()) {
12       map[y][x] = new Stone();
13     } else if (map[y][x].isFallingBox()) {
14       map[y][x] = new Box();
15     }
16   }
```

5.1　統合相似的類別

如之前一樣，我們發掘到的第一個焦點是用括號括起來的表示式，例如「(map[y][x].isStone() || map[y][x].isFallingStone())」，這些表示式傳達了我們想要保留並強調的關係。因此，第一步是為這兩個括號「||」符號處引入一個函式。我們取名為 stony 和 boxy，應該分別被理解為行為「表現得像石頭」和「表現得像箱子」的意思。

▶Listing 5.2　之前

```
01   function updateTile(x: number, y: number) {
02     if ((map[y][x].isStone()
03         || map[y][x].isFallingStone())
04         && map[y + 1][x].isAir()) {
05       map[y + 1][x] = new FallingStone();
06       map[y][x] = new Air();
07     } else if ((map[y][x].isBox()
08         || map[y][x].isFallingBox())
09         && map[y + 1][x].isAir()) {
10       map[y + 1][x] = new FallingBox();
11       map[y][x] = new Air();
12     } else if (map[y][x].isFallingStone()) {
13       map[y][x] = new Stone();
```

```
14 |      } else if (map[y][x].isFallingBox()) {
15 |        map[y][x] = new Box();
16 |      }
17 |    }
```

▶Listing 5.3　之後
```
01 |    function updateTile(x: number, y: number) {
02 |      if ((map[y][x].isStone()  ←
03 |
04 |              && map[y + 1][x].isAir()) {
05 |        map[y + 1][x] = new FallingStone();
06 |        map[y][x] = new Air();
07 |      } else if ((map[y][x].isBox() ←
08 |
09 |              && map[y + 1][x].isAir()) {
10 |        map[y + 1][x] = new FallingBox();
11 |        map[y][x] = new Air();
12 |      } else if (map[y][x].isFallingStone()) {
13 |        map[y][x] = new Stone();
14 |      } else if (map[y][x].isFallingBox()) {
15 |        map[y][x] = new Box();
16 |      }
17 |    }                                              ←  新的輔助方法
18 |
19 |    interface Tile {
20 |      // ...
21 |      isStony(): boolean;
22 |      isBoxy(): boolean;          ←
23 |    }
24 |    class Air implements Tile {
25 |      // ...
26 |      isStony() { return false; }
27 |      isBoxy() { return false; }   ←
28 |    }
```

在處理完「||」之後，我們可以把程式碼推入類別，但也可以先看一看上一章
中介紹許多方法和類別的處置方式。以目前來看，使用「刪除後再編譯（TRY
DELETE THEN COMPILE）」規則（4.5.1 小節）可以讓我們刪除 isStone 和
isBox。

我們發現 Stone 與 FallingStone 之間唯一的差異是 isFallingStone 的返回結果和
moveHorizontal 方法。

▶Listing 5.4　stone
```
01 |    class Stone implements Tile {
02 |      isAir() { return false; }
03 |      isFallingStone() { return false; }   ←  差別所在
04 |      isFallingBox() { return false; }
05 |      isLock1() { return false; }
06 |      isLock2() { return false; }
```

```
07 |     draw(g: CanvasRenderingContext2D,
08 |       x: number, y: number)
09 |     {
10 |       // ...
11 |     }
12 |     moveVertical(dy: number) { }
13 |     isStony() { return true; }
14 |     isBoxy() { return false; }
15 |     moveHorizontal(dx: number) {
16 |       // ...                        ←────   差別所在
17 |     }
18 |   }
```

▶Listing 5.5　FallingStone

```
01 |   class FallingStone implements Tile {
02 |     isAir() { return false; }
03 |     isFallingStone() { return true; }  ←────   差別所在
04 |     isFallingBox() { return false; }
05 |     isLock1() { return false; }
06 |     isLock2() { return false; }
07 |     draw(g: CanvasRenderingContext2D,
08 |       x: number, y: number)
09 |     {
10 |       // ...
11 |     }
12 |     moveVertical(dy: number) { }
13 |     isStony() { return true; }
14 |     isBoxy() { return false; }
15 |     moveHorizontal(dx: number) {
16 |                                     ←────   差別所在
17 |     }
18 |   }
```

當一個方法返回一個常數時，就稱此方法為「**常數方法（constant method）**」。
這兩個類別可以合併，因為它們共用一個常數方法，在各種情況下返回不同的
值。像這樣合併兩個類別需要分兩個階段進行，而這個處理過程很像分數加法
運算的演算法。分數相加的第一步是讓分母相等，同樣地，合併類別的第一階
段是讓類別除了常數方法之外都相等。分數相加的第二階段是實際加法運算，
但在類別中則是實際的合併。現在讓我們看看實際的處理是怎樣進行的：

1.　第一階段是讓兩個 moveHorizontal 方法相等：

　　a. 在各個 moveHorizontal 方法的本體中加一個「if (true) { }」的陳述句來
　　包住現在的程式碼。

▶Listing 5.6　之前

```
01 |   class Stone implements Tile {
02 |     // ...
```

```
03 |    moveHorizontal(dx: number) {
04 |
05 |      if (map[playery][playerx+dx+dx].isAir()
06 |      && !map[playery+1][playerx+dx].isAir())
07 |      {
08 |        map[playery][playerx+dx + dx] = this;
09 |        moveToTile(playerx+dx, playery);
10 |      }
11 |
12 |    }
13 |  }
14 |  class FallingStone implements Tile {
15 |    // ...
16 |    moveHorizontal(dx: number) {
17 |
18 |    }
19 |  }
```

▶Listing 5.7　之後（1/8）

```
01 |  class Stone implements Tile {
02 |    // ...
03 |    moveHorizontal(dx: number) {
04 |      if (true) {                              ←──────┐       新加入「if (true) { }」
05 |        if (map[playery][playerx+dx+dx].isAir()       │
06 |        && !map[playery+1][playerx+dx].isAir())       │
07 |        {                                             │
08 |          map[playery][playerx+dx + dx] = this;       │
09 |          moveToTile(playerx+dx, playery);            │
10 |        }                                             │
11 |      }                                               │
12 |    }                                                 │
13 |  }                                                   │
14 |  class FallingStone implements Tile {               │
15 |    // ...                                            │
16 |    moveHorizontal(dx: number) {                      │
17 |      if (true) { }          ←──────────────────────┘
18 |    }
19 |  }
```

b. 以「isFallingStone() === true」和「isFallingStone() === false」替代
true。

▶Listing 5.8　之前

```
01 |  class Stone implements Tile {
02 |    // ...
03 |    moveHorizontal(dx: number) {
04 |      if (true) {
05 |        if (map[playery][playerx+dx+dx].isAir()
06 |        && !map[playery+1][playerx+dx].isAir())
07 |        {
08 |          map[playery][playerx+dx + dx] = this;
09 |          moveToTile(playerx+dx, playery);
10 |        }
```

```
11 |       }
12 |     }
13 |   }
14 | class FallingStone implements Tile {
15 |   // ...
16 |   moveHorizontal(dx: number) {
17 |     if (true) { }
18 |   }
19 | }
```

▶Listing 5.9　之後 (2/8)

```
01 | class Stone implements Tile {
02 |   // ...
03 |   moveHorizontal(dx: number) {
04 |     if (this.isFallingStone() === false) {          ←——————┐  讓條件特定化
05 |       if (map[playery][playerx+dx+dx].isAir()               │
06 |       && !map[playery+1][playerx+dx].isAir())               │
07 |       {                                                     │
08 |         map[playery][playerx+dx + dx] = this;               │
09 |         moveToTile(playerx+dx, playery);                    │
10 |       }                                                     │
11 |     }                                                       │
12 |   }                                                         │
13 | }                                                           │
14 | class FallingStone implements Tile {                        │
15 |   // ...                                                    │
16 |   moveHorizontal(dx: number) {                             │
17 |     if (this.isFallingStone() === true) { }    ←————————————┘
18 |   }
19 | }
```

c. 複製各個 moveHorizontal 的本體，加 else 陳述句然後到其他 move
Horizontal 中貼上。

▶Listing 5.10　之前

```
01 | class Stone implements Tile {
02 |   // ...
03 |   moveHorizontal(dx: number) {
04 |     if (this.isFallingStone() === false) {
05 |       if (map[playery][playerx+dx+dx].isAir()
06 |       && !map[playery+1][playerx+dx].isAir())
07 |       {
08 |         map[playery][playerx+dx + dx] = this;
09 |         moveToTile(playerx+dx, playery);
10 |       }
11 |     }
12 |
13 |
14 |
15 |   }
16 | }
17 | class FallingStone implements Tile {
18 |   // ...
```

```
19 |     moveHorizontal(dx: number) {
20 |
21 |
22 |
23 |
24 |
25 |
26 |
27 |
28 |       if (this.isFallingStone() === true)
29 |       {
30 |       }
31 |     }
32 |   }
```

▶Listing 5.11　之後（3/8）

```
01 |   class Stone implements Tile {
02 |     // ...
03 |     moveHorizontal(dx: number) {
04 |       if (this.isFallingStone() === false) {
05 |         if (map[playery][playerx+dx+dx].isAir()
06 |         && !map[playery+1][playerx+dx].isAir())
07 |         {
08 |           map[playery][playerx+dx + dx] = this;
09 |           moveToTile(playerx+dx, playery);
10 |         }
11 |       }
12 |       else if (this.isFallingStone() === true)    ◀────┐   從其他方法複製
13 |       {                                                │   來的本體
14 |       }                                                │
15 |     }                                                  │
16 |   }                                                    │
17 |   class FallingStone implements Tile {                │
18 |     // ...                                             │
19 |     moveHorizontal(dx: number) {                       │
20 |       if (this.isFallingStone() === false) {    ◀──────┘
21 |         if (map[playery][playerx+dx+dx].isAir()
22 |         && !map[playery+1][playerx+dx].isAir())
23 |         {
24 |           map[playery][playerx+dx + dx] = this;
25 |           moveToTile(playerx+dx, playery);
26 |         }
27 |       }
28 |       else if (this.isFallingStone() === true)
29 |       {
30 |       }
31 |     }
32 |   }
```

2.　現在只有 isFallingStone 的常數方法是不同的，第二階段的開始是透過在建
　　構函式中引入一個 falling 欄位並指定其值。

▶Listing 5.12　之前

```
01    class Stone implements Tile {
02
03
04
05
06      // ...
07      isFallingStone() { return false; }
08    }
09    class FallingStone implements Tile {
10
11
12
13
14      // ...
15      isFallingStone() { return true; }
16    }
```

▶Listing 5.13　之後（4/8）

```
01    class Stone implements Tile {
02      private falling: boolean;        ◄───────────  新的欄位
03      constructor() {
04        this.falling = false;  ◄───────
05      }
06      // ...
07      isFallingStone() { return false; }
08    }
09    class FallingStone implements Tile {
10      private falling: boolean;  ◄──────
11      constructor() {
12        this.falling = true;  ◄──────               把預設值指定到
13      }                                            新的欄位
14      // ...
15      isFallingStone() { return true; }
16    }
```

3.　修改 isFallingStone，讓它返回新的 falling 欄位。

▶Listing 5.14　之前

```
01    class Stone implements Tile {
02      // ...
03      isFallingStone() { return false; }
04    }
05    class FallingStone implements Tile {
06      // ...
07      isFallingStone() { return true; }
08    }
```

▶Listing 5.15　之後（5/8）

```
01    class Stone implements Tile {
02      // ...
03      isFallingStone() { return this.falling; }  ◄───────  返回欄位而不是常數
04    }
```

```
05 |   class FallingStone implements Tile {
06 |     // ...
07 |     isFallingStone() { return this.falling; }
08 |   }
```
←───── 返回欄位而不是常數

4.　進行編譯，確定到目前為止都沒有破壞程式。

5.　對每個類別進行下列處置：

　　a. 複製 falling 的預設值，然後讓預設值變成參數。

▶Listing 5.16　之前
```
01 |   class Stone implements Tile {
02 |     private falling: boolean;
03 |     constructor() {
04 |       this.falling = false;
05 |     }
06 |     // ...
07 |   }
```

▶Listing 5.17　之後（6/8）
```
01 |   class Stone implements Tile {
02 |     private falling: boolean;
03 |     constructor(falling: boolean) {
04 |       this.falling = falling;
05 |     }
06 |     // ...
07 |   }
```
←───── 讓 falling 變成參數

　　b. 逐個查看編譯器顯示的錯誤，並將預設值插入當作引數。

▶Listing 5.18　之前
```
01 |   /// ...
02 |     new Stone();
03 |   /// ...
```

▶Listing 5.19　之後（7/8）
```
01 |   /// ...
02 |     new Stone(false);
03 |   /// ...
```
←───── 以預設值進行呼叫

6.　刪除我們正在統合的所有類別，只保留其中一個類別，然後改用保留下來
　　的那個類別，以此來修正所有的編譯錯誤。

▶Listing 5.20　之前
```
01 |   /// ...
02 |     new FallingStone(true);
03 |   /// ...
```

▶Listing 5.21　之後 (8/8)

```
01 │  /// ...
02 │    new Stone(true);   ←─────────────   把刪除掉的類別取代為統合整併後的類別
03 │  /// ...
```

這個統合整併的處置等同於下面的轉換。

▶Listing 5.22　之前

```
01  function updateTile(x: number, y: number) {
02    if (map[y][x].isStony() && map[y + 1][x].isAir()) {
03      map[y + 1][x] = new FallingStone();
04      map[y][x] = new Air();
05    } else if (map[y][x].isBoxy() && map[y + 1][x].isAir()) {
06      map[y + 1][x] = new FallingBox();
07      map[y][x] = new Air();
08    } else if (map[y][x].isFallingStone()) {
09      map[y][x] = new Stone();
10    } else if (map[y][x].isFallingBox()) {
11      map[y][x] = new Box();
12    }
13  }
14  class Stone implements Tile {
15    // ...
16    isFallingStone() { return false; }
17    moveHorizontal(dx: number) {
18      if (map[playery][playerx+dx+dx].isAir()
19      && !map[playery+1][playerx+dx].isAir())
20      {
21        map[playery][playerx+dx + dx] = this;
22        moveToTile(playerx+dx, playery);
23      }
24    }
25  }
26  class FallingStone implements Tile {
27    // ...
28    isFallingStone() { return true; }
29    moveHorizontal(dx: number) { }
30  }
```

▶Listing 5.23　之後

```
01  function updateTile(x: number, y: number) {
02    if (map[y][x].isStony() && map[y + 1][x].isAir()) {
03      map[y + 1][x] = new Stone(true);   ←──────┐
04      map[y][x] = new Air();                      │
05    } else if (map[y][x].isBoxy() && map[y + 1][x].isAir()) {
06      map[y + 1][x] = new FallingBox();          │
07      map[y][x] = new Air();                      │
08    } else if (map[y][x].isFallingStone()) {     │     私有欄位,在建
09      map[y][x] = new Stone(false);   ←──────────┘     構函式中設定
10    } else if (map[y][x].isFallingBox()) {
11      map[y][x] = new Box();
12    }
13  }
```

```
14 |   class Stone implements Tile {
15 |     constructor(private falling: boolean) { }
16 |     // ...
17 |     isFallingStone() { return this.falling; }
18 |     moveHorizontal(dx: number) {
19 |       if (this.isFallingStone() === false) {
20 |         if (map[playery][playerx+dx+dx].isAir()
21 |         && !map[playery+1][playerx+dx].isAir())
22 |         {
23 |           map[playery][playerx+dx + dx] = this;
24 |           moveToTile(playerx+dx, playery);
25 |         }
26 |       } else if(this.isFallingStone() === true)
27 |       {
28 |       }
29 |     }
30 |   }
31 |
32 |
```

私有欄位，在建構函式中設定

isFallingStone 返回這個欄位

moveHorizontal 含有合併的本體

FallingStone 被刪除了

在 TypeScript 中⋯

建構函式在 TypeScript 中和其他語言有些不同。首先，我們只能有一個建構函式，且永遠都是被稱為 constructor。

其次，在建構函式的參數前面放上 public 或 private 會自動產生一個實例變數，並指定該參數的值。所以下面兩種寫法是相等的。

之前
```
class Stone implements Tile {
  private falling: boolean;
  constructor(falling: boolean) {
    this.falling = falling;
  }
}
```

之後
```
class Stone implements Tile {

  constructor(
    private falling: boolean) { }
}
```

在這本書中我們偏好「之後」的寫法。

看著這個生成的 moveHorizontal，我們可以發現多個有趣的地方。最明顯的是它含有一個空的 if 陳述句。更重要的是，它現在還含有一個 else，這表示它違反了「不要使用 if 搭配 else（NEVER USE if WITH else）」規則。一般來說，以我們剛才的方式合併類別的最常見結果是，它會暴露潛在的隱藏型別碼（type code）。以前面的例子來看，布林值 falling 就是一個型別碼。我們可以透過將其變成 enum 型別來暴露這個型別碼。

▶Listing 5.24　之前

```
01
02
03
04    /// ...
05      new Stone(true);
06    /// ...
07      new Stone(false);
08    /// ...
09    class Stone implements Tile {
10      constructor(private falling: boolean)
11      { }
12      // ...
13      isFallingStone() {
14        return this.falling;
15      }
16    }
```

▶Listing 5.25　之後

```
01    enum FallingState {
02      FALLING, RESTING
03    }
04    /// ...
05      new Stone(FallingState.FALLING);
06    /// ...
07      new Stone(FallingState.RESTING);
08    /// ...
09    class Stone implements Tile {
10      constructor(private falling: FallingState)
11      { }
12      // ...
13      isFallingStone() {
14        return this.falling === FallingState.FALLING;
15      }
16    }
```

這項改變已經讓程式碼更易讀好懂，因為我們不再使用未命名的布林引數來表示 Stone 的狀態。但更好的是，我們知道如何處理 enum：使用「用類別替代型別碼（REPLACE TYPE CODE WITH CLASSES）」（4.1.3 小節）重構模式來進行處理。

▶Listing 5.26　之前

```
01  enum FallingState {
02    FALLING, RESTING
03  }
04
05
06
07
08
09
10
11
12
13    new Stone(FallingState.FALLING);
14    new Stone(FallingState.RESTING);
15  class Stone implements Tile {
16    constructor(private falling:FallingState)
17    { }
18    // ...
19    isFallingStone() {
20      return this.falling === FallingState.FALLING;
21    }
22  }
```

▶Listing 5.27　之後

```
01  interface FallingState {
02    isFalling(): boolean;
03    isResting(): boolean;
04  }
05  class Falling implements FallingState {
06    isFalling() { return true; }
07    isResting() { return false; }
08  }
09  class Resting implements FallingState {
10    isFalling() { return false; }
11    isResting() { return true; }
12  }
13    new Stone(new Falling());
14    new Stone(new Resting());
15  class Stone implements Tile {
16    constructor(private falling:FallingState)
17    { }
18    // ...
19    isFallingStone() {
20      return this.falling.isFalling();
21    }
22  }
```

如果我們覺得使用 new 的效能稍微慢了一點，可以將它們都提取為常數。但請
記住，效能最佳化最好是由效能分析工具來引導和處理。如果我們把 isFalling
Stone 內聯到 moveHorizontal 方法之中，我們就會發現應該使用「把程式碼移

121

到類別中（PUSH CODE INTO CLASSES）」（4.1.5 小節）的重構模式來進行相關的處理。

▶Listing 5.28　之前

```
01    interface FallingState {
02      // ...
03
04
05    }
06    class Falling implements FallingState {
07      // ...
08
09
10    }
11    class Resting implements FallingState {
12      // ...
13    }
14    class Stone implements Tile {
15      // ...
16      moveHorizontal(dx: number) {
17        if (!this.falling.isFalling()) {
18          if (map[playery][playerx+dx+dx].isAir()
19          && !map[playery+1][playerx+dx].isAir())
20          {
21            map[playery][playerx+dx + dx] = this;
22            moveToTile(playerx+dx, playery);
23          }
24        } else if (this.falling.isFalling()) {
25        }
26      }
27    }
```

▶Listing 5.29　之後

```
01    interface FallingState {
02      // ...
03      moveHorizontal(
04        tile: Tile, dx: number): void;
05    }
06    class Falling implements FallingState {
07      // ...
08      moveHorizontal(tile: Tile, dx: number) {
09      }
10    }
11    class Resting implements FallingState {
12      // ...
13      moveHorizontal(tile: Tile, dx: number) {
14        if (map[playery][playerx+dx+dx].isAir()
15        && !map[playery+1][playerx+dx].isAir())
16        {
17          map[playery][playerx+dx + dx] = tile;
18          moveToTile(playerx+dx, playery);
19        }
20      }
```

```
21 |   }
22 |   class Stone implements Tile {
23 |     // ...
24 |     moveHorizontal(dx: number) {
25 |       this.falling.moveHorizontal(this, dx);
26 |     }
27 |   }
```

最後，由於引入了一個新的介面，我們可以使用「嘗試刪除後再編譯（TRY DELETE THEN COMPILE）」的方式來刪除 isResting。我讓讀者自行刪除 Box 和 FallingBox 中的 isResting，請留意，您可以重用 FallingState。我們把這樣將兩個相似類別統合的做法稱為「統合相似的類別（UNIFY SIMILAR CLASSES）」重構模式。

5.1.1　重構模式：統合相似的類別
（UNIFY SIMILAR CLASSES）

描述

當我們有兩個或更多的類別，在一組常數方法上有不同的時候，可以使用這個重構模式來進行統合。一組常數方法稱為「**基礎（basis）**」，若這個基礎擁有兩種方法時稱為**兩點基礎（two-point basis）**。我們希望基礎方法越少越好。當我們要統合 X 個類別時，最多需要（X-1）點基礎。把類別統合起來是很好的做法，因為較少的類別通常意味著我們可以揭發程式更多的結構。

處理步驟

1. 第一階段是讓所有非基礎方法變得相同。對於每個這樣的方法，進行以下步驟：

   a. 在每個版本的方法本體中，加一個「if (true) {}」把現有程式碼包住。

   b. 用一個表示式替換 true，該表式式呼叫所有基礎方法並比較其結果與其常數值。

   c. 複製各個版本的方法本體，然後加 else 陳述句並到其他版本中貼上。

2. 現在只有基礎方法有所不同，因此第二階段開始在建構函式中為基礎的每個方法引入一個欄位，並指定常數值。

3. 把方法改成返回新的欄位，而不是返回常數。

4. 進行編譯，確定到目前為止都沒有破壞程式。

5. 對每個類別的欄位進行下列處置：

   a. 複製欄位的預設值，然後讓預設值變成參數。

   b. 逐個查看編譯器顯示的錯誤，並將預設值插入當作引數。

6. 在所有類別都一致之後，刪除我們正在整併的所有類別，只保留其中一個類別，然後改用保留下來的那個類別，以此來修正所有的編譯錯誤。

範例

這是交通號誌的範例程式，其中有三個相似的類別，因此我們決定把它們統合起來。

▶Listing 5.30　原本的程式

```
01    function nextColor(t: TrafficColor) {
02      if (t.color() === "red") return new Green();
03      else if (t.color() === "green") return new Yellow();
04      else if (t.color() === "yellow") return new Red();
05    }
06    interface TrafficColor {
07      color(): string;
08      check(car: Car): void;
09    }
10    class Red implements TrafficColor {
11      color() { return "red"; }
12      check(car: Car) { car.stop(); }
13    }
14    class Yellow implements TrafficColor {
15      color() { return "yellow"; }
16      check(car: Car) { car.stop(); }
17    }
18    class Green implements TrafficColor {
19      color() { return "green"; }
20      check(car: Car) { car.drive(); }
21    }
```

我們依照下列步驟進行：

1. 基礎方法是 color，因為每個類別中的 color 方法返回不同的常數，所以我們需要讓「檢查方法」相等。對於這些方法，請執行以下步驟：

   a. 對 check 方法的每個版本，請加「if(true){}」陳述句包住現有程式碼。

▶Listing 5.31　之前

```
01    class Red implements TrafficColor {
02      // ...
03      check(car: Car) {
04
05        car.stop();
06
07      }
08    }
09    class Yellow implements TrafficColor {
10      // ...
11      check(car: Car) {
12
13        car.stop();
14
15      }
16    }
17    class Green implements TrafficColor {
18      // ...
19      check(car: Car) {
20
21        car.drive();
22
23      }
24    }
```

▶Listing 5.32　之後 (1/8)

```
01    class Red implements TrafficColor {
02      // ...
03      check(car: Car) {
04        if (true) {                        ◀──────────┐
05          car.stop();                                  │
06        }                                              │
07      }                                                │
08    }                                                  │
09    class Yellow implements TrafficColor {             │
10      // ...                                           │
11      check(car: Car) {                                │
12        if (true) {                        ◀───────────┤
13          car.stop();                                  │
14        }                                              │
15      }                                                │
16    }                                                  │
17    class Green implements TrafficColor {              │
18      // ...                                           │
19      check(car: Car) {                                │
20        if (true) {                        ◀──────────┘   加上「if (true) { }」
21          car.drive();
22        }
23      }
24    }
```

b. 將 true 替換成表示式，該表示式是呼叫基礎方法，並將結果與常數值進
行比較。

▶Listing 5.33 之前

```
01    class Red implements TrafficColor {
02      color() { return "red"; }
03      check(car: Car) {
04        if (true) {
05          car.stop();
06        }
07      }
08    }
09    class Yellow implements TrafficColor {
10      color() { return "yellow"; }
11      check(car: Car) {
12        if (true) {
13          car.stop();
14        }
15      }
16    }
17    class Green implements TrafficColor {
18      color() { return "green"; }
19      check(car: Car) {
20        if (true) {
21          car.drive();
22        }
23      }
24    }
```

▶Listing 5.34 之後 (2/8)

```
01    class Red implements TrafficColor {
02      color() { return "red"; }
03      check(car: Car) {
04        if (this.color() === "red") {      ◀
05          car.stop();
06        }
07      }
08    }
09    class Yellow implements TrafficColor {
10      color() { return "yellow"; }
11      check(car: Car) {
12        if (this.color() === "yellow") {   ◀
13          car.stop();
14        }
15      }
16    }
17    class Green implements TrafficColor {
18      color() { return "green"; }
19      check(car: Car) {
20        if (this.color() === "green") {    ◀        檢查基礎方法
21          car.drive();
22        }
23      }
24    }
```

c. 現在我們把每個版本的方法內容複製一份，然後加上 else 條件，並且把
它貼到所有其他版本的方法中。

▶Listing 5.35　之前

```
01    class Red implements TrafficColor {
02      // ...
03      check(car: Car) {
04        if (this.color() === "red") {
05          car.stop();
06        }
07
08
09
10
11      }
12    }
13    class Yellow implements TrafficColor {
14      // ...
15      check(car: Car) {
16
17
18        if (this.color() === "yellow") {
19          car.stop();
20        }
21
22
23      }
24    }
25    class Green implements TrafficColor {
26      // ...
27      check(car: Car) {
28
29
30
31
32        if (this.color() === "green") {
33          car.drive();
34        }
35      }
36    }
```

▶Listing 5.36　之後（3/8）

```
01    class Red implements TrafficColor {
02      // ...
03      check(car: Car) {
04        if (this.color() === "red") {
05          car.stop();
06        } else if (this.color() === "yellow") {
07          car.stop();
08        } else if (this.color() === "green") {
09          car.drive();
10        }
11      }
12    }
```

複製方法到其他
各個方法內

```
13 |   class Yellow implements TrafficColor {
14 |     // ...
15 |     check(car: Car) {
16 |       if (this.color() === "red") {
17 |         car.stop();
18 |       } else if (this.color() === "yellow") {
19 |         car.stop();
20 |       } else if (this.color() === "green") {
21 |         car.drive();
22 |       }
23 |     }
24 |   }
25 |   class Green implements TrafficColor {
26 |     // ...
27 |     check(car: Car) {
28 |       if (this.color() === "red") {
29 |         car.stop();
30 |       } else if (this.color() === "yellow") {
31 |         car.stop();
32 |       } else if (this.color() === "green") {
33 |         car.drive();
34 |       }
35 |     }
36 |   }
```

複製方法到其他
各個方法內

2. 現在 check 方法都相同，只有基礎方法不同。第二階段開始是透過在建構
    函式中為 color 方法引入一個欄位，並指定其常數值。

▶Listing 5.37　之前

```
01 |   class Red implements TrafficColor {
02 |
03 |
04 |     color() { return "red"; }
05 |     // ...
06 |   }
07 |   class Yellow implements TrafficColor {
08 |
09 |
10 |     color() { return "yellow"; }
11 |     // ...
12 |   }
13 |   class Green implements TrafficColor {
14 |
15 |
16 |     color() { return "green"; }
17 |     // ...
18 |   }
```

▶Listing 5.38　之後 (4/8)

```
01 |   class Red implements TrafficColor {
02 |     constructor(
03 |       private col: string = "red") { }
04 |     color() { return "red"; }
```

新增建構函式

128

```
05 |     // ...
06 |   }
07 |   class Yellow implements TrafficColor {
08 |     constructor(
09 |       private col: string = "yellow") { }
10 |     color() { return "yellow"; }
11 |     // ...
12 |   }
13 |   class Green implements TrafficColor {
14 |     constructor(
15 |       private col: string = "green") { }
16 |     color() { return "green"; }
17 |     // ...
18 |   }
```

新增建構函式

3.　把方法改成返回新的欄位，而不是返回常數。

▶Listing 5.39　之前

```
01 |   class Red implements TrafficColor {
02 |     // ...
03 |     color() { return "red"; }
04 |   }
05 |   class Yellow implements TrafficColor {
06 |     // ...
07 |     color() { return "yellow"; }
08 |   }
09 |   class Green implements TrafficColor {
10 |     // ...
11 |     color() { return "green"; }
12 |   }
```

▶Listing 5.40　之後（5/8）

```
01 |   class Red implements TrafficColor {
02 |     // ...
03 |     color() { return this.col; }
04 |   }
05 |   class Yellow implements TrafficColor {
06 |     // ...
07 |     color() { return this.col; }
08 |   }
09 |   class Green implements TrafficColor {
10 |     // ...
11 |     color() { return this.col; }
12 |   }
```

返回欄位而不是返回常數

4.　進行編譯，確定到目前為止都沒有破壞程式。

5.　對每個類別的欄位進行下列處置：

a. 複製欄位的預設值，然後讓預設值變成參數。

▶Listing 5.41　之前
```
01 │   class Red implements TrafficColor {
02 │     constructor(
03 │       private col: string = "red") { }
04 │     // ...
05 │   }
```

▶Listing 5.42　之後 (6/8)
```
01 │   class Red implements TrafficColor {
02 │     constructor(
03 │       private col: string) { }        ◄────┤ 切掉預設值
04 │     // ...
05 │   }
```

　　b. 逐個查看編譯器顯示的錯誤，並將預設值插入當作引數。

▶Listing 5.43　之前
```
01 │   function nextColor(t: TrafficColor) {
02 │     if (t.color() === "red")
03 │       return new Green();
04 │     else if (t.color() === "green")
05 │       return new Yellow();
06 │     else if (t.color() === "yellow")
07 │       return new Red();
08 │   }
```

▶Listing 5.44　之後 (7/8)
```
01 │   function nextColor(t: TrafficColor) {
02 │     if (t.color() === "red")
03 │       return new Green();
04 │     else if (t.color() === "green")
05 │       return new Yellow();
06 │     else if (t.color() === "yellow")
07 │       return new Red("red");    ◄────┤ 以貼上的方式修復錯誤
08 │   }
```

6.　在所有類別都一致之後，刪除我們正在整併的所有類別，只保留其中一個
　　類別，然後改用保留下來的那個類別，以此來修正所有的編譯錯誤。

▶Listing 5.45　之前
```
01 │   function nextColor(t: TrafficColor) {
02 │     if (t.color() === "red")
03 │       return new Green();
04 │     else if (t.color() === "green")
05 │       return new Yellow();
06 │     else if (t.color() === "yellow")
07 │       return new Red();
08 │   }
09 │   class Yellow implements TrafficColor { ... }
10 │   class Green implements TrafficColor { ... }
```

▶Listing 5.46　之後（8/8）

```
01  function nextColor(t: TrafficColor) {
02    if (t.color() === "red")
03      return new Red("green");        ◄────┐
04    else if (t.color() === "green")        │
05      return new Red("yellow");       ◄──── ├── 刪除掉 Yellow 和 Green 類別
06    else if (t.color() === "yellow")       │
07      return new Red("red");
08  }
```

此時，我們不需要介面，而且應該重新命名為 Red 方法，我們還應該努力去掉 if 和 else（也許可以使用後面介紹的重構模式來進行），但目前我們已經成功地統合了三個類別。

▶Listing 5.47　之前

```
01  function nextColor(t: TrafficColor) {
02    if (t.color() === "red")
03      return new Green();
04    else if (t.color() === "green")
05      return new Yellow();
06    else if (t.color() === "yellow")
07      return new Red();
08  }
09  interface TrafficColor {
10    color(): string;
11    check(car: Car): void;
12  }
13  class Red implements TrafficColor {
14    color() { return "red"; }
15    check(car: Car) { car.stop(); }
16  }
17  class Yellow implements TrafficColor {
18    color() { return "yellow"; }
19    check(car: Car) { car.stop(); }
20  }
21  class Green implements TrafficColor {
22    color() { return "green"; }
23    check(car: Car) { car.drive(); }
24  }
```

▶Listing 5.48　之後

```
01  function nextColor(t: TrafficColor) {
02    if (t.color() === "red")
03      return new Red("green");
04    else if (t.color() === "green")
05      return new Red("yellow");
06    else if (t.color() === "yellow")
07      return new Red("red");
08  }
09  interface TrafficColor {
10    color(): string;
11    check(car: Car): void;
```

```
12 |   }
13 |   class Red implements TrafficColor {
14 |     constructor(private col: string) { }
15 |     color() { return this.col; }
16 |     check(car: Car) {
17 |       if (this.color() === "red") {
18 |         car.stop();
19 |       } else if (this.color() === "yellow") {
20 |         car.stop();
21 |       } else if (this.color() === "green") {
22 |         car.drive();
23 |       }
24 |     }
25 |   }
```

在此刻，把三種 color 提取到常數中以避免必須一遍又一遍地實例化，這可能
是有意義的做法。幸運的是，這很容易做到。

進一步閱讀

據我所知，這是第一次把這樣的處理過程描述為重構模式。

5.2 統合簡單的條件式

繼續以 updateTile 為例來說明，我們想讓一些 if 的本體更一致。首先看一下程
式碼內容。

▶Listing 5.49　原本的程式

```
01 |   function updateTile(x: number, y: number) {
02 |     if (map[y][x].isStony() && map[y + 1][x].isAir()) {
03 |       map[y + 1][x] = new Stone(new Falling());
04 |       map[y][x] = new Air();
05 |     } else if (map[y][x].isBoxy() && map[y + 1][x].isAir()) {
06 |       map[y + 1][x] = new Box(new Falling());
07 |       map[y][x] = new Air();
08 |     } else if (map[y][x].isFallingStone()) {
09 |       map[y][x] = new Stone(new Resting());
10 |     } else if (map[y][x].isFallingBox()) {
11 |       map[y][x] = new Box(new Resting());
12 |     }
13 |   }
```

我們決定引入方法來設定和取消設定新欄位 falling。

▶Listing 5.50　引入 drop 和 rest

```
01 | interface Tile {
02 |   // ...
03 |   drop(): void;
04 |   rest(): void;
05 | }
06 | class Stone implements Tile {
07 |   // ...
08 |   drop() { this.falling = new Falling(); }
09 |   rest() { this.falling = new Resting(); }
10 | }
11 | class Flux implements Tile {
12 |   // ...
13 |   drop() { }
14 |   rest() { }
15 | }
```

設定新欄位的新方法，
在大多數類別中都是空的

取消設定新欄位的新方法，
在大多數類別中都是空的

設定新欄位的新方法，
在大多數類別中都是空的

取消設定新欄位的新方法，
在大多數類別中都是空的

一次處理一件事，先搞定 rest 再來處理 drop。我們可以直接在 updateTile 中使用 rest。

▶Listing 5.51　之前

```
01 | function updateTile(x: number, y: number) {
02 |   if (map[y][x].isStony() && map[y + 1][x].isAir()) {
03 |     map[y+1][x] = new Stone(new Falling());
04 |     map[y][x] = new Air();
05 |   } else if (map[y][x].isBoxy() && map[y + 1][x].isAir()) {
06 |     map[y + 1][x] = new Box(new Falling());
07 |     map[y][x] = new Air();
08 |   } else if (map[y][x].isFallingStone()) {
09 |     map[y][x] = new Stone(new Resting());
10 |   } else if (map[y][x].isFallingBox()) {
11 |     map[y][x] = new Box(new Resting());
12 |   }
13 | }
```

▶Listing 5.52　之後

```
01 | function updateTile(x: number, y: number) {
02 |   if (map[y][x].isStony() && map[y + 1][x].isAir()) {
03 |     map[y+1][x] = new Stone(new Falling());
04 |     map[y][x] = new Air();
05 |   } else if (map[y][x].isBoxy() && map[y + 1][x].isAir()) {
06 |     map[y + 1][x] = new Box(new Falling());
07 |     map[y][x] = new Air();
08 |   } else if (map[y][x].isFallingStone()) {
09 |     map[y][x].rest();
10 |   } else if (map[y][x].isFallingBox()) {
11 |     map[y][x].rest();
12 |   }
13 | }
```

使用新的輔助方法

從這裡可以看到最後兩個 if 的本體是相同的。當兩個相鄰的 if 陳述式擁有相同的本體時,我們可以簡單地在兩個條件之間加上「||」來合併。

▶Listing 5.53　之前

```
01   function updateTile(x: number, y: number) {
02     if (map[y][x].isStony() && map[y + 1][x].isAir()) {
03       map[y+1][x] = new Stone(new Falling());
04       map[y][x] = new Air();
05     } else if (map[y][x].isBoxy() && map[y + 1][x].isAir()) {
06       map[y + 1][x] = new Box(new Falling());
07       map[y][x] = new Air();
08     } else if (map[y][x].isFallingStone()) {
09       map[y][x].rest();
10     } else if (map[y][x].isFallingBox()) {
11       map[y][x].rest();
12     }
13   }
```

▶Listing 5.54　之後

```
01   function updateTile(x: number, y: number) {
02     if (map[y][x].isStony() && map[y + 1][x].isAir()) {
03       map[y+1][x] = new Stone(new Falling());
04       map[y][x] = new Air();
05     } else if (map[y][x].isBoxy() && map[y + 1][x].isAir()) {
06       map[y + 1][x] = new Box(new Falling());
07       map[y][x] = new Air();
08     } else if (map[y][x].isFallingStone() || map[y][x].isFallingBox()) {
09       map[y][x].rest();                                    合併條件
10     }
11   }
```

現在已經熟悉使用「||」了吧,所以應該不會驚訝於我們立刻把「||」運算式推進了類別中,將它們命名為共同點的 isFalling 方法。

我想重申第 2 章中的一個重點。在整個處理過程中,我們不做任何判斷:我們只是按照現有的程式碼結構進行處置,我們是在沒有真正了解程式碼的情況下進行這些重構。這一點很重要,因為如果您必須先了解所有的程式碼細節,重構可能會很費時間。有些重構模式可以在不深究程式碼內容的情況下進行,這樣可以節省相當多的時間。

處置後的程式碼如下所示。

▶Listing 5.55　之前

```
01   function updateTile(x: number, y: number) {
02     if (map[y][x].isStony() && map[y + 1][x].isAir()) {
03       map[y+1][x] = new Stone(new Falling());
04       map[y][x] = new Air();
```

```
05 |     } else if (map[y][x].isBoxy() && map[y + 1][x].isAir()) {
06 |         map[y + 1][x] = new Box(new Falling());
07 |         map[y][x] = new Air();
08 |     } else if (map[y][x].isFallingStone() || map[y][x].isFallingBox()) {
09 |         map[y][x].rest();
10 |     }
11 | }
```

▶Listing 5.56　之後
```
01 |  function updateTile(x: number, y: number) {
02 |    if (map[y][x].isStony() && map[y + 1][x].isAir()) {
03 |      map[y+1][x] = new Stone(new Falling());
04 |      map[y][x] = new Air();
05 |    } else if (map[y][x].isBoxy() && map[y + 1][x].isAir()) {
06 |      map[y + 1][x] = new Box(new Falling());
07 |      map[y][x] = new Air();
08 |    } else if (map[y][x].isFalling()) {   ←──────── 使用新的輔助方法
09 |      map[y][x].rest();
10 |    }
11 |  }
```

雖然這種重構模式是本書中最簡單的模式之一，但其功用是很強大的。言歸正傳，接下來要介紹「合併 ifs（COMBINE IFS）」重構模式了。

5.2.1　重構模式：合併 ifs（COMBINE IFS）

描述

這項重構模式透過合併具有相同本體的一連串 if 來減少重複的情況。一般來說，我們只會在有針對性的重構過程中遇到這種情況，才刻意試圖進行處置，這種在相鄰的一連串 if 中寫入相同本體是很不自然的做法。這項重構模式很有用，因為它透過加入「||」來揭露了兩個表示式之間的關係，如您所見，我們很喜歡運用這種關係。

處理步驟

1.　先確認兩個 if 的本體內容是否相同。

2.　選取第一個 if 的右側{括號到 else if 的程式碼，再按下 Del 刪除掉，隨後插入「||」符號。在 if 後面插入一個 (括號，在第二個條件式之後與 { 之前加上) 括號，讓條件表示式的左右加上括號，以確保條件行為不會改變。

▶Listing 5.57　之前
```
01 |   if (expression1) {
02 |       // body
03 |   } else if (expression2) {
04 |       // same body
05 |   }
```

▶Listing 5.58　之後
```
01 |   if ((expression1) || (expression2)) {
02 |       // body
03 |   }
```

3. 如果條件表示式很簡單，我們可以刪除多餘的括號，或設定編輯器來執行此項操作。

範例

在下列這個例子中，是有一些條件邏輯來判定如何處理帳單（invoice）。

▶Listing 5.59　原本的程式
```
01 |   if (today.getDate() === 1 && account.getBalance() > invoice.getAmount()) {
02 |       account.pay(bill);
03 |   } else if (invoice.isLastDayOfPayment() && invoice.isApproved()) {
04 |       account.pay(bill);
05 |   }
```

我們按照下列處理步驟進行：

1. 先確認兩個 if 的本體內容是否相同。

2. 選取第一個 if 的右側{括號到 else if 的程式碼，再按下 Del 刪除掉，隨後插入「||」符號。在 if 後面插入一個(括號，在第二個條件式之後與 { 之前加上)括號，讓條件表示式的左右加上括號，以確保條件行為不會改變。

▶Listing 5.60　之前
```
01 |   if (today.getDate() === 1
02 |       && account.getBalance()
03 |        > invoice.getAmount())
04 |   {
05 |       account.pay(bill);
06 |   } else if (invoice.isLastDayOfPayment()
07 |       && invoice.isApproved())
08 |   {
09 |       account.pay(bill);
10 |   }
```

▶Listing 5.61　之後

```
01   if ((today.getDate() === 1
02      && account.getBalance()
03         > invoice.getAmount())
04      || (invoice.isLastDayOfPayment()
05      && invoice.isApproved()))
06   {
07      account.pay(bill);
08   }
```

第一個 if 的條件表示式
（加上括號）

第二個 if 的條件表示式
（加上括號）

3.　如果條件表示式很簡單，我們可以刪除多餘的括號，或設定編輯器來執行
　　此項操作。

進一步閱讀

許多業界人士認為這種做法是常識，而我第一次把這種做法正式當成的重構模
式來描述。

5.3　統合複雜的條件式

看看 updateTile 的第一個 if，我們意識到它只是把一個 stone 換成 air，把一個
air 換成 stone。這和使用 drop 函式移動 stone 方塊並將其設定為 falling 狀態是
相同的。box 情況也是一樣的。

▶Listing 5.62　之前

```
01   function updateTile(x: number, y: number) {
02     if (map[y][x].isStony() && map[y + 1][x].isAir()) {
03       map[y+1][x] = new Stone(new Falling());
04       map[y][x] = new Air();
05     } else if (map[y][x].isBoxy() && map[y + 1][x].isAir()) {
06       map[y + 1][x] = new Box(new Falling());
07       map[y][x] = new Air();
08     } else if (map[y][x].isFalling()) {
09       map[y][x].rest();
10     }
11   }
```

▶Listing 5.63　之後

```
01   function updateTile(x: number, y: number) {
02     if (map[y][x].isStony() && map[y + 1][x].isAir()) {
03       map[y][x].drop();
04       map[y + 1][x] = map[y][x];
05       map[y][x] = new Air();
06     } else if (map[y][x].isBoxy() && map[y + 1][x].isAir()) {
07       map[y][x].drop();
08       map[y + 1][x] = map[y][x];
09       map[y][x] = new Air();
```

設定 stone 或 box 為 falling 狀態，交換
map 上的方塊，然後新增一個 air

```
10 |     } else if (map[y][x].isFalling()) {
11 |       map[y][x].rest();
12 |     }
13 |   }
```

現在前兩個 if 的本體內容是相同的。我們可以再次使用「合併 ifs（COMBINE ifS）」模式來把兩個 if 合併成一個 if，只需要在條件之間放上一個「||」即可。

▶Listing 5.64　之前

```
01 |   function updateTile(x: number, y: number) {
02 |     if (map[y][x].isStony() && map[y + 1][x].isAir()) {
03 |       map[y][x].drop();
04 |       map[y + 1][x] = map[y][x];
05 |       map[y][x] = new Air();
06 |     } else if (map[y][x].isBoxy() && map[y + 1][x].isAir()) {
07 |       map[y][x].drop();
08 |       map[y + 1][x] = map[y][x];
09 |       map[y][x] = new Air();
10 |     } else if (map[y][x].isFalling()) {
11 |       map[y][x].rest();
12 |     }
13 |   }
```

▶Listing 5.65　之後

```
01 |   function updateTile(x: number, y: number) {
02 |     if (map[y][x].isStony() && map[y + 1][x].isAir()
03 |            || map[y][x].isBoxy()
04 |            && map[y + 1][x].isAir()) {
05 |
06 |
07 |       map[y][x].drop();
08 |       map[y + 1][x] = map[y][x];
09 |       map[y][x] = new Air();
10 |     } else if (map[y][x].isFalling()) {
11 |       map[y][x].rest();
12 |     }
13 |   }
```

← 合併條件式

這裡合併後的條件式比上次範例中的式子稍微複雜一些，因此現在是討論如何處理這類較複雜條件式的好時機。

5.3.1　利用算術規則處理條件式

就像處理本書中大多數的程式碼一樣，處置條件式時也可以不必知道它的實際作用。在不探究理論背景的情況下，||（和 |）的行為就像 +（加法）一樣，而 &&（和 &）的行為就像 ×（乘法）。有個幫助記憶的口訣是，兩行的 || 可以形

成一個 ＋，& 中隱藏著一個 ×，如圖 5.1 所示。這有助於讓我們記住什麼時候
需要在 ‖ 周圍以括號包住，而且所有常規算術規則都適用。

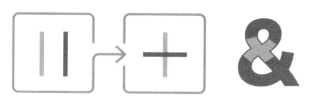

圖 5.1　幫助記下優先順序的記憶法

這裡的規則（指圖 5.2）適用於所有情況，除非條件中有副作用。為了能如我
們預期般使用這些規則，我們應該避免在條件中使用副作用：「使用純條件
（USE PURE CONDITIONS）」。

$$a + b + c = (a + b) + c = a + (b + c) \quad （＋是結合律）$$
$$a \cdot b \cdot c = (a \cdot b) \cdot c = a \cdot (b \cdot c) \quad （\cdot 是結合律）$$
$$a + b = b + a \quad （＋交換律）$$
$$a \cdot b = b \cdot a \quad （\cdot 交換律）$$
$$a \cdot (b + c) = a \cdot b + a \cdot c \quad （\cdot 對於＋滿足左分配律）$$
$$(a + b) \cdot c = a \cdot c + b \cdot c \quad （\cdot 對於＋滿足右分配律）$$

圖 5.2　算術規則

5.3.2　規則：使用純條件式 （USE PURE CONDITIONS）

陳述

條件式應該保持純粹。

說明

條件式是指 if 或 while 後面以及 for 迴圈中間部分的式子。純粹的條件式是指
這些條件不具備副作用。**副作用**（**side effects**）是指條件式會指定值給變數、
拋出例外異常或與 I/O 互動等，例如輸出一些內容、寫入檔案等等。

純粹的條件式在很多方面顯得重要。首先,如前所述,具有副作用的條件式會阻礙我們套用先前的規則。其次,在條件式中有副作用是不常見的寫法,因此我們不希望條件式有副作用,這表示副作用需要我們去發現的,也意味著要花更多時間去調查以及更多認知去追蹤哪些條件式有什麼樣的副作用。

下面的程式碼很常見,其中 readLine 同時回傳下一行並移動指標。移動指標是一種副作用,因此條件式就不是純粹的。右側的更好的實作分離了讀取一行和移動指標的責任。較好的實作方式是引入一個方法檢查是否還有更多內容可讀取,而不是返回 null,但這會在其他地方討論。

▶Listing 5.66　之前

```
01  class Reader {
02    private data: string[];
03    private current: number;
04
05
06    readLine() {
07      this.current++;
08      return this.data[this.current] || null;
09    }
10  }
11  /// ...
12  let br = new Reader();
13  let line: string | null;
14  while ((line = br.readLine()) !== null) {
15    console.log(line);
16  }
```

▶Listing 5.67　之後

```
01  class Reader {
02    private data: string[];
03    private current: number;
04    nextLine() {          ←──────  副作用移到新的方法
05      this.current++;
06    }
07    readLine() {                   把副作用從現有方法中移出
08      return this.data[this.current] || null;
09    }
10  }
11  /// ...
12  let br = new Reader();
13  for(;br.readLine() !== null;br.nextLine()){    將其改成 for 迴圈來確保
14    let line = br.readLine();                    有記得要呼叫 nextLine
15    console.log(line);                           第二個呼叫會取得目前行的內容
16  }
```

請留意,現在想要呼叫幾次 readLine 都可以,而且是沒有副作用的。

在某些情況下，當我們無法控制實作且無法將返回值與副作用分開時，我們可以使用快取（cache）來配合。有許多實作快取的方法，在不深究實作細節的情況下，這裡是一個通用的快取做法，可以接收任何方法並將副作用部分與返回值部分分離。

▶Listing 5.68　快取（cache）

```
01  class Cacher<T> {
02    private data: T;
03    constructor(private mutator: () => T) {
04      this.data = this.mutator();
05    }
06    get() {
07      return this.data;
08    }
09    next() {
10      this.data = this.mutator();
11    }
12  }
13
14  let tmpBr = new Reader();          照平常的方式實例化 Reader，
15  let br = new Cacher(() => tmpBr.readLine());   但使用一個暫時的名稱
16  for (; br.get() !== null; br.next()) {
17    let line = br.get();             使用快取 Cacher 把特定的
18    console.log(line);               呼叫包起來
19  }
```

異味

這項規則源自於一個通用的程式碼異味特徵，稱為「Separate queries from commands（查詢和指令分開）」，可以在 Richard Mitchell 和 Jim McKim 的書《Design by Contract, by Example》（Addison-Wesley, 2001）中找到詳細的說明。這項程式碼異味特徵很容易理解，「指令（commands）」指的是任何具有副作用的東西，而「查詢（queries）」則表示任何純粹的東西。遵循這項指引的一個簡單方法是，只允許在 void 方法中使用副作用：這裡可具有副作用或返回某些東西，但不能兩者都有。

這項規則和一般的異味特徵唯一的不同點就是我們把焦點放在呼叫方而非定義方。在原本的書中，Mitchell 和 McKim 建立了更多依賴於嚴格分離的原則。我們放寬了異味特徵的要求，以關注條件式內混用查詢和指令的情況，因為在條件式之外混用並不影響我們的重構能力。遵循這個異味特徵更多可能是因為風格的問題。而且，一個方法中同時返回和修改某些東西是很常見的，所以需要練習去發現它。實際上，在程式設計中最常見的運算子之一「++」，會同時遞增並返回一個值。

這也很容易說服人，因為這項規則也和 Robert C. Martin 的《Clean Code》一書中所提到的「Methods should do one thing（方法應該只做一件事）」有關。有副作用是一件事，返回值是另一件事。

意圖

此意圖是要把取得資料和改變資料分開，讓程式碼更乾淨、可預測。通常這也讓命名更好懂，因為方法變得更簡單。副作用若是屬於改變全域狀態的類型，則會像第 2 章所描述的那樣，這種副作用是很危險的。因此，把變異的部分隔離開來，就可以更容易地進行管理。

參考

讀者可以在 Richard Mitchell 和 Jim McKim 所著的《Design by Contract, by Example》一書中，了解關於查詢和命令的內容，以及如何用來建立 assertions（斷言，有時也稱為合約）。

5.3.3 套用條件算術

根據圖 5.2 中的規則來處理條件非常有效。請以 updateTile 中的條件式來思考：我們先將其轉換為數學方程式，之後就能輕鬆地使用熟悉的算術規則對其進行簡化，然後再將其轉換回程式碼。這種轉換的處理過程如圖 5.3 所示。

$$\overbrace{\texttt{map[y][x].isStony()}}^{a}\ \overbrace{\texttt{\&\&}}^{\cdot}\ \overbrace{\texttt{map[y + 1][x].isAir()}}^{b}$$

$$\underbrace{\texttt{||}}_{+}\ \underbrace{\texttt{map[y][x].isBoxy()}}_{c}\ \underbrace{\texttt{\&\&}}_{\cdot}\ \underbrace{\texttt{map[y + 1][x].isAir()}}_{b}$$

$$= a \cdot b + c \cdot b$$

$$= (a + c) \cdot b$$

$$\overbrace{\texttt{(map[y][x].isStony()}}^{a}\ \overbrace{\texttt{||}}^{+}\ \overbrace{\texttt{map[y][x].isBoxy())}}^{c}\ \overbrace{\texttt{\&\&}}^{\cdot}\ \overbrace{\texttt{map[y + 1][x].isAir()}}^{b}$$

圖 5.3　套用算術規則

當您必須簡化現實世界中更複雜的條件式時，練習將條件式轉換為數學方程式，再對其進行簡化，然後將其改回腦海中的程式碼，這樣的處理過程非常珍貴，此技術還能幫助您發現條件式中棘手的括號錯誤。

把先前簡化後的條件式放入程式碼中，然後得如下的結果。

▶Listing 5.69　之前

```
01 | function updateTile(x: number, y: number) {
02 |   if (map[y][x].isStony() && map[y + 1][x].isAir()
03 |          || map[y][x].isBoxy() && map[y + 1][x].isAir()) {
04 |     map[y][x].drop();
05 |     map[y + 1][x] = map[y][x];
06 |     map[y][x] = new Air();
07 |   } else if (map[y][x].isFalling()) {
08 |     map[y][x].rest();
09 |   }
10 | }
```

▶Listing 5.70　之後

```
01 | function updateTile(x: number, y: number) {
02 |   if ((map[y][x].isStony() || map[y][x].isBoxy()) && map[y + 1][x].isAir()) {
03 |
04 |     map[y][x].drop();
05 |     map[y + 1][x] = map[y][x];
06 |     map[y][x] = new Air();
07 |   } else if (map[y][x].isFalling()) {
08 |     map[y][x].rest();
09 |   }
10 | }
```

條件式被簡化，也加上了括號

現在我們處於與之前類似的情況：這裡有一個「||」想推入類別中。在第 4 章中，我們建立了 stone 和 box 之間的關係，並稱之為 pushable 方法。但這樣的名稱在這種情況下沒有意義。重點在於，不要僅因為它處理相同的關係就盲目地重複使用某個名稱，取名字時應該考量其上下脈絡。因此，在本例中，我們編寫了一個名為 canFall 的新方法。

在把程式碼移到類別中（PUSH CODE INTO CLASSES）之後就有了另外一個好的簡化版本。

▶Listing 5.71　之前

```
01 | function updateTile(x: number, y: number) {
02 |   if ((map[y][x].isStony() || map[y][x].isBoxy()) && map[y + 1][x].isAir()) {
03 |     map[y][x].drop();
04 |     map[y + 1][x] = map[y][x];
05 |     map[y][x] = new Air();
06 |   } else if (map[y][x].isFalling()) {
07 |     map[y][x].rest();
08 |   }
09 | }
```

▶Listing 5.72　之後

```
01 | function updateTile(x: number, y: number) {
02 |   if (map[y][x].canFall() && map[y + 1][x].isAir()) {
03 |     map[y][x].drop();                                        使用新的輔助方法
04 |     map[y + 1][x] = map[y][x];
05 |     map[y][x] = new Air();
06 |   } else if (map[y][x].isFalling()) {
07 |     map[y][x].rest();
08 |   }
09 | }
```

5.4　跨類別統合程式碼

繼續以 updateTile 為例，我們馬上就把它推送到類別中了。

▶Listing 5.73　之前

```
01 | function updateTile(x: number, y: number) {
02 |   if (map[y][x].canFall() && map[y + 1][x].isAir()) {
03 |     map[y][x].drop();
04 |     map[y + 1][x] = map[y][x];
05 |     map[y][x] = new Air();
06 |   } else if (map[y][x].isFalling()) {
07 |     map[y][x].rest();
08 |   }
09 | }
```

▶Listing 5.74　之後

```
01 | function updateTile(x: number, y: number) {
02 |   map[y][x].update(x, y);
03 | }
04 | interface Tile {
05 |   // ...
06 |   update(x: number, y: number): void;
07 | }
08 | class Air implements Tile {
09 |   // ...
10 |   update(x: number, y: number) { }
11 | }
```

```
12 |   class Stone implements Tile {
13 |     // ...
14 |     update(x: number, y: number) {
15 |       if (map[y + 1][x].isAir()) {
16 |         this.falling = new Falling();
17 |         map[y + 1][x] = this;
18 |         map[y][x] = new Air();
19 |       } else if (this.falling.isFalling()) {
20 |         this.falling = new Resting();
21 |       }
22 |     }
23 |   }
```

我們內聯 updateTile 來進行清理。把許多方法推入類別之後,我們在介面中引入了許多方法。現在是使用「嘗試刪除後再編譯(TRY DELETE THEN COMPILE)」模式進行中途清理的好時機。請留意,這麼做幾乎刪除了我們引入的所有 isX 方法,而剩下的那些方法都有某種特殊含義,例如 isLockX 和 isAir,它們會影響其他 tile(方塊)的行為。

目前,我們在 Stone 和 Box 兩個類別中都有完全相同的程式碼。與我們先前的情況(4.6 小節)相反,這不是我們希望分歧的地方。falling 下落的行為應該保持同步,而且如果我們引入更多的方塊,這似乎也是我們日後可能再次使用的東西。

目前在 Stone 和 Box 類別中都有完全相同的程式碼。與先前的情況(4.6 小節)相反,這不是我們想要分歧的地方。falling 的行為應該維持一致,而且如果我們引入更多的 tile(方塊),這似乎也是以後可能會再次使用的東西。

1.　首先建立新的 FallStrategy 類別。

▶Listing 5.75　新的類別
```
01 |   class FallStrategy {
02 |   }
```

2.　在 Stone 和 Box 的建構函式中實例化 FallStrategy。

▶Listing 5.76　之前
```
01 |   class Stone implements Tile {
02 |     constructor(
03 |       private falling: FallingState)
04 |     {
05 |     }
06 |     // ...
07 |   }
```

▶Listing 5.77　之後 (1/5)

```
01    class Stone implements Tile {
02      private fallStrategy: FallStrategy;     ←──┤ 新的欄位
03      constructor(
04        private falling: FallingState)
05      {
06        this.fallStrategy = new FallStrategy();  ←──┤ 初始化新的欄位
07      }
08      // ...
09    }
```

3. 我們以「把程式碼移到類別中（PUSH CODE INTO CLASSES）」模式相同的做法對 update 進行處理。

▶Listing 5.78　之前

```
01    class Stone implements Tile {
02      // ...
03      update(x: number, y: number) {
04        if (map[y + 1][x].isAir()) {
05          this.falling = new Falling();
06          map[y + 1][x] = this;
07          map[y][x] = new Air();
08        } else if (this.falling.isFalling()) {
09          this.falling = new Resting();
10        }
11      }
12    }
13    class FallStrategy {
14    }
```

▶Listing 5.79　之後 (2/5)

```
01    class Stone implements Tile {
02      update(x: number, y: number) {
03        this.fallStrategy.update(x, y);
04      }
05    }
06    class FallStrategy {
07      update(x: number, y: number) {
08        if (map[y + 1][x].isAir()) {
09          this.falling = new Falling();
10          map[y + 1][x] = this;
11          map[y][x] = new Air();
12        } else if (this.falling.isFalling()) {
13          this.falling = new Resting();
14        }
15      }
16    }
```

4. 我們依賴於 falling 欄位，所以進行下列的處理：

　　a. 移動 falling 欄位，並在 FallStrategy 中建立一個存取器。

▶Listing 5.80　之前

```
01 | class Stone implements Tile {
02 |   private fallStrategy: FallStrategy;
03 |   constructor(
04 |     private falling: FallingState)
05 |   {
06 |     this.fallStrategy = new FallStrategy();
07 |
08 |   }
09 |   // ...
10 | }
11 | class FallStrategy {
12 |   // ...
13 | }
```

▶Listing 5.81　之後（3/5）

```
01 | class Stone implements Tile {
02 |   private fallStrategy: FallStrategy;
03 |   constructor(
04 |     falling: FallingState)          ←──┤  把 private 刪掉
05 |   {
06 |     this.fallStrategy = new FallStrategy(falling);  ←──┤  加入一個引數
07 |   }
08 |   // ...
09 | }
10 | class FallStrategy {
11 |   constructor(
12 |     private falling: FallingState)  ←──┤  加入一個帶有參數的建構函式
13 |   {
14 |
15 |   }
16 |   getFalling() { return this.falling; }  ←──┤  對新欄位的存取器
17 |   // ...
18 | }
```

b. 藉由使用存取器在原本的類別中修訂錯誤。

▶Listing 5.82　之前

```
01 | class Stone implements Tile {
02 |   // ...
03 |   moveHorizontal(dx: number) {
04 |     this.falling
05 |
06 |       .moveHorizontal(this, dx);
07 |   }
08 | }
```

▶Listing 5.83　之後（4/5）

```
09 | class Stone implements Tile {
10 |   // ...
11 |   moveHorizontal(dx: number) {
12 |     this.fallStrategy           ──┤  使用新的存取器
13 |       .getFalling() ←
```

```
14 |          .moveHorizontal(this, dx);
15 |      }
16 |  }
```

5. 加入一個 tile 參數來取代 this，以此來修訂 FallStrategy 中剩餘的錯誤。

▶Listing 5.84　之前
```
01 |  class Stone implements Tile {
02 |    // ...
03 |    update(x: number, y: number) {
04 |      this.fallStrategy.update(x, y);
05 |    }
06 |  }
07 |  class FallStrategy {
08 |    update(x: number, y: number) {
09 |      if (map[y + 1][x].isAir()) {
10 |        this.falling = new Falling();
11 |        map[y + 1][x] = this;
12 |        map[y][x] = new Air();
13 |      } else if (this.falling.isFalling())
14 |      {
15 |        this.falling = new Resting();
16 |      }
17 |    }
18 |  }
```

▶Listing 5.85　之後（5/5）
```
01 |  class Stone implements Tile {
02 |    // ...
03 |    update(x: number, y: number) {
04 |      this.fallStrategy.update(this, x, y);
05 |    }
06 |  }
07 |  class FallStrategy {
08 |    update(tile: Tile, x: number, y: number){
09 |      if (map[y + 1][x].isAir()) {
10 |        this.falling = new Falling();
11 |        map[y + 1][x] = tile;
12 |        map[y][x] = new Air();
13 |      } else if (this.falling.isFalling()) {
14 |        this.falling = new Resting();
15 |      }
16 |    }
17 |  }
```

加入一個參數來取代「this」

加入一個參數來取代「this」

轉換處理的結果如下所示。

▶Listing 5.86　之前
```
01 |  class Stone implements Tile {
02 |    constructor(private falling: FallingState)
03 |    {
04 |
```

```
05 |    }
06 |    // ...
07 |    update(x: number, y: number) {
08 |      if (map[y + 1][x].isAir()) {
09 |        this.falling = new Falling();
10 |        map[y + 1][x] = this;
11 |        map[y][x] = new Air();
12 |      } else if (this.falling.isFalling()) {
13 |        this.falling = new Resting();
14 |      }
15 |    }
16 |  }
17 |
```

▶Listing 5.87　之後

```
01 |  class Stone implements Tile {
02 |    private fallStrategy: FallStrategy;
03 |    constructor(falling: FallingState)
04 |    {
05 |      this.fallStrategy =
06 |      new FallStrategy(falling);
07 |    }
08 |    // ...
09 |    update(x: number, y: number) {
10 |      this.fallStrategy.update(this, x, y);
11 |    }
12 |  }
13 |  class FallStrategy {
14 |    constructor(private falling: FallingState)
15 |    { }
16 |    isFalling() { return this.falling; }
17 |    update(tile: Tile, x: number, y: number) {
18 |      if (map[y + 1][x].isAir()) {
19 |        this.falling = new Falling();
20 |        map[y + 1][x] = tile;
21 |        map[y][x] = new Air();
22 |      } else if (this.falling.isFalling()) {
23 |        this.falling = new Resting();
24 |      }
25 |    }
26 |  }
```

在 FallStrategy.update 中，如果仔細觀察 else if 的部分，可以發現如果 falling 為
true，它就會被設為 false，否則它已經是 false 了。因此，我們可以把這個條件
式移除掉。

▶Listing 5.88　之前

```
01 |  class FallStrategy {
02 |    // ...
03 |    update(tile: Tile, x: number, y: number) {
04 |      if (map[y + 1][x].isAir()) {
05 |        this.falling = new Falling();
```

```
06 |        map[y + 1][x] = tile;
07 |        map[y][x] = new Air();
08 |      } else if (this.falling.isFalling()) {
09 |        this.falling = new Resting();
10 |      }
11 |    }
12 |  }
```

▶Listing 5.89　之後
```
01 |  class FallStrategy {
02 |    // ...
03 |    update(tile: Tile, x: number, y: number) {
04 |      if (map[y + 1][x].isAir()) {
05 |        this.falling = new Falling();
06 |        map[y + 1][x] = tile;
07 |        map[y][x] = new Air();
08 |      } else {          ←──────────────┤ 移除了條件式
09 |        this.falling = new Resting();
10 |      }
11 |    }
12 |  }
```

現在這段程式碼在所有路徑上都會對 falling 變數指定值，因此我們可以把它提取出來。我們也移除了空的 else，之後有一個 if 會檢查相同的值作為變數，在這種情況下，我們喜歡直接使用該變數。

▶Listing 5.90　之前
```
01 |  class FallStrategy {
02 |    // ...
03 |    update(tile: Tile, x: number, y: number) {
04 |      if (map[y + 1][x].isAir()) {
05 |        this.falling = new Falling();
06 |        map[y + 1][x] = tile;
07 |        map[y][x] = new Air();
08 |      } else {
09 |        this.falling = new Resting();
10 |      }
11 |    }
12 |  }
```

▶Listing 5.91　之後
```
01 |  class FallStrategy {
02 |    // ...
03 |    update(tile: Tile, x: number, y: number) {
04 |      this.falling = map[y + 1][x].isAir()
05 |        ? new Falling()
06 |        : new Resting();   ←──────────┤ 將 this.falling 從 if 中抽出來
07 |      if (this.falling.isFalling()) {
08 |        map[y + 1][x] = tile;
09 |        map[y][x] = new Air();
10 |      }
```

```
11 |     }
12 |   }
```

我們要讓程式碼在五行之前，但還沒能完成。還記得之前有一個規則「僅在開頭使用 if（if ONLY AT THE START）」（3.5.1 小節），我們仍然需要遵循這項規則，因此使用簡單的「提取方法（EXTRACT METHOD）」重構模式來進行處理（3.2.1 小節）。

▶Listing 5.92　之前

```
01 |   class FallStrategy {
02 |     // ...
03 |     update(tile: Tile, x: number, y: number) {
04 |       this.falling = map[y + 1][x].isAir()
05 |         ? new Falling()
06 |         : new Resting();
07 |       if (this.falling.isFalling()) {
08 |         map[y + 1][x] = tile;
09 |         map[y][x] = new Air();
10 |       }
11 |     }
12 |   }
```

▶Listing 5.93　之後

```
01 |   class FallStrategy {
02 |     // ...
03 |     update(tile: Tile, x: number, y: number) {
04 |       this.falling = map[y + 1][x].isAir()
05 |         ? new Falling()
06 |         : new Resting();
07 |       this.drop(tile, x, y);                    ←────    │ 提取方法
08 |     }
09 |     private drop(tile: Tile, x: number, y: number)
10 |     {
11 |       if (this.falling.isFalling()) {
12 |         map[y + 1][x] = tile;
13 |         map[y][x] = new Air();
14 |       }
15 |     }
16 |   }
```

內聯 updateTile、編譯、測試、提交，然後休息一下。

我們把「fall 程式碼」統合起來的模式稱為「引入策略模式（INTRODUCE STRATEGY PATTERN）」，這是本書中最複雜的重構模式。此模式也在許多其他地方被參照引用，這些都可以使用圖表來展示其效果。我們不想違反傳統，所以需要暫停一下，先學習 UML 類別圖的基礎知識再繼續重構。

5.4.1　引入 UML 類別圖來描述類別之間的關係

有時候我們需要傳達程式的屬性特質，例如它的架構或事情發生的順序。其中有些屬性使用圖表較容易傳達，因此我們使用統一建模語言（UML, Unified Modeling Language）的框架。

UML 含有很多種標準圖表，用於傳達有關程式碼的特定屬性，例如序列圖、類別圖和活動圖…等等，解說所有圖表已超出了本書的範圍。策略模式（以及其他一些模式）最常使用「**類別圖**」這種特定的 UML 圖表來示範。我的目標是讓您讀完本書之後，可以看懂任何一本關於乾淨程式碼或重構的書籍。因此，這一小節會解釋類別圖的原理。

類別圖很適合呈現介面和類別之間的結構及它們之間的關係。我們用方框來代表類別，標題通常是類別名稱，有時會列出方法，但很少列出欄位。介面跟類別很相似，只是標題上面會標上「interface」字樣。我們也可以用符號「(-)」或「(+)」來標示方法或欄位是 private 或 public 的。下面是一個小型類別的範例類別圖：

▶Listing 5.94　一個完整的類別

```
01   class Cls {
02     private text: string = "Hello";
03     public name: string;
04     private getText() { return this.text; }
05     printText() { console.log(this.getText()); }
06   }
```

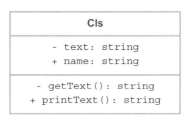

圖 5.4　類別圖

在大多數的情況下，我們只需要討論類別的公開介面，因此私有的部分通常不會顯示在類別圖中。然而大部分欄位都是私有的，這也是我們在下一章節會討論的議題。由於我們通常只會顯示公開方法，所以不需要包含可見度。

類別圖最重要的部分是類別和介面之間的關係。這些關係可分成三種:「X 使用 Y」、「X 是 Y」、「X 擁有 Y」或「X 擁有多個 Y」。在這些類別之中,有兩種特定的箭頭傳達了略有不同的訊息。類別圖中描繪的關係類型如圖 5.5 所示。

圖 5.5　UML 的關係

我們可以稍微簡化一下。遵循「只能從介面來繼承(ONLY INHERIT FROM INTERFACES)」規則(4.3.2 小節),我們不能使用繼承箭頭。「使用(use)」箭頭通常用於當我們不知道或不在乎關係是什麼的時候使用。「組合(composition)」和「聚合(aggregation)」之間只是外觀美學上的差異。因此,在大多數時候,我們是使用「組合與實作」兩種關係類型。以下是兩個簡單的類別和類別圖的範例。

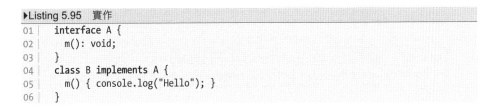

▶Listing 5.95　實作

```
01  interface A {
02    m(): void;
03  }
04  class B implements A {
05    m() { console.log("Hello"); }
06  }
```

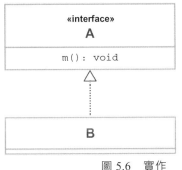

請留意這裡不需要展示 B 也有一個 m 方法,因為介面已經告知。

圖 5.6　實作

▶Listing 5.96　組合

```
01 |    class A {
02 |      private b: B;
03 |    }
04 |    class B {
05 |    }
```

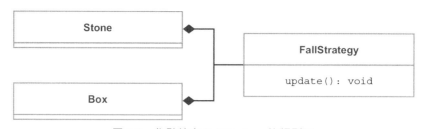

圖 5.7　組合

想要製作一整支程式的類別圖會讓人感到不知所措，也沒什麼幫助。我們通常只用類別來說明設計模式或軟體架構中的某個一小部分，因此只會包含重要的方法。圖 5.8 顯示了一個以 FallStrategy 為重點的類別圖。掌握了如何使用類別圖，就可以開始解說「引入策略模式（INTRODUCE STRATEGY PATTERN）」的效用了。

圖 5.8　焦點放在 FallStrategy 的類別圖

5.4.2　重構模式：引入策略模式 （INTRODUCE STRATEGY PATTERN）

描述

我們已經討論過 if 陳述句是低層級控制流程的運算子。我們也提到過使用物件的優點。透過實例化另一個類別來引入變異性的概念稱為**策略模式**（**strategy pattern**）。可使用類似先前的類別圖來進行示範，請參閱圖 5.9。

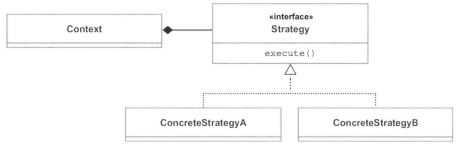

圖 5.9　策略模式（strategy pattern）的類別圖

很多模式都是策略模式的變體；如果策略中有欄位，我們稱其為「**狀態模式（state pattern）**」。其區別大部分都是學術上的說法（聽起來讓我們覺得好像很有智慧），但實際上，知道如何區分正確的名稱對我們的溝通沒有什麼太大的幫助。這裡的基本想法是相同的：透過加入類別（在第 2 章討論了這樣做的優點）來進行變更。因此，我們使用「**策略模式**」這個術語來描述將任何程式碼移入其自己的類別中。就算不使用新的變體選項，我們仍然增加了可能性。

請留意這項做法與將型別碼（type code）轉換為類別是不同的。那些類別代表資料，因此我們往往會將許多方法推入其中。當策略類別完成後是很少向其中加入方法，相反地，如果需要修改功能，我們大都會建立新的類別。

因為變異（variance）是策略模式的目的，所以它總是用「繼承」來表示：通常是從介面，但有時是從抽象類別來繼承，我們已經討論過其缺點，但我們沒有使用繼承。

策略模式的變異是最後綁定的最高形式。在執行時，策略模式允許我們載入完全未知的類別並無縫地將它們整合到我們的控制流程中，甚至無需重新編譯程式碼。本書內容傳達的重點之一，就是策略模式的功能很強大且非常有用。

有兩種情況會引入策略模式。第一種是因為我們想在程式碼中引入變化，在這種情況下，最後應該要有一個介面。然而，為了讓重構過程快速完成，我們建議延遲引入介面。第二種情況是在處理 fall 程式的範例時，我們不指望很快就會加入變化，只是希望在各個類別之間統合行為。我們有一個「不要讓介面只有一個實作（NO INTERFACE WITH ONLY ONE IMPLEMENTATION）」規則（5.4.3 小節）。當我們需要介面時，無論是立即還是稍後，都可以使用「從實作提取介面（EXTRACT INTERFACE FROM IMPLEMENTATION）」重構模式（5.4.4 小節）來處理。這兩項規則和重構模式會在接下來的內容中解釋。

處理步驟

1. 把想要隔離的程式碼進行「提取方法（EXTRACT METHOD）」重構。如果我們想要與其他東西統合，請確保方法是相同一致的。

2. 建立一個新的類別。

3. 在建構函式中實例化新的類別。

4. 把方法移到新的類別中。

5. 如果依賴於任何欄位：

   a. 把相關的欄位移到新的類別中，並為欄位建立存取器。

   b. 透過新的存取器來修正原本類別中的錯誤。

6. 新的類別中，加一個參數來取代原本的「this」，修正其餘的錯誤。

7. 進行「內聯方法（INLINE METHOD）」重構，以反轉第 1 步驟中的提取。

範例

在下面的情境中，假設有兩個可以分批處理陣列的類別，也就是說，我們可以將小陣列傳給這些類別，而這些小陣列是由大陣列的切片或分批處理來的。有一種常見的情況是當處理的資料量大於記憶體能容納，或是正在串流資料時，我們會用找出最小元素的分批處理器和找出總和的分批處理器來進行處置。

▶Listing 5.97　原本的程式

```
01    class ArrayMinimum {
02      constructor(private accumulator: number) {
03      }
04      process(arr: number[]) {
05        for (let i = 0; i < arr.length; i++)
06          if (this.accumulator > arr[i])
07            this.accumulator = arr[i];
08        return this.accumulator;
09      }
10    }
11    class ArraySum {
12      constructor(private accumulator: number) {
13      }
14      process(arr: number[]) {
15        for (let i = 0; i < arr.length; i++)
16          this.accumulator += arr[i];
17        return this.accumulator;
18      }
19    }
```

這兩個分批處理器很相似，但不完全相同。我們會展示如何從兩者中提取策略，讓類別準備好在稍後進行統合：

1. 我們使用「提取方法（EXTRACT METHOD）」重構模式將想要隔離的程式碼提取出來。因為最終想要將這兩個類別統合起來，所以要確保方法是相同一致的。

▶Listing 5.98　之前

```
01 │    class ArrayMinimum {
02 │      constructor(private accumulator: number) {
03 │      }
04 │      process(arr: number[]) {
05 │        for (let i = 0; i < arr.length; i++)
06 │          if (this.accumulator > arr[i])
07 │            this.accumulator = arr[i];
08 │        return this.accumulator;
09 │      }
10 │
11 │
12 │
13 │
14 │    }
15 │    class ArraySum {
16 │      constructor(private accumulator: number) {
17 │      }
18 │      process(arr: number[]) {
19 │        for (let i = 0; i < arr.length; i++)
20 │          this.accumulator += arr[i];
21 │        return this.accumulator;
22 │      }
23 │
24 │
25 │
26 │    }
```

▶Listing 5.99　之後（1/7）

```
01 │    class ArrayMinimum {
02 │      constructor(private accumulator: number) {
03 │      }
04 │      process(arr: number[]) {
05 │        for (let i = 0; i < arr.length; i++)
06 │          this.processElement(arr[i]);        ←        提取方法與呼叫
07 │
08 │        return this.accumulator;
09 │      }
10 │      processElement(e: number) {
11 │        if (this.accumulator > e)
12 │          this.accumulator = e;
13 │      }
14 │    }
15 │    class ArraySum {
16 │      constructor(private accumulator: number) {
```

```
17 |    }
18 |    process(arr: number[]) {
19 |      for (let i = 0; i < arr.length; i++)
20 |        this.processElement(arr[i]);      ←────────┐ 提取方法與呼叫
21 |      return this.accumulator;
22 |    }
23 |    processElement(e: number) {    ←───────────────┘
24 |      this.accumulator += e;
25 |    }
26 |  }
```

2. 建立一個新的類別。

▶Listing 5.100　之後（2/7）
```
01 |    class MinimumProcessor {
02 |    }
03 |    class SumProcessor {
04 |    }
05 |
```

3. 在建構函式中實例化新的類別。

▶Listing 5.101　之前
```
01 |    class ArrayMinimum {
02 |
03 |      constructor(private accumulator: number) {
04 |
05 |      }
06 |      // ...
07 |    }
08 |    class ArraySum {
09 |
10 |      constructor(private accumulator: number) {
11 |
12 |      }
13 |      // ...
14 |    }
```

▶Listing 5.102　之後（3/7）
```
01 |    class ArrayMinimum {
02 |      private processor: MinimumProcessor;      ←────────┐
03 |      constructor(private accumulator: number) {        │
04 |        this.processor = new MinimumProcessor();  ←─────┤
05 |      }                                                 │
06 |      // ...                                            │
07 |    }                                                   │
08 |    class ArraySum {                                    │
09 |      private processor: SumProcessor;          ←───────┤
10 |      constructor(private accumulator: number) {        │ 在建構函式中加入
11 |        this.processor = new SumProcessor();  ←─────────┘ 欄位並初始化
12 |      }
13 |      // ...
14 |    }
```

4.　分別將方法移至 MinimumProcessor 和 SumProcessor 中。

▶Listing 5.103　之前
```
01 │  class ArrayMinimum {
02 │    // ...
03 │    processElement(e: number) {
04 │      if (this.accumulator > e)
05 │        this.accumulator = e;
06 │    }
07 │  }
08 │  class ArraySum {
09 │    // ...
10 │    processElement(e: number) {
11 │      this.accumulator += e;
12 │    }
13 │  }
14 │  class MinimumProcessor {
15 │  }
16 │  class SumProcessor {
17 │  }
```

▶Listing 5.104　之後（4/7）
```
01 │  class ArrayMinimum {
02 │    // ...
03 │    processElement(e: number) {
04 │      this.processor.processElement(e);  ◄───────────────┐
05 │    }                                                    │
06 │  }                                                      │
07 │  class ArraySum {                                       │
08 │    // ...                                               │
09 │    processElement(e: number) {                          │  在類別中呼叫
10 │      this.processor.processElement(e);◄──────┐          │  此方法
11 │    }                                         │          │
12 │  }                                           │          │
13 │  class MinimumProcessor {                    │          │
14 │    processElement(e: number) {  ◄────────────┼──────────┘
15 │      if (this.accumulator > e)               │
16 │        this.accumulator = e;                 │
17 │    }                                         │
18 │  }                                           │
19 │  class SumProcessor {                        │
20 │    processElement(e: number) {  ◄────────────┘  新的方法
21 │      this.accumulator += e;
22 │    }
23 │  }
```

5.　由於兩者都依賴於 accumulator 欄位，所以進行下列步驟：

　　a. 把 accumulator 欄位移到 MinimumProcessor 和 SumProcessor 類別中，並
　　為欄位建立存取器。

▶Listing 5.105　之前

```
01  class ArrayMinimum {
02    private processor: MinimumProcessor;
03    constructor(private accumulator: number) {
04      this.processor = new MinimumProcessor();
05    }
06    // ...
07  }
08  class ArraySum {
09    private processor: SumProcessor;
10    constructor(private accumulator: number) {
11      this.processor = new SumProcessor();
12    }
13    // ...
14  }
15  class MinimumProcessor {
16    // ...
17  }
18  class SumProcessor {
19    // ...
20  }
```

▶Listing 5.106　之後（5/7）

```
21  class ArrayMinimum {
22    private processor: MinimumProcessor;
23    constructor(accumulator: number) {                    ←
24      this.processor = new MinimumProcessor(accumulator);  ←
25    }
26    // ...
27  }
28  class ArraySum {
29    private processor: SumProcessor;
30    constructor(accumulator: number) {                    ←
31      this.processor = new SumProcessor(accumulator);      ←
32    }
33    // ...
34  }
35  class MinimumProcessor {
36    constructor(private accumulator: number) {            ←
37    }
38    getAccumulator() {                    ←
39      return this.accumulator;
40    }
41    // ...
42  }
43  class SumProcessor {
44    constructor(private accumulator: number) {            ←      移動欄位
45    }
46    getAccumulator() {                    ←      以存取器來取得欄位
47      return this.accumulator;
48    }
49    // ...
50  }
```

b. 透過新的存取器來修正原本類別中的錯誤。

▶Listing 5.107　之前
```
01 │  class ArrayMinimum {
02 │    // ...
03 │    process(arr: number[]) {
04 │      for (let i = 0; i < arr.length; i++)
05 │        this.processElement(arr[i]);
06 │      return this.accumulator;
07 │    }
08 │  }
09 │  class ArraySum {
10 │    // ...
11 │    process(arr: number[]) {
12 │      for (let i = 0; i < arr.length; i++)
13 │        this.processElement(arr[i]);
14 │      return this.accumulator;
15 │    }
16 │  }
```

▶Listing 5.108　之後 (6/7)
```
01 │  class ArrayMinimum {
02 │    // ...
03 │    process(arr: number[]) {
04 │      for (let i = 0; i < arr.length; i++)
05 │        this.processElement(arr[i]);
06 │      return this.processor.getAccumulator(); }   ◀──────┐
07 │  }                                                      │  使用存取器來
08 │  class ArraySum {                                       │  取得欄位
09 │    // ...                                               │
10 │    process(arr: number[]) {                             │
11 │      for (let i = 0; i < arr.length; i++)               │
12 │        this.processElement(arr[i]);                     │
13 │      return this.processor.getAccumulator(); }   ◀──────┘
14 │  }
```

6. 在新的類別中加一個參數來取代原本的「this」，修正其餘的錯誤。在這個
範例中因為新類別已沒有錯誤，所以不需進行這項處理。

7. 進行「內聯方法（INLINE METHOD）」重構，以反轉第 1 步驟中的提取。

▶Listing 5.109　之前
```
01 │  class ArrayMinimum {
02 │    // ...
03 │    process(arr: number[]) {
04 │      for (let i = 0; i < arr.length; i++)
05 │        this.processElement(arr[i]);
06 │      return this.processor.getAccumulator();
07 │    }
08 │    processElement(e: number) {
09 │      this.processor.processElement(e);
10 │    }
```

```
11 | }
12 | class ArraySum {
13 |   // ...
14 |   process(arr: number[]) {
15 |     for (let i = 0; i < arr.length; i++)
16 |       this.processElement(arr[i]);
17 |     return this.processor.getAccumulator();
18 |   }
19 |   processElement(e: number) {
20 |     this.processor.processElement(e);
21 |   }
22 | }
```

▶Listing 5.110　之後（7/7）

```
01 | class ArrayMinimum {
02 |   // ...
03 |   process(arr: number[]) {
04 |     for (let i = 0; i < arr.length; i++)
05 |       this.processor.processElement(arr[i]);   ←──────┐
06 |     return this.processor.getAccumulator();
07 |   }
08 |
09 |              ←──────────────────┤  processElement移掉
10 |
11 | }
12 | class ArraySum {
13 |   // ...
14 |   process(arr: number[]) {
15 |     for (let i = 0; i < arr.length; i++)            processElement
16 |       this.processor.processElement(arr[i]);   ←──────┘  方法內聯
17 |     return this.processor.getAccumulator();
18 |   }
19 |
20 |              ←──────────────────┤  processElement移掉
21 |
22 | }
```

此時，兩個原本的類別 ArrayMinimum 和 ArraySum 除了在建構函式中的實例化之外都已相同一致。我們可以透過使用「從實作中提取介面（EXTRACT INTERFACE FROM IMPLEMENTATION）」模式（這樣很快就能學會這個重構模式）來解決，隨後將其作為參數傳遞。

▶Listing 5.111　之前

```
01 | class ArrayMinimum {
02 |
03 |   constructor(private accumulator: number) {
04 |
05 |   }
06 |   process(arr: number[]) {
07 |     for (let i = 0; i < arr.length; i++)
08 |       if (this.accumulator > arr[i])
```

```
09 |         this.accumulator = arr[i];
10 |       return this.accumulator;
11 |     }
12 |   }
13 |   class ArraySum {
14 |
15 |     constructor(private accumulator: number) {
16 |
17 |     }
18 |     process(arr: number[]) {
19 |       for (let i = 0; i < arr.length; i++)
20 |         this.accumulator += arr[i];
21 |       return this.accumulator;
22 |     }
23 |   }
```

▶Listing 5.112　之後

```
01 |   class ArrayMinimum {
02 |     private processor: MinimumProcessor;
03 |     constructor(accumulator: number) {
04 |       processor = new MinimumProcessor(accumulator);
05 |     }
06 |     process(arr: number[]) {
07 |       for (let i = 0; i < arr.length; i++)
08 |
09 |         this.processor.processElement(arr[i]);
10 |       return this.processor.getAccumulator();
11 |     }
12 |   }
13 |   class ArraySum {
14 |     private processor: SumProcessor;
15 |     constructor(accumulator: number) {
16 |       processor = new SumProcessor(accumulator);
17 |     }
18 |     process(arr: number[]) {
19 |       for (let i = 0; i < arr.length; i++)
20 |         this.processor.processElement(arr[i]);
21 |       return this.processor.getAccumulator();
22 |     }
23 |   }
24 |   class MinimumProcessor {
25 |     constructor(private accumulator: number) {
26 |     }
27 |     getAccumulator() {
28 |       return this.accumulator;
29 |     }
30 |     processElement(e: number) {
31 |       if (this.accumulator > e)
32 |         this.accumulator = e;
33 |     }
34 |   }
35 |   class SumProcessor {
36 |     constructor(private accumulator: number) {
37 |     }
38 |     getAccumulator() {
```

```
39 |     return this.accumulator;
40 |   }
41 |   processElement(e: number) {
42 |     this.accumulator += e;
43 |   }
44 | }
```

進一步閱讀

策略模式最初由 Erich Gamma、Richard Helm、Ralph Johnson 和 John Vlissides 四人在《Design Patterns》（Addison-Wesley，1994）一書中首次介紹。由於它非常強大，因此在許多地方都能找到其身影。然而，把策略模式後置套用到程式碼的想法則是來自於 Martin Fowler 所著的《Refactoring》（Addison-Wesley Professional，1999）一書。

5.4.3　規則：不要讓介面只有一個實作（NO INTERFACE WITH ONLY ONE IMPLEMENTATION）

描述

千萬不要讓介面只有一個實作。

說明

這條規則規定我們的介面不應該只有單一個實作。這種孤獨的介面通常來自學習上的建議，例如「始終針對介面來寫程式碼（Always code up against an interface）」。然而，這種做法並不一定都是好的。

有個簡單的論點是只有一個實作的介面並不會增加可讀性。更糟的是，介面表示有變化，如果沒有，會給我們的心智模型增加負擔。如果我們想修改實作類別，它也可能會拖慢速度，因為我們還需要更新介面，必須更加小心。這個論點很像「特定化方法（SPECIALIZE METHOD）」（4.2.2 小節）。只有一個實作類別的介面是一種不太有用的泛化形式。

在很多程式語言中，我們會把介面放在自己的檔案中。在這類語言內，若一個介面只有一個實作類別，就會用到兩個檔案，而只有實作類別時只需要使用一

個檔案。差一個檔案並不是什麼很嚴重的問題，但如果程式碼庫有很多只有一個實作類別的介面，那麼我們可能會有兩倍的檔案數量，這會造成很大的心理負擔。

有時候我們會需要沒有實作的介面，尤其是當我們想建立匿名類別時，例如比較器（comparator）或是透過匿名內部類別來實作更嚴格的封裝。在下一章內容會討論封裝的議題。由於匿名內部類別在實務上很少用到，所以這本書不會深入探討它。

異味

有句名言是這麼說的：「電腦科學中的每個問題都可以透過引入另一個間接層來解決」。這正是介面的作用，我們把細節隱藏在抽象層下面。John Carmack 是 Doom、Quake 和其他幾款遊戲的一流程式設計師，這項規則來自於他在推特上提到的一種異味：「抽象化增加了真正的複雜性，但減少了感知的複雜性（Abstraction trades an increase in real complexity for a decrease in perceived complexity）」——這暗示我們應該謹慎使用抽象化。

意圖

這句話的意思是要限制不必要的樣板程式碼，而介面常是樣板程式碼的來源之一。由於很多人在學習時都被灌輸「介面永遠比較好」的觀念，因此就會把介面寫得很冗長，所以這樣就變得很危險了。

參考

Fred George 在 2015 年的 GOTO 演講「The Secret Assumption of Agile.（敏捷的秘密假設）」中提出了一條類似的規則。

5.4.4 重構模式：從實作提取介面 （EXTRACT INTERFACE FROM IMPLEMENTATION）

描述

這是另一個相當簡單的重構處理。它很有用，因為能讓我們推遲到真正需要介面時才去建立（例如，當我們想引入變化差異時）。

處理步驟

1. 建立一個與我們要提取的類別同名的新介面。

2. 重新命名我們要從中提取介面的類別，並讓它實作新介面。

3. 編譯，並檢查錯誤：

   a. 如果錯誤是由 new 引起的，則將實例化更改為新的類別名稱。

   b. 否則，將導致錯誤的方法加到介面內。

範例

繼續延用前面的範例來說明，焦點放在 SumProcessor。

▶Listing 5.113　原本的程式

```
01    class ArraySum {
02      private processor: SumProcessor;
03      constructor(accumulator: number) {
04        processor = new SumProcessor(accumulator);
05      }
06      process(arr: number[]) {
07        for (let i = 0; i < arr.length; i++)
08          this.processor.processElement(arr[i]);
09        return this.processor.getAccumulator();
10      }
11    }
12    class SumProcessor {
13      constructor(private accumulator: number) { }
14      getAccumulator() { return this.accumulator; }
15      processElement(e: number) {
16        this.accumulator += e;
17      }
18    }
```

我們進行下列的處理：

1. 建立一個與我們提取的類別同名的新介面。

▶Listing 5.114　加入新介面

```
01    interface SumProcessor {
02    }
```

2. 重新命名我們要從中提取介面的類別，並讓它實作新介面。

▶Listing 5.115　之前

```
01 | class SumProcessor {
02 |   // ...
03 | }
```

▶Listing 5.116　之後（1/3）

```
01 | class TmpName implements SumProcessor {
02 |   // ...
03 | }
```

3.　編譯，並檢查錯誤：

　　a. 如果錯誤是由 new 引起的，則將實例化更改為新的類別名稱。

▶Listing 5.117　之前

```
01 | class ArraySum {
02 |   private processor: SumProcessor;
03 |   constructor(accumulator: number) {
04 |     processor = new SumProcessor(accumulator);
05 |   }
06 |   // ...
07 | }
```

▶Listing 5.118　之後（2/3）

```
01 | class ArraySum {
02 |   private processor: SumProcessor;
03 |   constructor(accumulator: number) {
04 |     processor = new TmpName(accumulator);    ← 實例化類別而
05 |   }                                            不是介面
06 |   // ...
07 | }
```

　　b. 否則，將導致錯誤的方法加到介面內。

▶Listing 5.119　之前

```
01 | class ArraySum {
02 |   // ...
03 |   process(arr: number[]) {
04 |     for (let i = 0; i < arr.length; i++)
05 |       this.processor.processElement(arr[i]);
06 |     return this.processor.getAccumulator();
07 |   }
08 | }
09 | interface SumProcessor {
10 | }
```

▶Listing 5.120　之後（3/3）

```
01 | class ArraySum {
02 |   // ...
03 |   process(arr: number[]) {
04 |     for (let i = 0; i < arr.length; i++)
```

```
05 |          this.processor.processElement(arr[i]);
06 |        return this.processor.getAccumulator();
07 |      }
08 |    }
09 |  interface SumProcessor {
10 |    processElement(e: number): void;
11 |    getAccumulator(): number;
12 |  }
```

把方法加入到
介面中

現在程式一切正常，我們應該把介面重新命名為更合適的名稱，例如 Element
Processor，並將類別重新命名回 SumProcessor。我們也可以讓之前的 Minimum
Processor 實作介面，然後把 ArraySum 中的 accumulator 參數替換為處理器，並
將其重新命名為 BatchProcessor。因此這兩個分批處理器是相同的，我們可以
刪除其中一個。執行所有這些操作後會產生如下的程式碼。

▶Listing 5.121　之後

```
01 |  class BatchProcessor {
02 |    constructor(private processor: ElementProcessor) { }
03 |    process(arr: number[]) {
04 |      for (let i = 0; i < arr.length; i++)
05 |        this.processor.processElement(arr[i]);
06 |      return this.processor.getAccumulator();
07 |    }
08 |  }
09 |  interface ElementProcessor {
10 |    processElement(e: number): void;
11 |    getAccumulator(): number;
12 |  }
13 |  class MinimumProcessor implements ElementProcessor {
14 |    constructor(private accumulator: number) { }
15 |    getAccumulator() { return this.accumulator; }
16 |    processElement(e: number) {
17 |      if (this.accumulator > e)
18 |        this.accumulator = e;
19 |    }
20 |  }
21 |  class SumProcessor implements ElementProcessor {
22 |    constructor(private accumulator: number) { }
23 |    getAccumulator() { return this.accumulator; }
24 |    processElement(e: number) {
25 |      this.accumulator += e;
26 |    }
27 |  }
```

進一步閱讀

據我所知，這裡是第一次把此種技術描述為一種「重構模式」。

5.5　統合相同的函式

範例程式中另外有類似程式碼的是 removeLock1 和 removeLock2 這兩個函式。

▶Listing 5.122　removeLock1
```
01 | function removeLock1() {
02 |   for (let y = 0; y < map.length; y++) {
03 |     for (let x = 0; x < map[y].length; x++){
04 |       if (map[y][x].isLock1()) {
05 |         map[y][x] = new Air();
06 |       }
07 |     }
08 |   }
09 | }
```

▶Listing 5.123　removeLock2
```
01 | function removeLock2() {
02 |   for (let y = 0; y < map.length; y++) {
03 |     for (let x = 0; x < map[y].length; x++){
04 |       if (map[y][x].isLock2()) {
05 |         map[y][x] = new Air();
06 |       }
07 |     }
08 |   }
09 | }
```

唯一的差異之處

事實上，我們可以用「引入策略模式（INTRODUCE STRATEGY PATTERN）」來統合。這些程式碼不完全相同，所以我們可以假裝已經有了第一個函式，現在要引入第二個函式，也就是說，我們想要增加變異性。

1.　把想要隔離的程式碼進行「提取方法（EXTRACT METHOD）」重構。

▶Listing 5.124　之前
```
01 | function removeLock1() {
02 |   for (let y = 0; y < map.length; y++)
03 |     for (let x = 0; x < map[y].length; x++)
04 |       if (map[y][x].isLock1())
05 |         map[y][x] = new Air();
06 | }
```

▶Listing 5.125　之後（1/3）
```
07 | function removeLock1() {
08 |   for (let y = 0; y < map.length; y++)
09 |     for (let x = 0; x < map[y].length; x++)
10 |       if (check(map[y][x]))
11 |         map[y][x] = new Air();
12 | }
13 | function check(tile: Tile) {
```

新的方法和呼叫

```
14      return tile.isLock1();
15  }
```

2. 建立一個新的類別。

▶Listing 5.126　新的類別
```
01  class RemoveStrategy {
02  }
```

3. 在這個範例中，我們沒有可以實例化這個新類別的建構函式。相反地，我
    們直接在函式中實例化它。

▶Listing 5.127　之前
```
01  function removeLock1() {
02
03    for (let y = 0; y < map.length; y++)
04      for (let x = 0; x < map[y].length; x++)
05        if (check(map[y][x]))
06          map[y][x] = new Air();
07  }
```

▶Listing 5.128　之後（2/3）
```
01  function removeLock1() {
02    let shouldRemove = new RemoveStrategy();    ←――――    初始化新的類別
03    for (let y = 0; y < map.length; y++)
04      for (let x = 0; x < map[y].length; x++)
05        if (check(map[y][x]))
06          map[y][x] = new Air();
07  }
```

4. 把方法移到新的類別中。

▶Listing 5.129　之前
```
01  function removeLock1() {
02    let shouldRemove = new RemoveStrategy();
03    for (let y = 0; y < map.length; y++)
04      for (let x = 0; x < map[y].length; x++)
05        if (check(map[y][x]))
06          map[y][x] = new Air();
07  }
08
09  function check(tile: Tile) {
10    return tile.isLock1();
11  }
```

▶Listing 5.130　之後（3/3）
```
01  function removeLock1() {
02    let shouldRemove = new RemoveStrategy();
03    for (let y = 0; y < map.length; y++)
04      for (let x = 0; x < map[y].length; x++)
```

```
05 |         if (shouldRemove.check(map[y][x]))  ◄──────┐
06 |             map[y][x] = new Air();                  │
07 |     }                                               │
08 |     class RemoveStrategy {                          │
09 |         check(tile: Tile) {         ◄───────────────┤    移動方法
10 |             return tile.isLock1();                  │
11 |         }                                           │
12 |     }                                               │
```

5. 沒有依賴於任何欄位，在新類別中也沒有錯誤。

引入策略後，我們可以使用「從實作提取介面（EXTRACT INTERFACE FROM IMPLEMENTATION）」模式準備引入變化差異：

1.　建立一個與我們提取的類別同名的新介面。

▶Listing 5.131　之前
```
01 |     interface RemoveStrategy {
02 |     }
```

2.　重新命名我們要從中提取介面的類別，並讓它實作新介面。

▶Listing 5.132　之前
```
01 |     class RemoveStrategy {
02 |         // ...
03 |     }
```

▶Listing 5.133　之後（1/3）
```
01 |     class RemoveLock1 implements RemoveStrategy
02 |     {
03 |         // ...
04 |     }
```

3.　編譯，並檢查錯誤：

　　a. 如果錯誤是由 new 引起的，則將實例化更改為新的類別名稱。

▶Listing 5.134　之前
```
01 |     function removeLock1() {
02 |         let shouldRemove = new RemoveStrategy();
03 |         for (let y = 0; y < map.length; y++)
04 |             for (let x = 0; x < map[y].length; x++)
05 |                 if (shouldRemove.check(map[y][x]))
06 |                     map[y][x] = new Air();
07 |     }
```

▶Listing 5.135　之後（2/3）
```
01 |     function removeLock1() {
```

```
02 |     let shouldRemove = new RemoveLock1(); ◄──
03 |     for (let y = 0; y < map.length; y++)              實例化類別而不是介面
04 |       for (let x = 0; x < map[y].length; x++)
05 |         if (shouldRemove.check(map[y][x]))
06 |           map[y][x] = new Air();
07 |   }
```

b. 否則，將導致錯誤的方法加到介面內。

▶Listing 5.136　之前
```
01 |   interface RemoveStrategy {
02 |   }
```

▶Listing 5.137　之後（3/3）
```
01 |   interface RemoveStrategy {
02 |     check(tile: Tile): boolean;
03 |   }
```

此時，從 RemoveLock1 的副本製作 RemoveLock2 是很簡單的，隨後我們只需要把 shouldRemove 當作參數移出即可。這裡不會列出細節，但重點是進行以下處理：

1. 從 removeLock1 提取除了第一行以外的所有內容，得到 remove 方法。

2. 區域變數 shouldRemove 只用一次，所以決定以內聯方式處理。

3. 以「內聯方法（INLINE METHOD）」模式處理 removeLock1。

這些重構處理最後讓我們得到唯一的 remove 方法。

▶Listing 5.138　之前
```
01 |   function removeLock1() {
02 |     for (let y = 0; y < map.length; y++)
03 |       for (let x = 0; x < map[y].length; x++)
04 |         if (map[y][x].isLock1())
05 |           map[y][x] = new Air();
06 |   }
07 |   class Key1 implements Tile {
08 |     // ...
09 |     moveHorizontal(dx: number) {
10 |       removeLock1();
11 |       moveToTile(playerx + dx, playery);
12 |     }
13 |   }
```

▶Listing 5.139　之後
```
01 |   function remove(shouldRemove: RemoveStrategy) {
02 |     for (let y = 0; y < map.length; y++)
```

```
03 |      for (let x = 0; x < map[y].length; x++)
04 |        if (shouldRemove.check(map[y][x]))
05 |          map[y][x] = new Air();
06 |    }
07 |    class Key1 implements Tile {
08 |      // ...
09 |      moveHorizontal(dx: number) {
10 |        remove(new RemoveLock1());
11 |        moveToTile(playerx + dx, playery);
12 |      }
13 |    }
14 |    interface RemoveStrategy {
15 |      check(tile: Tile): boolean;
16 |    }
17 |    class RemoveLock1 implements RemoveStrategy
18 |    {
19 |      check(tile: Tile) {
20 |        return tile.isLock1();
21 |      }
22 |    }
```

就像之前一樣，這樣能讓 remove 更泛化通用，但這次並沒有限制我們，它還允許以新增方式進行更改：如果我們想要刪除另一種 tile 方塊，可以直接建立另一個實作 RemoveStrategy 的類別，而且無需修改任何內容。

在某些應用程式中，我們會避免在迴圈內呼叫 new，因為這麼做會降低應用程式的速度。如果以這裡的範例來看，那我們可以輕鬆地把 RemoveLock 策略儲存在實例變數中，並在建構函式內對其進行初始化。但我們還沒有完成 Key1 類別。

5.6　統合相似的程式碼

我們在 Key1 和 Key2 以及 Lock1 和 Lock2 中也有一些重複的程式碼。在這裡的孿生類別幾乎相同。

▶Listing 5.140　Key1 和 Lock1

```
01 |    class Key1 implements Tile {
02 |      // ...
03 |      draw(g: CanvasRenderingContext2D, x: number, y: number)
04 |      {
05 |        g.fillStyle = "#ffcc00";
06 |        g.fillRect(x * TILE_SIZE, y * TILE_SIZE, TILE_SIZE, TILE_SIZE);
07 |      }
08 |      moveHorizontal(dx: number) {
09 |        remove(new RemoveLock1());
```

```
10 |        moveToTile(playerx + dx, playery);
11 |      }
12 |    }
13 |    class Lock1 implements Tile {
14 |      // ...
15 |      isLock1() { return true; }
16 |      isLock2() { return false; }
17 |      draw(g: CanvasRenderingContext2D, x: number, y: number)
18 |      {
19 |        g.fillStyle = "#ffcc00";
20 |        g.fillRect(x * TILE_SIZE, y * TILE_SIZE, TILE_SIZE, TILE_SIZE);
21 |      }
22 |    }
```

▶Listing 5.141　Key2 和 Lock2

```
01 |    class Key2 implements Tile {
02 |      // ...
03 |      draw(g: CanvasRenderingContext2D, x: number, y: number)
04 |      {
05 |        g.fillStyle = "#00ccff";
06 |        g.fillRect(x * TILE_SIZE, y * TILE_SIZE, TILE_SIZE, TILE_SIZE);
07 |      }
08 |      moveHorizontal(dx: number) {
09 |        remove(new RemoveLock2());
10 |        moveToTile(playerx + dx, playery);
11 |      }
12 |    }
13 |    class Lock2 implements Tile {
14 |      // ...
15 |      isLock1() { return false; }
16 |      isLock2() { return true; }
17 |      draw(g: CanvasRenderingContext2D, x: number, y: number)
18 |      {
19 |        g.fillStyle = "#00ccff";
20 |        g.fillRect(x * TILE_SIZE, y * TILE_SIZE, TILE_SIZE, TILE_SIZE);
21 |      }
22 |    }
```

首先我們使用「統合相似的類別（UNIFY SIMILAR CLASSES）」模式把相似
的 lock 和 key 統合起來

▶Listing 5.142　之前

```
01 |    class Key1 implements Tile {
02 |
03 |
04 |
05 |
06 |      // ...
07 |      draw(g: CanvasRenderingContext2D, x: number, y: number)
08 |      {
09 |        g.fillStyle = "#ffcc00";
10 |        g.fillRect(x * TILE_SIZE, y * TILE_SIZE, TILE_SIZE, TILE_SIZE);
```

```
11 │    }
12 │    moveHorizontal(dx: number) {
13 │      remove(new RemoveLock1());
14 │      moveToTile(playerx + dx, playery);
15 │    }
16 │  }
17 │  class Lock1 implements Tile {
18 │
19 │
20 │
21 │
22 │    // ...
23 │
24 │
25 │  class Key1 implements Tile {
26 │
27 │
28 │
29 │
30 │    // ...
31 │    draw(g: CanvasRenderingContext2D, x: number, y: number)
32 │    {
33 │      g.fillStyle = "#ffcc00";
34 │      g.fillRect(x * TILE_SIZE, y * TILE_SIZE, TILE_SIZE, TILE_SIZE);
35 │    }
36 │    moveHorizontal(dx: number) {
37 │      remove(new RemoveLock1());
38 │      moveToTile(playerx + dx, playery);
39 │    }
40 │  }
41 │  class Lock1 implements Tile {
42 │
43 │
44 │
45 │
46 │    // ...
47 │
48 │
49 │    draw(g: CanvasRenderingContext2D, x: number, y: number)
50 │    {
51 │      g.fillStyle = "#ffcc00";
52 │      g.fillRect(x * TILE_SIZE, y * TILE_SIZE, TILE_SIZE, TILE_SIZE);
53 │    }
54 │  }
55 │  function transformTile(tile: RawTile) {
56 │    switch (tile) {
57 │      // ...
58 │      case RawTile.KEY1:
59 │        return new Key1();
60 │      case RawTile.LOCK1:
61 │        return new Lock1();
62 │    }
63 │  }
```

▶Listing 5.143　之後

```
01    class Key implements Tile {
02      constructor(
03        private color: string,
04        private removeStrategy: RemoveStrategy)
05      { }
06      // ...
07      draw(g: CanvasRenderingContext2D, x: number, y: number)
08      {
09        g.fillStyle = this.color;
10        g.fillRect(x * TILE_SIZE, y * TILE_SIZE, TILE_SIZE, TILE_SIZE);
11      }
12      moveHorizontal(dx: number) {
13        remove(this.removeStrategy);
14        moveToTile(playerx + dx, playery);
15      }
16    }
17    class Lock implements Tile {
18      constructor(
19        private color: string,
20        private lock1: boolean,
21        private lock2: boolean) { }
22      // ...
23      isLock1() { return this.lock1; }
24      isLock2() { return this.lock2; } }
25    class Key implements Tile {
26      constructor(
27        private color: string,
28        private removeStrategy: RemoveStrategy)
29      { }
30      // ...
31      draw(g: CanvasRenderingContext2D, x: number, y: number)
32      {
33        g.fillStyle = this.color;
34        g.fillRect(x * TILE_SIZE, y * TILE_SIZE, TILE_SIZE, TILE_SIZE);
35      }
36      moveHorizontal(dx: number) {
37        remove(this.removeStrategy);
38        moveToTile(playerx + dx, playery);
39      }
40    }
41    class Lock implements Tile {
42      constructor(
43        private color: string,
44        private lock1: boolean,
45        private lock2: boolean) { }
46      // ...
47      isLock1() { return this.lock1; }
48      isLock2() { return this.lock2; }
49      draw(g: CanvasRenderingContext2D, x: number, y: number)
50      {
51        g.fillStyle = this.color;
52        g.fillRect(x * TILE_SIZE, y * TILE_SIZE, TILE_SIZE, TILE_SIZE);
53      }
54    }
```

```
55 |   function transformTile(tile: RawTile) {
56 |     switch (tile) {
57 |     // ...
58 |     case RawTile.KEY1:
59 |       return new Key("#ffcc00", new RemoveLock1());
60 |     case RawTile.LOCK1:
61 |       return new Lock("#ffcc00", true, false);
62 |     }
63 |   }
```

這段程式碼是能正常運作的，但我們可以利用一些已知的結構來簡化它。我們引入了 isLock1 和 isLock2 兩個方法，它們來自於一個 enum 的兩個值，因此我們知道任何一個類別只有其中一個方法會回傳 true。所以只需要一個參數來代表這兩個方法，對於 Lock 方法也是同樣的情況。

▶Listing 5.144　之前
```
01 |   class Lock implements Tile {
02 |     constructor(
03 |       private color: string,
04 |       private lock1: boolean,
05 |       private lock2: boolean) { }
06 |     // ...
07 |     isLock1() { return this.lock1; }
08 |     isLock2() { return this.lock2; }
09 |   }
```

▶Listing 5.145　之後
```
01 |   class Lock implements Tile {
02 |     constructor(
03 |       private color: string,
04 |       private lock1: boolean
05 |     ) { }
06 |     // ...
07 |     isLock1() { return this.lock1; }
08 |     isLock2() { return !this.lock1; }
09 |   }
```

我們發現在 Key 和 Lock 的建構函式中，color、lock1 和 removeStrategy 這些參數之間是有關聯的。當我們想要把兩個類別中的東西統合起來時，可以使用新的技巧：引入策略模式（INTRODUCE STRATEGY PATTERN）。

▶Listing 5.146　之前
```
01 |   class Key implements Tile {
02 |     constructor(
03 |       private color: string,
04 |       private removeStrategy: RemoveStrategy)
05 |     { }
06 |     // ...
```

```
07 |    draw(g: CanvasRenderingContext2D, x: number, y: number)
08 |    {
09 |      g.fillStyle = this.color;
10 |      g.fillRect(x * TILE_SIZE, y * TILE_SIZE, TILE_SIZE, TILE_SIZE);
11 |    }
12 |    moveHorizontal(dx: number) {
13 |      remove(this.removeStrategy);
14 |      moveToTile(playerx + dx, playery);
15 |    }
16 |    moveVertical(dy: number) {
17 |      remove(this.removeStrategy);
18 |      moveToTile(playerx, playery + dy);
19 |    }
20 |  }
21 |  class Lock implements Tile {
22 |    constructor(
23 |      private color: string,
24 |      private lock1: boolean) { }
25 |    // ...
26 |    isLock1() { return this.lock1; }
27 |    isLock2() { return !this.lock1; }
28 |    draw(g: CanvasRenderingContext2D, x: number, y: number)
29 |    {
30 |      g.fillStyle = this.color;
31 |      g.fillRect(x * TILE_SIZE, y * TILE_SIZE, TILE_SIZE, TILE_SIZE);
32 |    }
33 |  }
34 |  function transformTile(tile: RawTile) {
35 |    switch (tile) {
36 |      // ...
37 |      case RawTile.KEY1:
38 |        return new Key("#ffcc00", new RemoveLock1());
39 |      case RawTile.LOCK1:
40 |        return new Lock("#ffcc00", true);
41 |    }
42 |  }
```

▶Listing 5.147　之後

```
01 |    class Key implements Tile {
02 |      constructor(
03 |
04 |        private keyConf: KeyConfiguration)
05 |      { }
06 |      // ...
07 |      draw(g: CanvasRenderingContext2D, x: number, y: number)
08 |      {
09 |        g.fillStyle = this.keyConf.getColor();
10 |        g.fillRect(x * TILE_SIZE, y * TILE_SIZE, TILE_SIZE, TILE_SIZE);
11 |      }
12 |      moveHorizontal(dx: number) {
13 |        remove(this.keyConf.getRemoveStrategy());
14 |        moveToTile(playerx + dx, playery);
15 |      }
16 |      moveVertical(dy: number) {
17 |        remove(this.keyConf.getRemoveStrategy());
```

```
18 │        moveToTile(playerx, playery + dy);
19 │      }
20 │    }
21 │    class Lock implements Tile {
22 │      constructor(
23 │
24 │      private keyConf: KeyConfiguration) { }
25 │      // ...
26 │      isLock1() { return this.keyConf.is1(); }
27 │      isLock2() { return !this.keyConf.is1(); }
28 │      draw(g: CanvasRenderingContext2D, x: number, y: number)
29 │      {
30 │        g.fillStyle = this.keyConf.getColor();
31 │        g.fillRect(x * TILE_SIZE, y * TILE_SIZE, TILE_SIZE, TILE_SIZE);
32 │      }
33 │    }
34 │    class KeyConfiguration {
35 │      constructor(
36 │        private color: string,
37 │        private _1: boolean,
38 │        private removeStrategy: RemoveStrategy)
39 │      { }
40 │      getColor() { return this.color; }
41 │      is1() { return this._1; }
42 │      getRemoveStrategy() {
43 │        return this.removeStrategy;
44 │      }
45 │    }
46 │    const YELLOW_KEY = new KeyConfiguration("#ffcc00", true, new RemoveLock1());
47 │    function transformTile(tile: RawTile) {
48 │      switch (tile) {
49 │        // ...
50 │        case RawTile.KEY1:
51 │          return new Key(YELLOW_KEY);
52 │        case RawTile.LOCK1:
53 │          return new Lock(YELLOW_KEY);
54 │      }
55 │    }
```

想像一下，若此時想要引入第三和第四個 key 和 lock 組合，我們可以透過把
keyConfiguration 中的 boolean 改為 number，並將 isLock 方法更改為單個
「fits(id: number)」來達到目的。現在我們可以引入任意個 key 和 lock 組合
了。當然，在這之後，我們把 number 重寫為一個 enum，然後使用「用類別替
代型別碼（REPLACE TYPE CODE WITH CLASSES）」模式來處置，接下來的
操作就與之前一樣了。

這次的重構讓我們注意到了一些之前沒有花時間探討的東西：color 和 lock 的
ID 是相關的。這或許是因為範例的本質比較直觀簡單，所以我們本來就預期它

們之間會有關聯。然而，即使是在處理一個複雜的金融系統，也會慢慢發現這種連結有嵌入到程式碼的結構之中。以這種方式發掘出來的一些連結可能是巧合的，因此我們必須小心地問自己這樣的分組是否有意義。這種分組也可能會顯露一些出乎意料的 bug，因為某些不應該相關聯的事物被連結在一起了。

我們所引入的 KeyConfiguration 類別目前還很基本而乏味。到下一章內容時，我們會處理這個問題，並進一步透過封裝資料來暴露和運用連結。

總結

- 當我們有相類似的程式碼需要合併時，我們可以使用幾個方法來進行統合。可以使用「統合相似的類別（UNIFY SIMILAR CLASSES）」重構模式（5.1.1 小節）來統合類別、以「合併 ifs（COMBINE IFS）」重構模式（5.2.1 小節）來合併 if 陳述句，以及可以運用「引入策略模式（INTRODUCE STRATEGY PATTERN）」重構模式（5.4.2 小節）來進行相關的處理。

- 「使用純條件式（USE PURE CONDITIONS）」規則（5.3.2 小節）來指出條件不應有副作用，因為如果沒有副作用，就可以使用條件算術來處理。在這裡我們學到如何使用 Cache 把副作用與條件分開。

- UML 類別圖通常用來說明程式碼庫的特定架構變化。

- 介面中只有一個實作是屬於一種不必要的泛化通用形式。「不要讓介面只有一個實作（NO INTERFACE WITH ONLY ONE IMPLEMENTATION）」規則（5.4.3 小節）指出，我們不應該有這些。相反地，我們應該使用「從實作提取介面（EXTRACT INTERFACE FROM IMPLEMENTATION）」重構模式（5.4.4 小節）在稍後引入介面。

保護資料

6

本章內容

- 以「不要用 getters 和 setters（DO NOT USE GETTERS OR SETTERS）」規則來強制封裝（6.1.1 小節）

- 以「消除 getter 或 setter（ELIMINATE GETTER OR SETTER）」重構模式來消除 getter（6.1.3 小節）

- 以「封裝資料（ENCAPSULATE DATA）」重構模式（6.2.3 小節）來遵循「永遠不要有共同的字尾或字首（NEVER HAVE COMMON AFFIXES）」規則（6.2.1 小節）

- 以「強制循序（ENFORCE SEQUENCE）」重構模式來消除「不變條件（invariant）」（6.4.1 小節）

在第 2 章中，我們談到局部化不變條件的優勢。當引入類別時就已經這麼做了，因為這樣會把相同資料相關的功能集中在一起，因此也把不變條件拉近並局部化。在本章則把焦點放在「封裝（encapsulation）」，這會限制對資料和功能的存取，如此一來不變條件的破壞只會限制在局部區域，因此更容易預防。

6.1　封裝時沒有用 getters

在現階段的程式碼已遵循了我們的規則，變得更易讀和好擴充。但我們還可以更進一步，引入另一條規則「不要用 GETTERS 和 SETTERS（DO NOT USE GETTERS AND SETTERS）」來進行處理。

6.1.1　規則：不要用 getters 或 setters （DO NOT USE GETTERS OR SETTERS）

陳述

非布林值的欄位不要使用 setters 或 getters。

說明

當我們說 **setter** 或 **getter** 時，指的是直接分別指定或返回非布林值欄位的方法。對於 C# 程式設計師，我們也在此定義中包括屬性。請留意，這與方法名稱無關，它可能被稱為 getX 或其他名字。

Getter 和 Setter 常常與「封裝（Encapsulation）」一起教學，它們被當作一種用來繞過私有欄位限制的標準方法。然而，如果對於物件欄位提供了 getter，就等於馬上破壞了封裝，並且把不變條件變成全域的了。當我們回傳一個物件之後，接收端可以進一步分派它，而我們對此無法控制。任何取得該物件的人都可以呼叫它的公開方法，可能以我們沒有預料到的方式進行修改。

Setter 方法也有類似的問題。理論上，setter 方法引入了另一層間接性，讓我們可以更改內部資料結構，並修改 setter 方法使其仍具有相同的簽章。根據我們的定義，這樣的方法就已不再是 setter 了，因此也不是問題。然而，在實務中，我們會修改 getter 以返回新的資料結構，隨後接收方必須修改以適應這個新的資料結構。這正是我們想要避免的緊密耦合的形式。

這個問題只存在於可變物件中，然而此規則之所以只針對布林值為例外，是因為私有欄位還有另一個影響也適用於不可變欄位：它們建議的架構。把欄位設為私有的最大優點之一是，這樣做會鼓勵推式架構（push-based architecture）。在推式架構中，我們讓運算盡可能靠近資料，而在拉式架構（pull-based architecture）中，我們會先提取資料，然後在中心點進行運算。

拉式架構會造成許多沒有相關方法的「愚笨」資料類別和一些大型的「管理員」類別，它們會從多個地方混合資料並處理所有工作。這種做法會在資料和管理員之間建立緊密耦合，並隱含著資料類別之間的緊密耦合。

在推式架構中，我們不是「取得」資料，而是把資料當作參數來傳遞。因此，我們的所有類別都有功能，而程式碼是根據其功用性來分配。

在這個例子中，我們想要生成到部落格文章的連結。兩邊做的事情都一樣，但一個是使用拉式架構寫的，另一個是使用推式架構寫的。拉式程式碼的呼叫結構在 Listing 6.1 中示範，推式程式碼的呼叫結構在 Listing 6.2 中示範。

▶Listing 6.1　拉式架構

```
01   class Website {
02     constructor (private url: string) { }
03     getUrl() { return this.url; }
04   }
05   class User {
06     constructor (private username: string) { }
07     getUsername() { return this.username; }
08   }
09   class BlogPost {
10     constructor (private author: User,
11     private id: string) { }
12     getId() { return this.id; }
13     getAuthor() { return this.author; }
14   }
15   function generatePostLink(website: Website, post: BlogPost)
16   {
17     let url = website.getUrl();
18     let user = post.getAuthor();
19     let name = user.getUsername();
20     let postId = post.getId();
21     return url + name + postId;
22   }
```

▶Listing 6.2　推式架構

```
01   class Website {
02     constructor (private url: string) { }
03     generateLink(name: string, id: string) {
04       return this.url + name + id;
```

```
05 |     }
06 |   }
07 |   class User {
08 |     constructor (private username: string) { }
09 |     generateLink(website: Website, id: string)
10 |     {
11 |       return website.generateLink(this.username, id);
12 |     }
13 |   }
14 |   class BlogPost {
15 |     constructor (private author: User,
16 |       private id: string) { }
17 |     generateLink(website: Website) {
18 |       return this.author.generateLink(website, this.id);
19 |     }
20 |   }
21 |   function generatePostLink(website: Website, post: BlogPost)
22 |   {
23 |     return post.generateLink(website);
24 |   }
```

在推式架構的範例中，我們很可能會把 generatePostLink 直接內聯，因為它只是一行簡單的程式碼，沒有額外的訊息。

異味

這項規則是從 **Demeter** 法則來的，經常被歸納為「不要跟陌生人說話（Don't talk to strangers.）」。在這裡的「**陌生人**」指的是我們沒有直接存取權限但可以透過參照引用所取得的物件。在物件導向的語言中，最常利用 getter 來做這件事，因此我們就列出這項規則。

意圖

當我們與能夠取得參照的物件互動時，會有一個問題，那就是我們與取得物件的方式緊密相關。我們對物件之擁有者的內部結構有些了解，如果欄位的擁有者更改資料結構，卻不繼續支援取得舊資料結構的做法，那就會破壞我們的程式碼。

在推式架構中，我們揭露的方法像提供服務一樣，這些方法的使用者不需要關心其內部結構的原理。

參考

Demeter 法則在網路上有很廣泛的描述。若是對於運用這套法則的徹底練習，我推薦 Samuel Ytterbrink 的 Fantasy Battle 重構套路，讀者可從 https://github.com/Neppord/FantasyBattle-Refactoring-Kata 取得。

6.1.2　套用規則

在我們的程式碼中只有三個 getter，其中兩個在 KeyConfiguration 中：getColor 和 getRemoveStrategy。幸運的是，它們並不難應付。我們從 getRemoveStrategy 開始套用上述規則：

1. 把 getRemoveStrategy 設為私有，讓程式中使用它的所有地方都出錯。

▶Listing 6.3　之前

```
01 | class KeyConfiguration {
02 |   // ...
03 |   getRemoveStrategy() {
04 |     return this.removeStrategy;
05 |   }
06 | }
```

▶Listing 6.4　之後（1/3）

```
01 | class KeyConfiguration {
02 |   // ...
03 |   private getRemoveStrategy() {      ←——————|  方法設成私有
04 |     return this.removeStrategy;
05 |   }
06 | }
```

2. 若想要修復錯誤，請在失效的程式碼行上使用「把程式碼移到類別中（PUSH CODE INTO CLASSES）」重構模式（4.1.5 小節）。

▶Listing 6.5　之前

```
01 | class Key implements Tile {
02 |   // ...
03 |   moveHorizontal(dx: number) {
04 |     remove(this.keyConf.getRemoveStrategy());
05 |     moveToTile(playerx + dx, playery);
06 |   }
07 |   moveVertical(dy: number) {
08 |     remove(this.keyConf.getRemoveStrategy());
09 |     moveToTile(playerx, playery + dy);
10 |   }
11 | }
12 | class KeyConfiguration {
```

```
13 |    // ...
14 |  }
```

▶Listing 6.6　之後 (2/3)

```
01 |    class Key implements Tile {
02 |      // ...
03 |      moveHorizontal(dx: number) {
04 |        this.keyConf.removeLock();          ←──┐     之前失效的程式行
05 |        moveToTile(playerx + dx, playery);
06 |      }
07 |      moveVertical(dy: number) {
08 |        this.keyConf.removeLock();          ←──┘
09 |        moveToTile(playerx, playery + dy);
10 |      }
11 |    }
12 |    class KeyConfiguration {
13 |      // ...
14 |      removeLock() {                        ←─────     新的方法
15 |        remove(this.removeStrategy);
16 |      }
17 |    }
```

3. getRemoveStrategy 作為重構模式「把程式碼移到類別中（PUSH CODE INTO CLASSES）」的一部分而被內聯。因此它沒有被使用，我們可以刪除掉來避免其他人試圖使用。

▶Listing 6.7　之前

```
01 |    class KeyConfiguration {
02 |      // ...
03 |      private getRemoveStrategy() {
04 |        return this.removeStrategy;
05 |      }
06 |    }
```

▶Listing 6.8　之後 (3/3)

```
01 |    class KeyConfiguration {
02 |      // ...
03 |                                            ←─────     getRemoveStrategy 被刪掉了
04 |    }
```

在對 getColorAfter 重複上述的處理步驟後，我們得到如下的程式碼。

▶Listing 6.9　之前

```
01 |    class KeyConfiguration {
02 |      // ...
03 |      getColor() {
04 |        return this.color;
05 |      }
06 |      getRemoveStrategy() {
07 |        return this.removeStrategy;
```

```
08 |     }
09 |   }
10 |   class Key implements Tile {
11 |     // ...
12 |     draw(g: CanvasRenderingContext2D, x: number, y: number)
13 |     {
14 |       g.fillStyle = this.keyConf.getColor();
15 |       g.fillRect(x * TILE_SIZE, y * TILE_SIZE, TILE_SIZE, TILE_SIZE);
16 |     }
17 |     moveHorizontal(dx: number) {
18 |       remove(this.keyConf.getRemoveStrategy());
19 |       moveToTile(playerx + dx, playery);
20 |     }
21 |     moveVertical(dy: number) {
22 |       remove(this.keyConf.getRemoveStrategy());
23 |       moveToTile(playerx, playery + dy);
24 |     }
25 |   }
26 |   class Lock implements Tile {
27 |     // ...
28 |     draw(g: CanvasRenderingContext2D, x: number, y: number)
29 |     {
30 |       g.fillStyle = this.keyConf.getColor();
31 |       g.fillRect(x * TILE_SIZE, y * TILE_SIZE, TILE_SIZE, TILE_SIZE);
32 |     }
33 |   }
```

▶Listing 6.10　之後

```
01 |   class KeyConfiguration {
02 |     // ...
03 |     setColor(g: CanvasRenderingContext2D) {      取代 getColor 的方法
04 |       g.fillStyle = this.color;
05 |     }
06 |     removeLock() {                               取代 getRemoveStrategy
07 |       remove(this.removeStrategy);               的方法
08 |     }
09 |   }
10 |   class Key implements Tile {
11 |     // ...
12 |     draw(g: CanvasRenderingContext2D, x: number, y: number)
13 |     {
14 |       this.keyConf.setColor(g);                  取代 getColor 的方法
15 |       g.fillRect(x * TILE_SIZE, y * TILE_SIZE, TILE_SIZE, TILE_SIZE);
16 |     }
17 |     moveHorizontal(dx: number) {
18 |       this.keyConf.removeLock();                 取代 getRemoveStrategy
19 |       moveToTile(playerx + dx, playery);         的方法
20 |     }
21 |     moveVertical(dy: number) {
22 |       this.keyConf.removeLock();
23 |       moveToTile(playerx, playery + dy);
24 |     }
25 |   }
26 |   class Lock implements Tile {
27 |     // ...
```

```
28 |     draw(g: CanvasRenderingContext2D, x: number, y: number)
29 |     {
30 |       this.keyConf.setColor(g);  ←──────────|  取代 getColor 的方法
31 |       g.fillRect(x * TILE_SIZE, y * TILE_SIZE, TILE_SIZE, TILE_SIZE);
32 |     }
33 |   }
```

請留意，setColor 不是先前所述的 setter。此外也請留意我們違反了「呼叫或傳遞（EITHER CALL OR PASS）」規則（3.1.1 小節），因為這裡既傳遞 g 又呼叫 g.fillRect。我們可以透過把 fillRect 與 color 一起推入 KeyConfiguration 類別，或是將 fillRect 提取為一個方法來解決這個問題。如果我們這麼做，可能會在稍後的某個時刻封裝 g，並將該方法推入自訂的圖形物件而不是 CanvasRenderingContext2D 中。我會把這個留給讀者當作練習。

就算消除 getter 是另一個簡單的處理，但兩個名稱都建議我們應該擺脫 getter，這有助於強調其重要性。我們稱這種模式為「消除 getter 或 setter（ELIMINATE GETTER OR SETTER）」重構模式。

6.1.3　重構模式：消除 getter 或 setter （ELIMINATE GETTER OR SETTER）

描述

這個重構的做法是透過把功能移近資料來消除 getter 和 setter。還好 getter 和 setter 非常相似，兩者都能以相同的處理過程來消除。但是為了便於閱讀，我們假設其餘的描述都是 getter。

我們曾經多次透過把程式碼推近資料來讓不變條件局部化，這也是這裡的解決方案。一般來說，當我們這麼做時會引入許多與 getter 類似的函式，這些函式是根據有多少 getter 在程式上下脈絡中被使用而引入的。有這麼多的方法意味著我們可以根據程式中特定呼叫的脈絡而不是資料的脈絡來命名。

在第 4 章中有一個屬於這個問題的範例。在 TrafficLight 的例子中，汽車有一個公用方法 drive，TrafficLight 會在最後呼叫這個方法。drive 方法是基於它對汽車的影響而命名的，但是我們也可以它被呼叫的脈絡來命名，例如 notifyGreenLight，這對汽車的影響是一樣的。

▶Listing 6.11　之前

```
01 | class Green implements TrafficLight {
02 |   // ...
03 |   updateCar() { car.drive(); }
04 | }
```

▶Listing 6.12　之後

```
01 | class Green implements TrafficLight {
02 |   // ...
03 |   updateCar() { car.notifyGreenLight(); } ←——————  以被呼叫的脈絡來命名
04 | }
```

處理步驟

1. 把 getter 或 setter 設為私有，讓程式中使用它的所有地方都出錯失效。

2. 使用「把程式碼移到類別中（PUSH CODE INTO CLASSES）」模式來修復錯誤。

3. 把 getter 或 setter 當作「把程式碼移到類別中（PUSH CODE INTO CLASSES）」的一部分而內聯。由於它沒有被使用，所以可以刪除掉來避免其他人試圖使用。

範例

繼續以前面的範例來說明，把程式中的 getter 消除掉。

▶Listing 6.13　原本的程式

```
01 | class Website {
02 |   constructor (private url: string) { }
03 |   getUrl() { return this.url; }
04 | }
05 | class User {
06 |   constructor (private username: string) { }
07 |   getUsername() { return this.username; }
08 | }
09 | class BlogPost {
10 |   constructor (private author: User, private id: string) { }
11 |   getId() { return this.id; }
12 |   getAuthor() { return this.author; }
13 | }
14 | function generatePostLink(website: Website, post: BlogPost) {
15 |   let url = website.getUrl();
16 |   let user = post.getAuthor();
17 |   let name = user.getUsername();
18 |   let postId = post.getId();
19 |   return url + name + postId;
20 | }
```

這裡我們示範消除 getAuthor，按照下列處理步驟操作：

1.　把 getter 設為私有，讓程式中使用它的所有地方都出錯失效。

▶Listing 6.14　之前

```
01 | class BlogPost {
02 |   // ...
03 |   getAuthor() {
04 |     return this.author;
05 |   }
06 | }
```

▶Listing 6.15　之後（1/3）

```
01 | class BlogPost {
02 |   // ...
03 |   private getAuthor() {        ←————| 設定為私有
04 |     return this.author;
05 |   }
06 | }
```

2.　使用「把程式碼移到類別中（PUSH CODE INTO CLASSES）」模式來修復錯誤。

▶Listing 6.16　之前

```
07 | function generatePostLink(website: Website, post: BlogPost) {
08 |   let url = website.getUrl();
09 |   let user = post.getAuthor();
10 |   let name = user.getUsername();
11 |   let postId = post.getId();
12 |   return url + name + postId;
13 | }
14 | class BlogPost {
15 |   // ...
16 | }
```

▶Listing 6.17　之後（2/3）

```
01 | function generatePostLink(website: Website, post: BlogPost) {
02 |   let url = website.getUrl();
03 |
04 |   let name = post.getAuthorName();
05 |   let postId = post.getId();
06 |   return url + name + postId;
07 | }
08 | class BlogPost {
09 |   // ...
10 |   getAuthorName() {             ←————| 新的方法
11 |     return this.author.getUsername();
12 |   }
13 | }
```

3. 把 getter 當作「把程式碼移到類別中（PUSH CODE INTO CLASSES）」的一部分而內聯。由於它沒有被使用，可以刪除掉來避免其他人試圖使用。

▶Listing 6.18　之前
```
01 │  class BlogPost {
02 │    // ...
03 │    private getAuthor() {
04 │      return this.author;
05 │    }
06 │  }
```

▶Listing 6.19　之後（3/3）
```
01 │  class BlogPost {
02 │    // ...
03 │                              ◀──────┤  getAuthor 被消除掉了
04 │  }
```

對其他的 getter 執行相同的處理步驟就會產生如 6.1 小節中所描述的推式架構的版本。

6.1.4　消除最後的 getter

最後一個 getter 是 FallStrategy.getFalling。我們遵循相同的處理過程來消除它：

1. 把 getter 設為私有，讓程式中使用它的所有地方都出錯失效。

▶Listing 6.20　之前
```
01 │  class FallStrategy {
02 │    // ...
03 │    getFalling() {
04 │      return this.falling;
05 │    }
06 │  }
```

▶Listing 6.21　之後（1/3）
```
01 │  class FallStrategy {
02 │    // ...
03 │    private getFalling() {    ◀──────┤  設定為私有
04 │      return this.falling;
05 │    }
06 │  }
```

2. 使用「把程式碼移到類別中（PUSH CODE INTO CLASSES）」模式來修復錯誤。

▶Listing 6.22　之前

```
01    class Stone implements Tile {
02      // ...
03      moveHorizontal(dx: number) {
04        this.fallStrategy.getFalling().moveHorizontal(this, dx);
05      }
06    }
07    class Box implements Tile {
08      // ...
09      moveHorizontal(dx: number) {
10        this.fallStrategy.getFalling().moveHorizontal(this, dx);
11      }
12    }
13    class FallStrategy {
14      // ...
15    }
```

▶Listing 6.23　之後 (2/3)

```
01    class Stone implements Tile {
02      // ...
03      moveHorizontal(dx: number) {
04        this.fallStrategy.moveHorizontal(this, dx);
05      }
06    }
07    class Box implements Tile {
08      // ...
09      moveHorizontal(dx: number) {
10        this.fallStrategy.moveHorizontal(this, dx);
11      }
12    }
13    class FallStrategy {
14      // ...
15      moveHorizontal(tile: Tile, dx: number) {
16        this.falling.moveHorizontal(tile, dx);
17      }
18    }
```

新的方法

3. 把 getter 當作「把程式碼移到類別中（PUSH CODE INTO CLASSES）」的一部分而內聯。由於它沒有被使用，可以刪除掉來避免其他人試圖使用。

▶Listing 6.24　之前

```
01    class FallStrategy {
02      // ...
03      private getFalling() {
04        return this.falling;
05      }
06    }
```

▶Listing 6.25　之後 (3/3)

```
01    class FallStrategy {
02      // ...
03
04    }
```

getFalling 被刪除掉了

FallStrategy 處理完之後的樣貌如下所示。

▶Listing 6.26　之前

```
01   class Stone implements Tile {
02     // ...
03     moveHorizontal(dx: number) {
04       this.fallStrategy.getFalling().moveHorizontal(this, dx);
05     }
06   }
07   class Box implements Tile {
08     // ...
09     moveHorizontal(dx: number) {
10       this.fallStrategy.getFalling().moveHorizontal(this, dx);
11     }
12   }
13   class FallStrategy {
14     constructor(private falling: FallingState)
15     { }
16     getFalling() { return this.falling; }
17     update(tile: Tile, x: number, y: number) {
18       this.falling = map[y + 1][x].isAir()
19         ? new Falling()
20         : new Resting();
21       this.drop(tile, x, y);
22     }
23     private drop(tile: Tile, x: number, y: number)
24     {
25       if (this.falling.isFalling()) {
26         map[y + 1][x] = tile;
27         map[y][x] = new Air();
28       }
29     }
30   }
```

▶Listing 6.27　之後

```
01   class Stone implements Tile {
02     // ...
03     moveHorizontal(dx: number) {
04       this.fallStrategy.moveHorizontal(this, dx);    ←——| 新推入的程式碼
05     }
06   }
07   class Box implements Tile {
08     // ...
09     moveHorizontal(dx: number) {
10       this.fallStrategy.moveHorizontal(this, dx);    ←——| 新推入的程式碼
11     }
12   }
13   class FallStrategy {
14     constructor(private falling: FallingState)
15     { }                                              ←——| getFalling 被刪除掉了
16
17     update(tile: Tile, x: number, y: number) {
18       this.falling = map[y + 1][x].isAir()
19         ? new Falling()
```

```
20 │        : new Resting();
21 │      this.drop(tile, x, y);
22 │    }
23 │    private drop(tile: Tile, x: number, y: number)
24 │    {
25 │      if (this.falling.isFalling()) {
26 │        map[y + 1][x] = tile;
27 │        map[y][x] = new Air();
28 │      }
29 │    }
30 │    moveHorizontal(tile: Tile, dx: number) {        ←────    新推入的程式碼
31 │      this.falling.moveHorizontal(tile, dx);
32 │    }
33 │  }
```

看一下 FallStrategy 的程式碼，就會意識到我們可以做一些其他的改進。首先，
三元運算子「?:」違反了「不要使用 if 搭配 else（NEVER USE if WITH else）」
規則（4.1.1 小節）。其次，if 在 drop 方法中似乎更關注 falling 的條件。如果從
三元運算子開始處理，我們可以透過把行的處理推入 Tile 來擺脫它。

▶Listing 6.28　之前

```
01 │  interface Tile {
02 │    // ...
03 │
04 │  }
05 │  class Air implements Tile {
06 │    // ...
07 │
08 │
09 │
10 │  }
11 │  class Stone implements Tile {
12 │    // ...
13 │
14 │
15 │
16 │  }
17 │  class FallStrategy {
18 │    // ...
19 │    update(tile: Tile, x: number, y: number) {
20 │      this.falling = map[y + 1][x].isAir()
21 │        ? new Falling()
22 │        : new Resting();
23 │      this.drop(tile, x, y);
24 │    }
25 │  }
```

▶Listing 6.29　之後

```
01 │  interface Tile {
02 │    // ...
03 │    getBlockOnTopState(): FallingState;        ←────    把程式碼推入
```

```
04 │   }
05 │   class Air implements Tile {
06 │     // ...
07 │     getBlockOnTopState() {
08 │       return new Falling();          ←──┐   把程式碼推入
09 │     }                                    │
10 │   }                                      │
11 │   class Stone implements Tile {          │
12 │     // ...                               │
13 │     getBlockOnTopState() {               │
14 │       return new Resting();          ←──┘
15 │     }
16 │   }
17 │   class FallStrategy {
18 │     // ...
19 │     update(tile: Tile, x: number, y: number) {
20 │       this.falling =
21 │         map[y + 1][x].getBlockOnTopState();   ←──┐   把程式碼推入
22 │
23 │       this.drop(tile, x, y);
24 │     }
25 │   }
```

在 FallStrategy.drop 程式中，我們可以透過把方法推入 FallingState 並內聯
FallStrategy.drop 來完全擺脫 if 陳述句。

▶Listing 6.30　之前

```
01 │   interface FallingState {
02 │     // ...
03 │
04 │   }
05 │   class Falling {
06 │     // ...
07 │
08 │
09 │
10 │
11 │   }
12 │   class Resting {
13 │     // ...
14 │
15 │   }
16 │   class FallStrategy {
17 │     // ...
18 │     update(tile: Tile, x: number, y: number) {
19 │       this.falling = map[y + 1][x].getBlockOnTopState();
20 │       this.drop(tile, x, y);
21 │     }
22 │     private drop(tile: Tile, x: number, y: number)
23 │     {
24 │       if (this.falling.isFalling()) {
25 │         map[y + 1][x] = tile;
26 │         map[y][x] = new Air();
```

```
27 |       }
28 |     }
29 |   }
```

▶Listing 6.31　之後

```
01 |   interface FallingState {
02 |     // ...
03 |     drop(tile: Tile, x: number, y: number): void;      ←──────────┐  把程式碼推入
04 |   }
05 |   class Falling {
06 |     // ...
07 |     drop(tile: Tile, x: number, y: number) {           ←──────────┤
08 |       map[y + 1][x] = tile;
09 |       map[y][x] = new Air();
10 |     }
11 |   }
12 |   class Resting {
13 |     // ...
14 |     drop(tile: Tile, x: number, y: number) { }         ←──────────┤
15 |   }
16 |   class FallStrategy {
17 |     // ...
18 |     update(tile: Tile, x: number, y: number) {
19 |       this.falling = map[y + 1][x].getBlockOnTopState();
20 |       this.falling.drop(tile, x, y);                   ──────────────┘
21 |     }
22 |                    ←──────────┤  drop 被刪掉了
23 |   }
```

6.2　封裝簡單的資料

再提醒一次，我們的程式碼目前已遵循所有之前介紹過的規則了。現在再次引入新規則來提升我們的程式碼。

6.2.1　規則：永遠不要有共同的字尾或字首（NEVER HAVE COMMON AFFIXES）

陳述

我們的程式碼中不應該讓方法或變數是有共同的字尾或字首。

說明

我們經常在方法和變數的字尾或字首中加入一些暗示其上下脈絡的內容，例如
使用者名稱的 username 或計時器啟動操作的 startTimer。我們這樣做是為了傳
達上下脈絡。雖然這樣做讓程式碼更具可讀性，但當多個元素具有相同的詞綴
時，就表明這些元素是有連貫相干的。我們可以用更好的方式來傳達這種結
構：類別。

使用類別來對這些方法和變數進行分組的好處是可以完全控制外部介面。我們
可以隱藏輔助方法，這樣它們就不會污染我們的全域範圍。我們的五行程式碼
規則介紹了很多做法，而這種做法是很有價值的。

也有可能不是每個方法都能從任何地方安全地呼叫取用。如果我們想要提取某
個複雜運算的中間部分，它可能需要一些設定才能運作。在我們的遊戲程式之
中，updateMap 和 drawMap 就是這種情況，都需要呼叫 transformMap 配合。

最重要的是，透過隱藏資料，我們確保其不變條件在類別中得到維護。這樣的
做法使它們成為區域局部的不變條件，更易於維護。

以第 4 章的銀行範例來看，如果我們直接呼叫 deposit，我們可以存錢而不取
款。由於我們不會想要直接呼叫 deposit，因此實作此功能的更好做法是把這兩
個方法放在一個類別中並將 deposit 設為私有。

▶Listing 6.32　不好的做法
```
01    function accountDeposit(to: string, amount: number)
02    {
03      let accountId = database.find(to);
04      database.updateOne(accountId, { $inc: { balance: amount } });
05    }
06    function accountTransfer(amount: number, from: string, to: string)
07    {
08      accountDeposit(from, -amount);
09      accountDeposit(to, amount);
10    }
```

▶Listing 6.33　好的做法
```
01    class Account {
02      private deposit(to: string, amount: number)
03      {
04        let accountId = database.find(to);
05        database.updateOne(accountId, { $inc: { balance: amount } });
06      }
07      transfer(amount: number, from: string, to: string)
08      {
```

```
09 |        this.deposit(from, -amount);
10 |        this.deposit(to, amount);
11 |    }
12 | }
```

異味

這條規則的來源被稱為「**單一責任原則**（**single responsibility principle**）」。它與我們之前討論的「方法應該只做一件事（Methods should do one thing）」的特徵相同，但針對的是類別。類別應該只有單一的職責。

意圖

設計具有單一職責的類別需要紀律和綜觀，此規則有助於識別出子責任。共同的詞綴所暗示的結構表示出那些方法和變數會分擔共同詞綴的責任；因此，這些方法應該放在一個單獨的類別中，專門負責這個共同的職責。

程式中的責任會隨著應用程式的發展而逐漸呈現出來，而這條規則還能協助我們識別出責任。類別通常會隨著時間的推移而增長。

參考

單一責任原則在網路上有廣泛的介紹，是類別的標準設計原則。不幸的是，這也意味著它通常呈現為預先設計的東西。但在這裡我們採用不同的做法，並把焦點放在程式碼中看到的徵狀。

6.2.2　套用規則

這裡有一個明確的分組，方法和變數具有相同的詞綴：

■ playerx

■ playery

■ drawPlayer

這表示我們應該把它們放在一個名為 Player 的類別中。我們已經有了一個 Player 類別了，但它的功用是完全不同的。這裡有兩個簡單的解決方案，第一

種是把所有 tile 方塊類型包含在命名空間中,並讓它們變成公用的。雖然這是
首選的解決方案,但這樣會導致大量針對 TypeScript 的修補。由於本書不是關
於 TypeScript 的專書,我們還是選擇第二種簡單的解決方案,並簡單地對現有
的 Player 重新命名。

▶Listing 6.34　之前
```
01 |   class Player implements Tile { ... }
```

▶Listing 6.35　之後
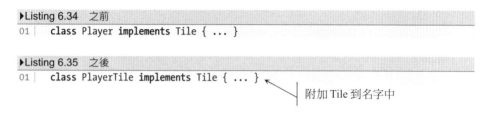
```
01 |   class PlayerTile implements Tile { ... }
```
附加 Tile 到名字中

我們現在可以為前面提到的分組建立一個新的 Player 類別:

1.　建立 Player 類別。

▶Listing 6.36　新的類別
```
01 |   class Player { }
```

2.　把 playerx 和 playery 變數移動到 Player 中,把 let 替換為 private。把他們
　　原本名字中的 player 刪除掉。還要為變數製作 getter 和 setter,這會在後面
　　處理。

▶Listing 6.37　之前
```
01 |   let playerx = 1;
02 |   let playery = 1;
```

▶Listing 6.38　之後 (1/4)
```
01 |   class Player {                              新的類別
02 |     private x = 1;
03 |     private y = 1;                            去掉原本名字中的 player
04 |     getX() { return this.x; }
05 |     getY() { return this.y; }
06 |     setX(x: number) { this.x = x; }          新的 getter 和 setter
07 |     setY(y: number) { this.y = y; }
08 |   }
```

3.　因為 playerx 和 playery 已經不在全域範圍內了,編譯器會利用回報錯誤的
　　方式幫我們找到所有的參照引用。我們透過以下 5 個步驟修復這些錯誤:

　　a. 為 Player 類別的實例選擇一個好的變數名稱:player。

　　b. 假設我們有一個 player 變數,使用它的 getter 或 setter。

▶Listing 6.39　之前

```
01 | function moveToTile(newx: number, newy: number)
02 | {
03 |   map[playery][playerx] = new Air();
04 |   map[newy][newx] = new PlayerTile();
05 |   playerx = newx;
06 |   playery = newy;
07 | }
08 | /// ...
```

▶Listing 6.40　之後（2/4）

```
01 | function moveToTile(newx: number, newy: number)
02 | {
03 |   map[player.getY()][player.getX()] = new Air();←──── 存取方式更改為 getter
04 |   map[newy][newx] = new PlayerTile();
05 |   player.setX(newx); ┐
06 |   player.setY(newy); ┘ ←────── 指定值的方式更改為 setter
07 | }
08 | /// ... ←──────── 其他處的存取和指定值方式也都要更改
```

c. 如果我們在兩個或多個不同的方法中出現錯誤，則要新增「player: Player」當作第一個參數，並加上 player 當作為引數，這樣會導致新的錯誤回報。

▶Listing 6.41　之前

```
01 | interface Tile {
02 |   // ...
03 |   moveHorizontal(dx: number): void;
04 |   moveVertical(dy: number): void;
05 | }
```

▶Listing 6.42　之後（3/4）

```
01 | interface Tile {
02 |   // ...
03 |   moveHorizontal(player: Player, dx: number): void; ┐
04 |   moveVertical(player: Player, dy: number): void;   ┘
05 | }
```
←─ player 也被新增到許多方法（包括介面中方法）中當作為參數

d. 重複這樣的處置直到只有一個方法回報錯誤。

e. 因為我們封裝了變數，所以把「let player = new Player();」放在變數曾經放置的位置。

▶Listing 6.43　之後（4/4）

```
01 | let player = new Player();
```

這個轉換對整個程式碼庫進行了修改，以下是一些重要的影響。

▶Listing 6.44　之前

```
01 | interface Tile {
02 |   // ...
03 |   moveHorizontal(dx: number): void;
04 |   moveVertical(dy: number): void;
05 | }
06 | /// ...
07 | function moveToTile(newx: number, newy: number)
08 | {
09 |   map[playery][playerx] = new Air();
10 |   map[newy][newx] = new PlayerTile();
11 |   playerx = newx;
12 |   playery = newy;
13 | }
14 | /// ...
15 |
16 | let playerx = 1;
17 | let playery = 1;
```

▶Listing 6.45　之後

```
01 | interface Tile {
02 |   // ...
03 |   moveHorizontal(player: Player, dx: number): void;  ┐   在多個方法中加入
04 |   moveVertical(player: Player, dy: number): void;    ┘←  player 當作參數
05 | }
06 | /// ...
07 | function moveToTile(newx: number, newy: number)
08 | {
09 |   map[player.getY()][player.getX()] = new Air();  ←  存取方式更改為 getter
10 |   map[newy][newx] = new PlayerTile();
11 |   player.setX(newx);  ┐
12 |   player.setY(newy);  ┘←  指定值的方式改為 setter
13 | }
14 | /// ...
15 | class Player {
16 |   private x = 1;
17 |   private y = 1;
18 |   getX() { return this.x; }   ←  帶有 getter 和 setter 的新類別
19 |   getY() { return this.y; }
20 |   setX(x: number) { this.x = x; }
21 |   setY(y: number) { this.y = y; }
22 | }
23 | let player = new Player();  ←  新的宣告代替封裝變數
```

引入一個類別後，現在毫無問題可以把任何帶有 Player 詞綴的方法推送到這個類別內。在這個範例中，我們只需要把 drawPlayer 推入類別中即可。

▶Listing 6.46　之前

```
01 | function drawPlayer(player: Player, g: CanvasRenderingContext2D)
02 | {
03 |   g.fillStyle = "#ff0000";
04 |   g.fillRect(player.getX() * TILE_SIZE, player.getY() * TILE_SIZE, TILE_SIZE,
```

```
05 |     TILE_SIZE);
06 |   }
07 | class Player {
08 |   // ...
09 | }
```

▶Listing 6.47　之後

```
01 | function drawPlayer(player: Player, g: CanvasRenderingContext2D)
02 | {
03 |   player.draw(g);
04 | }
05 | class Player {
06 |   // ...
07 |   draw(g: CanvasRenderingContext2D) {
08 |     g.fillStyle = "#ff0000";
09 |     g.fillRect(this.x * TILE_SIZE, this.y * TILE_SIZE, TILE_SIZE, TILE_SIZE);
10 |   }
11 | }
```

請留意這裡我們把 getter
內聯了

像往常一樣，我們在 drawPlayer 上執行「內聯方法（INLINE METHOD）」重構模式（4.1.7）。新類別違反了我們的新規則「不要用 getters 和 setters（DO NOT USE GETTERS OR SETTERS）」。所以我們使用它的相關重構模式「消除 getter 或 setter（ELIMINATE GETTER OR SETTER）」來進行處理。我們從 getX 開始。

1.　把 getter 設為私有，讓程式中使用它的所有地方都出錯失效。

▶Listing 6.48　之前

```
01 | class Player {
02 |   // ...
03 |   getX() { return this.x; }
04 | }
```

▶Listing 6.49　之後（1/3）

```
01 | class Player {
02 |   // ...
03 |   private getX() { return this.x; }
04 | }
```

把 getter 設為私有

2.　使用「把程式碼移到類別中（PUSH CODE INTO CLASSES）」模式來修復錯誤。

▶Listing 6.50　之前

```
01 | class Right implements Input {
02 |   handle(player: Player) {
03 |     map[player.getY()][player.getX() + 1].moveHorizontal(player, 1);
04 |   }
```

```
05 |   }
06 |   class Resting {
07 |     // ...
08 |     moveHorizontal(player: Player, tile: Tile, dx: number)
09 |     {
10 |       if (map[player.getY()][player.getX()+dx + dx].isAir()
11 |         && !map[player.getY() + 1][player.getX()+dx].isAir())
12 |       {
13 |         map[player.getY()][player.getX()+dx + dx] = tile;
14 |         moveToTile(player, player.getX()+dx, player.getY());
15 |       }
16 |     }
17 |   }
18 |   /// ...
19 |       moveToTile(player, player.getX(), player.getY() + dy);
20 |   /// ...
21 |   function moveToTile(player: Player, newx: number, newy: number)
22 |   {
23 |     map[player.getY()][player.getX()] = new Air();
24 |     map[newy][newx] = new PlayerTile();
25 |     player.setX(newx);
26 |     player.setY(newy);
27 |   }
28 |   /// ...
29 |   class Player {
30 |     // ...
31 |   }
```

▶Listing 6.51　之後 (2/3)

```
01 |   class Right implements Input {
02 |     handle(player: Player) {
03 |       player.moveHorizontal(1);        ←——| 方法都推入 Player 類別
04 |     }
05 |   }
06 |   class Resting {
07 |     // ...
08 |     moveHorizontal(player: Player, tile: Tile, dx: number)
09 |     {
10 |       player.pushHorizontal(tile, dx);  ←——| 方法都推入 Player 類別
11 |     }
12 |   }
13 |   /// ...
14 |       player.move(0, dy);  ←——————————
15 |   /// ...
16 |   function moveToTile(player: Player, newx: number, newy: number)
17 |   {
18 |     player.moveToTile(newx, newy);
19 |   }
20 |   /// ...
21 |   class Player {
22 |     // ...
23 |     moveHorizontal(dx: number) {
24 |       map[this.y][this.x + dx].moveHorizontal(this, dx);
25 |     }
26 |     move(dx: number, dy: number) {
```

```
27 |        this.moveToTile(this.x+dx, this.y+dy);
28 |      }
29 |      pushHorizontal(tile: Tile, dx: number) {
30 |        if (map[this.y][this.x+dx + dx].isAir()
31 |            && !map[this.y + 1][this.x+dx].isAir())
32 |        {
33 |          map[this.y][this.x+dx + dx] = tile;
34 |          this.moveToTile(this.x+dx, this.y);
35 |        }
36 |      }
37 |      moveToTile(newx: number, newy: number) {
38 |        map[this.y][this.x] = new Air();
39 |        map[newy][newx] = new PlayerTile();
40 |        this.x = newx;
41 |        this.y = newy;
42 |      }
43 |    }
```

3. 把 getter 當作「把程式碼移到類別中（PUSH CODE INTO CLASSES）」的
   一部分而內聯。由於它沒有被使用，可以刪除掉來避免其他人試圖使用。

▶Listing 6.52　之前
```
01 |    class Player {
02 |      // ...
03 |      getX() { return this.x; }
04 |    }
```

▶Listing 6.53　之後（3/3）
```
01 |    class Player {
02 |      // ...
03 |                    ←——┤  刪掉 getX
04 |    }
```

幸運的是，getX 和 getY 的聯繫很緊密，以至於 getY 與 getX 以及兩個 setter
（令人驚訝的）一起消失了。我們現在得到如下的內容。

▶Listing 6.54　之前
```
01 |    class Player {
02 |      // ...
03 |      getX() { return this.x; }
04 |      getY() { return this.y; }
05 |      setX(x: number) { this.x = x; }
06 |      setY(y: number) { this.y = y; }
07 |    }
```

▶Listing 6.55　之後
```
01 |    class Player {
02 |      // ...     ←——┤  刪掉 getter 和 setter
03 |
04 |      moveHorizontal(dx: number) {        ←——┤  新的方法推入 Player
```

204

```
05 |        map[this.y][this.x + dx].moveHorizontal(this, dx);
06 |      }
07 |      move(dx: number, dy: number) {              ← 新的方法推入 Player
08 |        moveToTile(this.x + dx, this.y + dy);
09 |      }
10 |      pushHorizontal(tile: Tile, dx: number) {    ←
11 |        if (map[this.y][this.x + dx + dx].isAir()
12 |          && !map[this.y + 1][this.x + dx].isAir())
13 |        {
14 |          map[this.y][this.x + dx + dx] = tile;
15 |          moveToTile(this.x + dx, this.y);
16 |        }
17 |      }
18 |      moveToTile(newx: number, newy: number) {    ←
19 |        map[this.y][this.x] = new Air();
20 |        map[newy][newx] = new PlayerTile();
21 |        this.x = newx;
22 |        this.y = newy;
23 |      }
24 |    }
```

由於 moveToTile 被完全推入 Player 類別中，我們在原本的 moveToTile 上使用
「內聯方法（INLINE METHOD）」重構模式，讓它從全域範圍中移除。新方
法 Player.moveToTile 現在只能從 Player 類別內部呼叫，因此我們可以將其設為
私有。這樣的做法可以讓 Player 不斷增長的介面變得較為簡潔。

把變數和方法移動到類別中的處理過程就稱為「封裝資料（ENCAPSULATE
DATA）」。

6.2.3 重構模式：封裝資料（ENCAPSULATE DATA）

描述

如前所述，我們封裝了變數和方法以限制它們可以存取的位置並讓結構顯式
化。封裝方法有助於簡化它們的名稱並使內聚更清晰。這樣會產生更好的類
別，而且通常還會產生更多和更小的類別，這樣的結果也是有益的。根據我的
經驗，大家對建立類別的處理過於保守。

然而，最大的好處來自於封裝變數。如第 2 章所討論的，我們常常對資料做出
某些假設。如果資料可以從更多地方存取，這些屬性就變得更難維護。限制作
用域表示只有類別內部的方法可以修改資料，因此只有這些方法可以影響屬
性。如果我們需要驗證某個不變條件，只需要檢查類別內部的程式碼即可。

需要注意的是，在某些情況下，我們可能只有共同前置字首的方法，而沒有變數。在這種情況下，仍然可以使用此重構模式，但需要在執行內部步驟之前把方法推入類別中。

處理步驟

1. 建立一個類別。

2. 把變數移入新的類別中，把 let 替換為 private。簡化變數的名稱，並為變數建立 getter 和 setter。

3. 因為變數不在全局範圍內，編譯器會利用回報錯誤的方式幫我們找到所有的參照引用。我們透過以下 5 個步驟修復這些錯誤：：

   a. 為新類別的實例選擇一個好的變數名稱。

   b. 在假設的變數上使用 getter 或 setter 替換原本的存取方式。

   c. 如果在兩個或多個不同的方法中出現錯誤，則新增一個帶有前面變數名稱的參數作為第一個參數，在呼叫方把相同的變數當作為第一個引數。

   d. 重複以上步驟，直到只有一個方法出現錯誤。

   e. 如果封裝了變數，則在宣告變數的位置實例化新的類別。否則，在出現錯誤的方法中進行實例化。

範例

這是個構思編造出來的範例，它只是把一個變數遞增 20 次，並在每一步印出該變數大的值。即使只是這幾行程式碼也足以顯示此重構模式能處理類似的可能潛在問題。

▶Listing 6.56　原本的程式碼

```
01  let counter = 0;
02  function incrementCounter() {
03    counter++;
04  }
05  function main() {
06    for (let i = 0; i < 20; i++) {
07      incrementCounter();
08      console.log(counter);
09    }
10  }
```

我們按照下列步驟進行處理：

1.　建立一個類別。

▶Listing 6.57　新的類別

```
01 │  class Counter { }
```

2.　把變數移入新的類別中，把 let 替換為 private。簡化變數的名稱，並為變
　　數建立 getter 和 setter。

▶Listing 6.58　之前

```
01 │  let counter = 0;
02 │  class Counter {
03 │
04 │
05 │
06 │
07 │
08 │  }
```

▶Listing 6.59　之後（1/4）

```
01 │
02 │  class Counter {                              封裝變數
03 │    private counter = 0;
04 │    getCounter() { return this.counter; }      新的 getter
05 │    setCounter(c: number) {
06 │      this.counter = c;                         新的 setter
07 │    }
08 │  }
```

3.　因為 counter 變數已不在全局範圍內，編譯器會利用回報錯誤的方式幫我
　　們找到所有的參照引用。我們透過以下 5 個步驟修復這些錯誤：：

　　a. 為新類別的實例選擇一個好的變數名稱：counter。

　　b. 在假設的變數上使用 getter 或 setter 替換原本的存取方式。

▶Listing 6.60　之前

```
01 │  function incrementCounter() {
02 │    counter++;
03 │
04 │  }
05 │  function main() {
06 │    for (let i = 0; i < 20; i++) {
07 │      incrementCounter();
08 │      console.log(counter);
09 │    }
10 │  }
```

▶Listing 6.61　之後（2/4）

```
01 |    function incrementCounter() {
02 |      counter.setCounter(
03 |        counter.getCounter() + 1);        指定值的操作替換為 getter 方法
04 |    }
05 |    function main() {
06 |      for (let i = 0; i < 20; i++) {
07 |        incrementCounter();
08 |        console.log(counter.getCounter());  指定值的操作替換為 setter 方法
09 |      }
10 |    }
```

c. 如果在兩個或多個不同的方法中出現錯誤，則新增一個帶有前面變數
名稱的參數作為第一個參數，在呼叫方把相同的變數當作為第一個引數。

▶Listing 6.62　之前

```
01 |    function incrementCounter()
02 |    {
03 |      counter.setCounter(counter.getCounter() + 1);
04 |    }
05 |    function main() {
06 |      for (let i = 0; i < 20; i++) {
07 |        incrementCounter();
08 |        console.log(counter.getCounter());
09 |      }
10 |    }
```

▶Listing 6.63　之後（3/4）

```
01 |    function incrementCounter(counter: Counter)
02 |    {                                              加入參數
03 |      counter.setCounter(counter.getCounter() + 1);
04 |    }
05 |    function main() {
06 |      for (let i = 0; i < 20; i++) {
07 |        incrementCounter(counter);           手動的變數當成引數傳入
08 |        console.log(counter.getCounter());
09 |      }
10 |    }
```

d. 重複以上步驟，直到只有一個方法出現錯誤。在這個範例中，目前只
剩一個錯誤。

e. 現在我們可能會無意中在迴圈內部初始化該類別，這樣做往往容易出
錯。有時候很難知道程式碼是否在迴圈內部能正常執行。請注意下面的程
式碼雖然可以編譯，但不會正常工作。

▶Listing 6.64　出錯

```
01 |   function main() {
02 |     for (let i = 0; i < 20; i++) {
03 |       let counter = new Counter();  ←——————  實例化類別的位置
04 |       incrementCounter(counter);              出現錯誤
05 |       console.log(counter.getCounter());
06 |     }
07 |   }
```

為了確保我們不會犯下這種錯誤，我們需要確定是否封裝了變數。在這個範例中，我們對變數進行了封裝，所以需要在變數的位置實例化新類別。

▶Listing 6.65　之前

```
01 |   class Counter { ... }
```

▶Listing 6.66　之後（4/4）

```
01 |   class Counter { ... }
02 |   let counter = new Counter();  ←——————  在舊變數所在的位置
                                              實例化一個新變數
```

在此之後就可以輕鬆地把程式碼推入具有相同後置字尾的 incrementCounter 中。在這個例子中，處理完成的程式碼還是違反了我們的一條規則：您能發現是哪一條規則以及該如何修復嗎？提示：請看一下 Listing 6.63 中我們是如何使用 counter 變數。

進一步閱讀

此重構模式與 Martin Fowler《Refactoring》一書的「封裝欄位（Encapsulate field）」非常相似，它把公用欄位設為私有，並為其引入 getter 和 setter。不同之處在於，我們的版本還用參數替換了對該欄位的公用存取，這種做法允許此重構模式封裝沒有欄位的方法。

轉換為參數的好處是，在有需要時可以更輕鬆地移動實例化的位置。因為用了參數，我們必須在使用之前實例化該類別，這樣可以避免在全域存取時可能發生空參照的錯誤。

6.3 封裝複雜的資料

在我們的遊戲程式碼庫中有其他明顯的方法和變數群組：

- map
- transformMap
- updateMap
- drawMap

這些方法和變數很明顯應該放在 Map 類別中，因此我們使用重構模式「封裝資料（ENCAPSULATE DATA）」來完成。

1. 建立一個 Map 類別。

▶Listing 6.67　新的類別
```
01    class Map { }
```

2. 把 map 變數移入 Map 類別中，把 let 替換為 private。在這個範例中 map 名稱已不能簡化，但我們還是要為 map 建立 getter 和 setter。

▶Listing 6.68　之前
```
01    let map: Tile[][];
```

▶Listing 6.69　之後（1/4）
```
01    class Map {
02      private map: Tile[][];           把變數移入，並把 let 改成 private
03      getMap() { return this.map; }
04      setMap(map: Tile[][]) { this.map = map; }    為 map 建立 getter 和 setter
05    }
```

3. 因為 map 變數不在全局範圍內，編譯器會利用回報錯誤的方式幫我們找到所有的參照引用。我們透過以下 5 個步驟修復這些錯誤：：

  a. 為 Map 類別的實例選擇一個好的變數名稱：map。

  b. 在假設的變數上使用 getter 或 setter 替換原本的存取方式。

▶Listing 6.70　之前
```
01    function remove(shouldRemove: RemoveStrategy)
02    {
03      for (let y = 0; y < map.length; y++)
04        for (let x = 0; x < map[y].length; x++)
```

```
05 |        if (shouldRemove.check(map[y][x]))
06 |          map[y][x] = new Air();
07 |   }
```

▶Listing 6.71　之後 (2/4)

```
01 |   function remove(shouldRemove: RemoveStrategy)
02 |   {
03 |     for (let y = 0; y < map.getMap().length; y++)
04 |       for (let x = 0; x < map.getMap()[y].length; x++)    ← 透過 getMap 存取 map
05 |         if (shouldRemove.check(map.getMap()[y][x]))
06 |           map.getMap()[y][x] = new Air();
07 |   }
```

c. 如果在兩個或多個不同的方法中出現錯誤，則新增一個帶有前面變數
名稱的參數作為第一個參數，在呼叫方把相同的變數當作為第一個引數。

▶Listing 6.72　之前

```
01 |   interface Tile {
02 |     // ...
03 |     moveHorizontal(player: Player, dx: number): void;
04 |     moveVertical(player: Player, dy: number): void;
05 |     update(x: number, y: number): void;
06 |   }
07 |   /// ...
```

▶Listing 6.73　之後 (3/4)

```
01 |   interface Tile {
02 |     // ...
03 |     moveHorizontal(map: Map, player: Player, dx: number): void;    ← 新增 map
04 |     moveVertical(map: Map, player: Player, dy: number): void;         當作是引數
05 |     update(map: Map, x: number, y: number): void;
06 |   }
07 |   /// ...                              ← map 被加到很多地方
```

d. 重複以上步驟，直到只有一個方法出現錯誤。

e. 我們封裝了變數，所以把「let map = new Map();」放入 map 原本位置。

▶Listing 6.74　之後 (4/4)

```
01 |   let map = new Map();
```

結果為如下的轉換。

▶Listing 6.75　之前

```
01 |   interface Tile {
02 |     // ...
03 |     moveHorizontal(player: Player, dx: number): void;
04 |     moveVertical(player: Player, dy: number): void;
05 |     update(x: number, y: number): void;
```

```
06 |   }
07 |   /// ...
08 |   function remove(shouldRemove: RemoveStrategy)
09 |   {
10 |     for (let y = 0; y < map.length; y++)
11 |       for (let x = 0; x < map[y].length; x++)
12 |         if(shouldRemove.check(map[y][x]))
13 |           map[y][x] = new Air();
14 |   }
15 |   /// ...
16 |   let map: Tile[][];
```

▶Listing 6.76　之後

```
17 |   interface Tile {
18 |     // ...
19 |     moveHorizontal(map: Map, player: Player, dx: number): void;
20 |     moveVertical(map: Map, player: Player, dy: number): void;
21 |     update(map: Map, x: number, y: number): void;
22 |   }
23 |   /// ...
24 |   function remove(map: Map, shouldRemove: RemoveStrategy)
25 |   {
26 |     for (let y = 0; y < map.getMap().length; y++)
27 |       for (let x = 0; x < map.getMap()[y].length; x++)
28 |         if (shouldRemove.check(map.getMap()[y][x]))
29 |           map.getMap()[y][x] = new Air();
30 |   }
31 |   /// ...
32 |   class Map {
33 |     private map: Tile[][];
34 |     getMap() { return this.map; }
35 |     setMap(map: Tile[][]) { this.map = map; }
36 |   }
```

- ← map 加入當作引數 (rows 19–22)
- ← 透過 getMap 存取 map (rows 26–29)
- ← 為 map 建立帶有 getter 和 setter 的新類別 (rows 33–35)

處理之前提到的方法現在變得容易了：我們使用重構模式「把程式碼移到類別中（PUSH CODE INTO CLASSES）」把它們移入適當的類別中，並簡化方法的名稱。同時，我們使用了「內聯方法（INLINE METHOD）」，就像之前所做那樣進行處置。

▶Listing 6.77　之前

```
01 |   function transformMap(map: Map) {
02 |     map.setMap(new Array(rawMap.length));
03 |     for (let y = 0; y < rawMap.length; y++) {
04 |       map.getMap()[y] = new Array(rawMap[y].length);
05 |       for (let x = 0; x < rawMap[y].length; x++)
06 |         map.getMap()[y][x] = transformTile(rawMap[y][x]);
07 |     }
08 |   }
09 |   function updateMap(map: Map) {
10 |     for (let y = map.getMap().length - 1; y >= 0; y--)
11 |       for (let x = 0; x < map.getMap()[y].length; x++)
```

```
12 |        map.getMap()[y][x].update(map, x, y);
13 |    }
14 |    function drawMap(map: Map, g: CanvasRenderingContext2D) {
15 |      for (let y = 0; y < map.getMap().length; y++)
16 |        for (let x = 0; x < map.getMap()[y].length; x++)
17 |          map.getMap()[y][x].draw(g, x, y);
18 |    }
```

▶Listing 6.78　之後
```
01 |    class Map {
02 |      // ...
03 |      transform() {
04 |        this.map = new Array(rawMap.length);
05 |        for (let y = 0; y < rawMap.length; y++) {
06 |          this.map[y] = new Array(rawMap[y].length);
07 |          for (let x = 0; x < rawMap[y].length; x++)
08 |            this.map[y][x] = transformTile(rawMap[y][x]);
09 |        }
10 |      }
11 |      update() {
12 |        for (let y = this.map.length - 1; y >= 0; y--)
13 |          for (let x = 0; x < this.map[y].length; x++)
14 |            this.map[y][x].update(this, x, y);
15 |      }
16 |      draw(g: CanvasRenderingContext2D) {
17 |        for (let y = 0; y < this.map.length; y++)
18 |          for (let x = 0; x < this.map[y].length; x++)
19 |            this.map[y][x].draw(g, x, y);
20 |      }
21 |    }
```

就像我們對於 Player 所做的處置，這裡有一個 getter 和 setter，因此我們再次使用「消除 getter 或 setter（ELIMINATE GETTER OR SETTER）」重構模式來處理。幸運的是，setter 沒有被用到，所以刪除它非常簡單。getter 則需要進行一些重構，因此我把程式碼分成幾個部分進行逐步修改。

▶Listing 6.79　之前
```
01 |    class Falling {
02 |      // ...
03 |      drop(map: Map, tile: Tile, x: number, y: number)
04 |      {
05 |        map.getMap()[y + 1][x] = tile;
06 |        map.getMap()[y][x] = new Air();
07 |      }
08 |    }
09 |    class Map {
10 |      // ...
11 |
12 |
13 |
14 |
15 |    }
```

▶Listing 6.80 之後

```
01 | class Falling {
02 |   // ...
03 |   drop(map: Map, tile: Tile, x: number, y: number)
04 |   {
05 |     map.drop(tile, x, y);          ←——| 程式碼推入 Map 中
06 |
07 |   }
08 | }
09 | class Map {
10 |   // ...
11 |   drop(tile: Tile, x: number, y: number) {
12 |     this.map[y + 1][x] = tile;
13 |     this.map[y][x] = new Air();
14 |   }
15 | }
```

Listing 6.81 之前

```
01 | class FallStrategy {
02 |   // ...
03 |   update(map: Map, tile: Tile, x: number, y: number)
04 |   {
05 |     this.falling = map.getMap()[y + 1][x].isAir()
06 |       ? new Falling()
07 |       : new Resting();
08 |     this.falling.drop(map, tile, x, y);
09 |   }
10 | }
11 | class Map {
12 |   // ...
13 |
14 |
15 |
16 | }
```

▶Listing 6.82 之後

```
01 | class FallStrategy {
02 |   // ...
03 |   update(map: Map, tile: Tile, x: number, y: number)
04 |   {
05 |     this.falling =  map.getBlockOnTopState(x, y + 1);
06 |                                              ↖——| 程式碼推入 Map 中
07 |
08 |     this.falling.drop(map, tile, x, y);
09 |   }
10 | }
11 | class Map {
12 |   // ...
13 |   getBlockOnTopState(x: number, y: number) {
14 |     return this.map[y][x].getBlockOnTopState();
15 |   }
16 | }
```

▶Listing 6.83　之前

```
01  class Player {
02    // ...
03    moveHorizontal(map: Map, dx: number) {
04      map.getMap()[this.y][this.x + dx].moveHorizontal(map, this, dx);
05    }
06    moveVertical(map: Map, dy: number) {
07      map.getMap()[this.y + dy][this.x].moveVertical(map, this, dy);
08    }
09    pushHorizontal(map: Map, tile: Tile, dx: number)
10    {
11      if (map.getMap()[this.y][this.x + dx + dx].isAir()
12        && !map.getMap()[this.y + 1][this.x + dx].isAir())
13      {
14        map.getMap()[this.y][this.x + dx + dx] = tile;
15        this.moveToTile(map, this.x + dx, this.y);
16      }
17    }
18    private moveToTile(map: Map, newx: number, newy: number)
19    {
20      map.getMap()[this.y][this.x] = new Air();
21      map.getMap()[newy][newx] = new PlayerTile();
22      this.x = newx;
23      this.y = newy;
24    }
25  }
26  class Map {
27    // ...
28  }
```

▶Listing 6.84　之後

```
01  class Player {
02    // ...
03    moveHorizontal(map: Map, dx: number) {
04      map.moveHorizontal(this, this.x, this.y, dx);        ←──┐  程式碼推入 Map 中
05    }                                                         │
06    moveVertical(map: Map, dy: number) {                      │
07      map.moveVertical(this, this.x, this.y, dy);          ←──┘
08    }
09    pushHorizontal(map: Map, tile: Tile, dx: number)
10    {
11      if (map.isAir(this.x + dx + dx, this.y)             ←──┐
12        && !map.isAir(this.x + dx, this.y + 1))               │
13      {                                                       │
14        map.setTile(this.x + dx + dx, this.y, tile);       ←──┘
15        this.moveToTile(map, this.x + dx, this.y);
16      }
17    }
18    private moveToTile(map: Map, newx: number, newy: number)
19    {
20      map.movePlayer(this.x, this.y, newx, newy);          ←──┤  程式碼推入 Map 中
21      this.x = newx;
22      this.y = newy;
23    }
24  }
```

```
25   class Map {
26     // ...
27     isAir(x: number, y: number) {
28       return this.map[y][x].isAir();
29     }
30     setTile(x: number, y: number, tile: Tile)
31     {
32       this.map[y][x] = tile;
33     }
34     movePlayer(x: number, y: number, newx: number, newy: number)
35     {
36       this.map[y][x] = new Air();
37       this.map[newy][newx] = new PlayerTile();
38     }
39     moveHorizontal(player: Player, x: number, y: number, dx: number)
40     {
41       this.map[y][x + dx].moveHorizontal(this, player, dx);
42     }
43     moveVertical(player: Player, x: number, y: number, dy: number)
44     {
45       this.map[y + dy][x].moveVertical(this, player, dy);
46     }
47   }
```

▶Listing 6.85　之前

```
01   function remove(map: Map, shouldRemove: RemoveStrategy)
02   {
03     for (let y = 0; y < map.getMap().length; y++)
04       for (let x = 0; x < map.getMap()[y].length; x++)
05         if (shouldRemove.check(map.getMap()[y][x]))
06           map.getMap()[y][x] = new Air();
07   }
08   class Map {
09     // ...
10     getMap() {
11       return this.map;
12     }
13   }
```

▶Listing 6.86　之後

```
01   class Map {
02     // ...                    ←─── getMap 被消除掉了
03
04     remove(shouldRemove: RemoveStrategy) {    ←─── 程式碼推入 Map 中
05     for (let y = 0; y < this.map.length; y++)
06       for (let x = 0; x < this.map[y].length; x++)
07         if (shouldRemove.check(this.map[y][x]))
08           this.map[y][x] = new Air();
09     }
10   }
```

原本的 remove 現在變成只有一行了，所以我們使用「內聯方法（INLINE METHOD）」進行處置。

一般來說，我們不太喜歡在公開介面中引入一個像 setTile 這樣強勢的方法，它幾乎了私有的 map 欄位。好在我們並不害怕新增程式碼，所以讓我們繼續進行處理。

我們有留意到 Player.pushHorizontal 中除了一行之外，所有行都使用了 map，因此我們決定把程式碼推入到 map 中。

▶Listing 6.87　之前

```
01 | class Player {
02 |     // ...
03 |     pushHorizontal(map: Map, tile: Tile, dx: number)
04 |     {
05 |       if (map.isAir(this.x + dx + dx, this.y)
06 |         && !map.isAir(this.x + dx, this.y + 1))
07 |       {
08 |         map.setTile(this.x + dx + dx, this.y, tile);
09 |         this.moveToTile(map, this.x + dx, this.y);
10 |       }
11 |     }
12 |     private moveToTile(map: Map, newx: number, newy: number)
13 |     {
14 |       map.movePlayer(this.x, this.y, newx, newy);
15 |       this.x = newx;
16 |       this.y = newy;
17 |     }
18 | }
```

▶Listing 6.88　之後

```
01 | class Player {
02 |     // ...
03 |     pushHorizontal(map: Map, tile: Tile, dx: number)
04 |     {
05 |       map.pushHorizontal(this, tile, this.x, this.y, dx);    ◀── 程式碼推入 Map 中
06 |     }
07 |     moveToTile(map: Map, newx: number, newy: number)    ◀──
08 |     {                                                         方法變成 public
09 |       map.movePlayer(this.x, this.y, newx, newy);             公用的
10 |       this.x = newx;
11 |       this.y = newy;
12 |     }
13 | }
14 | class Map {
15 |     // ...
16 |     pushHorizontal(player: Player, tile: Tile, x: number, y: number, dx: number)
17 |     {
18 |       if (this.map[y][x + dx + dx].isAir() && !this.map[y + 1][x + dx].isAir())
19 |       {
20 |         this.map[y][x + dx + dx] = tile;
21 |         player.moveToTile(this, x + dx, y);
22 |       }
23 |     }
24 | }
```

這個 setTile 方法只在 Map 內部使用。我們可以把它設為私有，或者更好的做法是刪除掉，因為我們很喜歡刪除多的程式碼。

6.4 消除循序不變條件

我們留意到 map 是透過 map.transform 的呼叫來進行初始化。但在物件導向的環境中，我們有不同的初始化機制：建構函式。在這個範例中，我們很幸運，因為可以用建構函式替換 transform，然後刪除對 transform 的呼叫。

▶Listing 6.89　之前

```
01 | class Map {
02 |   // ...
03 |   transform() {
04 |     // ...
05 |   }
06 | }
07 | /// ...
08 | window.onload = () => {
09 |   map.transform();
10 |   gameLoop(map);
11 | }
```

▶Listing 6.90　之後

```
01 | class Map {
02 |   // ...
03 |   constructor() {        ←———  transform 改成 constructor
04 |     // ...
05 |   }
06 | }
07 | /// ...
08 | window.onload = () => {
09 |                          ←———  transform 被移除掉了
10 |   gameLoop(map);
11 | }
```

這樣做的主要影響是消除了在呼叫其他方法之前必須呼叫 map.transform 的不變條件。當某些程式需要在其他程式之前被呼叫時，我們稱之為**循序不變性**（**sequence invariant**）。由於無法不先呼叫建構函式，因此不變性就被消除了。這種技巧可以用來確保事情按特定順序發生，我們稱這種重構模式為「強制循序（ENFORCE SEQUENCE）」。

6.4.1　重構模式：強制循序（ENFORCE SEQUENCE）

描述

我覺得最酷的重構方式就是能讓我們可以「教」編譯器怎麼執行我們的程式，讓編譯器可以協助確保程式執行的方式是符合我們的期望。這項重構模式就是其中一種情況。

物件導向語言有個內建的屬性，就是建構函式總是在物件的方法之前被呼叫。我們可以利用這個屬性來確保事情有按照特定順序發生。其做法相當容易，只需要引入每一個我們要強制執行的步驟之類別即可。但在進行此轉換之後，該順序就不再是一個不變條件了，因為它被強制處理了！我們不需要記得在呼叫其他方法之前先呼叫某個方法，因為無法不這樣做。這真是太神奇了！

透過使用建構函式確保某些程式碼會被執行，該類別的實例就成為該程式碼已被執行的證明。如果沒有成功執行建構函式，我們就無法取得該實例。

這個範例展示了如何使用這個技巧，在字串被輸出之前確保字串的首字母已是大寫的。

▶Listing 6.91　之前

```
01 | function print(str: string) {
02 |   // string should be capitalized
03 |   console.log(str);
04 | }
```

▶Listing 6.92　之後

```
01 | class CapitalizedString {
02 |   private value: string;
03 |   constructor(str: string) {
04 |     this.value = capitalize(str);
05 |   }
06 |   print() {
07 |
08 |     console.log(this.value);
09 |   }
10 | }
```

← 不變條件消失了

強制循序（ENFORCE SEQUENCE）的轉換有兩種變體：內部和外部。前面的範例示範了內部的版本：目標函式被移動到新的類別內。以下是兩種變體的比較，兩者人都提供相同的優點。

▶Listing 6.93　內部

```
01 │  class CapitalizedString {
02 │    private value: string;          ◄──────────        私人與公用
03 │    constructor(str: string) {
04 │      this.value = capitalize(str);
05 │    }
06 │    print() {                       ◄──────────
07 │      console.log(this.value);
08 │    }
09 │  }
```

▶Listing 6.94　外部

```
01 │  class CapitalizedString {
02 │    public readonly value: string;   ◄──────────
03 │    constructor(str: string) {
04 │      this.value = capitalize(str);
05 │    }
06 │  }
07 │  function print(str: CapitalizedString) {  ◄──────────    帶有特定參數型別的
08 │    console.log(str.value);                                方法與函式
09 │  }
```

這裡的重構模式著重於內部版本，因為它透過不使用 getter 或公用欄位來實現更強的封裝。

處理步驟

1. 使用「封裝資料（ENCAPSULATE DATA）」重構最後要執行的方法。

2. 讓建構函式呼叫第一個方法。

3. 如果這兩個方法的引數有連接，把這些引數變成欄位，並從方法中移除。

範例

讓我們看一個與本書前面提過銀行範例子很相似的例子。我們想要確保在把錢轉給接收方之前，錢會先從送出方那裡扣除。這個過程的順序是先執行一個負值的 deposit，然後再執行一個正值的 deposit。

▶Listing 6.95　原本的程式

```
01 │  function deposit(to: string, amount: number)
02 │  {
03 │    let accountId = database.find(to);
04 │    database.updateOne(accountId, { $inc: { balance: amount } });
05 │  }
```

1. 使用「封裝資料（ENCAPSULATE DATA）」重構最後要執行的方法。

▶Listing 6.96　之前

```
01 | function deposit(to: string, amount: number)
02 | {
03 |   let accountId = database.find(to);
04 |   database.updateOne(accountId, { $inc: { balance: amount } });
05 | }
```

▶Listing 6.97　之後（1/2）

```
01 | class Transfer {
02 |   deposit(to: string, amount: number)              ← 新的類別
03 |   {
04 |     let accountId = database.find(to);
05 |     database.updateOne(accountId, { $inc: { balance: amount } });
06 |   }
07 | }
```

2. 讓建構函式呼叫第一個方法。

▶Listing 6.98　之前

```
01 | class Transfer {
02 |
03 |
04 |
05 |
06 |   deposit(to: string, amount: number) {
07 |     let accountId = database.find(to);
08 |     database.updateOne(accountId, { $inc: { balance: amount } });
09 |   }
10 | }
```

▶Listing 6.99　之後（2/2）

```
01 | class Transfer {
02 |   constructor(from: string, amount: number)       新的建構函式呼叫
03 |   {                                                第一個方法
04 |     this.deposit(from, -amount);
05 |   }
06 |   deposit(to: string, amount: number) {
07 |     let accountId = database.find(to);
08 |     database.updateOne(accountId, { $inc: { balance: amount } });
09 |   }
10 | }
```

現在已經確保了會先從送出方那裡以負值金額進行 deposit，但我們可以讓程式更進一步。我們可以透過把該引數變成一個欄位並從該方法中移除 amount 來連接這兩個 amount。因為在某些情況下我們需要取 amount 的負值，所以我們引入了一個輔助方法，其處置結果如下所示。

▶Listing 6.100　處置之後

```
01 │   class Transfer {
02 │     constructor(from: string, private amount: number) {
03 │       this.depositHelper(from, -this.amount);
04 │     }
05 │     private depositHelper(to: string, amount: number) {
06 │       let accountId = database.find(to);
07 │       database.updateOne(accountId, { $inc: { balance: amount } });
08 │     }
09 │     deposit(to: string) {
10 │       this.depositHelper(to, this.amount);
11 │     }
12 │   }
```

我們確保了不能建立錢，但如果我們忘記為接收方呼叫 deposit，錢就會消失。
因此，我們可能需要在另一個類別中包入這個類別，以確保也發生了一次正向
的轉移。

進一步閱讀

我不常見到這種模式的正式描述。毫無疑問，大家很常見到使用物件作為某件
事發生的證明，但我沒有遇到過這樣的討論。

6.5　另一種消除 enum 的做法

transformTile 是個相當獨特的方法，因為它的後置字尾是 Tile。我們已經有一
個具有相類似字尾的類別（或者更明確地說，是 enum）：RawTile。而 trans
formTile 的名稱暗示著這個方法應該移動到 RawTile 的 enum 中。然而，在許多
程式語言中（包括 TypeScript）是不可能做到的，因為 enum 不能有方法。

6.5.1　利用私人建構函式來消除

如果用的程式語言不支援在 enum 型別上加入方法，我們可以利用技巧，藉由
使用私有建構函式來解決這個問題。每個物件都必須透過呼叫建構函式來建
立。如果我們把建構函式設為私有，物件就只能在類別內部被建立。具體來
說，我們可以控制有多少個實例的存在。如果我們把這些實例放在公用常數
中，我們就可以把它們當作 enum 型別來運用。

▶Listing 6.101　Enum

```
01   enum TShirtSize {
02     SMALL,
03     MEDIUM,
04     LARGE,
05
06   }
07   function sizeToString(s: TShirtSize) {
08     if (s === TShirtSize.SMALL)
09       return "S";
10     else if (s === TShirtSize.MEDIUM)
11       return "M";
12     else if (s === TShirtSize.LARGE)
13       return "L";
14   }
```

▶Listing 6.102　私人建構函式

```
01   class TShirtSize {
02     static readonly SMALL = new TShirtSize();
03     static readonly MEDIUM = new TShirtSize();
04     static readonly LARGE = new TShirtSize();
05     private constructor() { }
06   }
07   function sizeToString(s: TShirtSize) {
08     if (s === TShirtSize.SMALL)
09       return "S";
10     else if (s === TShirtSize.MEDIUM)
11       return "M";
12     else if (s === TShirtSize.LARGE)
13       return "L";
14   }
```

唯一的例外是，我們無法使用 switch 陳述句來處理這個結構，但我們有條規則也是不允許使用 switch。請留意，如果我們序列化和反序列化資料，這會出現一些奇怪的行為，但這部分已超出本書的範圍，所以不多介紹。

現在 TShirtSize 是個類別了（真不錯！），我們可以把程式碼加入其中。不幸的是，在這個設定中不能簡化 if 的運用，因為不像上一次，我們在這裡沒有為每個值建立一個類別：這裡只有一個類別。要取得完整的好處，我們需要解決這種情況，請利用重構模式「用類別替代型別碼（REPLACE TYPE CODE WITH CLASSES）」（4.1.3）的技巧來完成。

▶Listing 6.103　用類別替代型別碼

```
01   interface SizeValue { }
02   class SmallValue implements SizeValue { }
03   class MediumValue implements SizeValue { }
04   class LargeValue implements SizeValue { }
```

我們可以使用命名空間或套件來簡化這些名稱。這裡可以跳過 is 方法，因為我們不會隨時建立新的實例，因此使用 === 就足夠了。隨後使用這些新的類別作為 private constructor 類別中每個值的引數。我們還把引數儲存為欄位。

▶Listing 6.104　之前

```
01 │   class TShirtSize {
02 │     static readonly SMALL = new TShirtSize();
03 │     static readonly MEDIUM = new TShirtSize();
04 │     static readonly LARGE = new TShirtSize();
05 │     private constructor() { }
06 │   }
```

▶Listing 6.105　之後

```
01 │   class TShirtSize {
02 │     static readonly SMALL = new TShirtSize(new SmallValue());      傳入新的類別
03 │     static readonly MEDIUM = new TShirtSize(new MediumValue());    當作引數
04 │     static readonly LARGE = new TShirtSize(new LargeValue());
05 │     private constructor(private value: SizeValue)
06 │     { }                                                            針對值所設的參數和欄位
07 │   }
```

現在，每當我們把某些內容推入 TShirtSize 時，就可以進一步將它推入所有類別中，解決「=== TShirtSize」的問題，從而擺脫一連串的 if 陳述句。這本來可以當成模式，但我選擇不這樣做，其原因有兩個。第一個原因是，這個處理過程並不適用於所有的程式語言，尤其是 Java。第二個原因是，我們已經有了一個消除 enum 的模式了，應該優先考慮使用這個消除 enum 模式。

在遊戲範例程式中，還有個 enum 型別存在：RawTile。我們已經將其使用「用類別替代型別碼（REPLACE TYPE CODE WITH CLASSES）」重構模式進行轉換，但由於我們在某些地方使用了索引，所以無法完全消除這個 enum 型別。好在我們還可以利用先前的轉換方法來消除它。

我們新增了一個名為 RawTile2 的類別，並且使用私有建構函式為 enum 的每個值都建立一個屬性。隨後也建立了一個新的 RawTileValue 介面和各自對應到 RawTile2 屬性的類別，並將它們當作 RawTile2 的屬性傳入。

▶Listing 6.106　新的類別

```
01 │   interface RawTileValue { }
02 │   class AirValue implements RawTileValue { }
03 │     // ...
04 │   class RawTile2 {
05 │     static readonly AIR = new RawTile2(new AirValue());
06 │     // ...
```

```
07 |     private constructor(private value: RawTileValue) { }
08 |   }
```

我們距離消除 enum 又更近了一步，現在需要改為使用類別而非 enum。

6.5.2　重新對映數值到類別

有些程式語言把 enum 當作是有名稱的整數（named integers）來處理，所以不能在 enum 中加入方法。在我們的遊戲範例程式中，我們把 rawMap 存為整數，並且可以將整數解釋為 enum。若想要替換 enum，我們需要一種將數字轉換為新的 RawTile2 實例的方法。最簡單的做法是建立一個與 enum 有相同順序的值陣列。

▶Listing 6.107　之前
```
01 |   enum RawTile {
02 |     AIR,
03 |     FLUX,
04 |     UNBREAKABLE,
05 |     PLAYER,
06 |     STONE, FALLING_STONE,
07 |     BOX, FALLING_BOX,
08 |     KEY1, LOCK1,
09 |     KEY2, LOCK2
10 |   }
```

▶Listing 6.108　之後
```
01 |   const RAW_TILES = [
02 |     RawTile2.AIR,
03 |     RawTile2.FLUX,
04 |     RawTile2.UNBREAKABLE,
05 |     RawTile2.PLAYER,
06 |     RawTile2.STONE, RawTile2.FALLING_STONE,
07 |     RawTile2.BOX, RawTile2.FALLING_BOX,
08 |     RawTile2.KEY1, RawTile2.LOCK1,
09 |     RawTile2.KEY2, RawTile2.LOCK2
10 |   ];
```

有了這個陣列，我們就能輕鬆地把數字對映到正確的實例。當 RawTile 被刪除後，我們需要將所有 RawTile 的參照改為 RawTile2，或者如果不可能改的話，就改為 number。

▶Listing 6.109　之前
```
01 |   let rawMap: RawTile[][] = [
02 |     // ...
03 |   ];
```

```
04 |    class Map {
05 |      private map: Tile[][];
06 |      constructor() {
07 |        this.map = new Array(rawMap.length);
08 |        for (let y = 0; y < rawMap.length; y++)
09 |        {
10 |          this.map[y] = new Array(rawMap[y].length);
11 |          for (let x = 0; x < rawMap[y].length; x++)
12 |            this.map[y][x] = transformTile(rawMap[y][x]);
13 |        }
14 |      }
15 |      // ...
16 |    }
17 |    function transformTile(tile: RawTile) {
18 |      // ...
19 |    }
```

▶Listing 6.110　之後

```
01 |    let rawMap: number[][] = [   ◄
02 |      // ...                              不可能放入 RawTile2
03 |    ];
04 |    class Map {
05 |      private map: Tile[][];
06 |      constructor() {
07 |        this.map = new Array(rawMap.length);
08 |        for (let y = 0; y < rawMap.length; y++)
09 |        {
10 |          this.map[y] = new Array(rawMap[y].length);      把數值對映到類別
11 |          for (let x = 0; x < rawMap[y].length; x++)
12 |            this.map[y][x] = transformTile(RAW_TILES[rawMap[y][x]]);
13 |        }
14 |      }
15 |      // ...
16 |    }
17 |    /// ...
18 |    function transformTile(tile: RawTile2) {   ◄         參數改成類別
19 |      // ...
20 |    }
```

目前我們在 transformTile 函式中遇到錯誤。之前留下的 switch 條件判斷會是個
問題，因為前面有提過，私有建構函式無法與 switch 搭配使用。所有這些工作
的目的是為了消除 enum 和這個 switch。因此，我們對 RawTile2 進行「把程式
碼移到類別中（PUSH CODE INTO CLASSES）」的重構處理，將程式碼推入到
所有類別中。

▶Listing 6.111　之前

```
01 |    interface RawTileValue { }
02 |    class AirValue implements RawTileValue { }
03 |    class StoneValue implements RawTileValue { }
04 |    class Key1Value implements RawTileValue { }
```

```
05 |  /// ...
06 |  class RawTile2 {
07 |    // ...
08 |  }
09 |  /// ...
10 |  function assertExhausted(x: never): never {
11 |    throw new Error("Unexpected object: " + x);
12 |  }
13 |  function transformTile(tile: RawTile2) {
14 |    switch (tile) {
15 |      case RawTile.AIR:
16 |        return new Air();
17 |      case RawTile.STONE:
18 |        return new Stone(new Resting());
19 |      case RawTile.KEY1:
20 |        return new Key(YELLOW_KEY);
21 |      // ...
22 |      default: assertExhausted(tile);
23 |    }
24 |  }
```

▶Listing 6.112　之後

```
01 |  interface RawTileValue {
02 |    transform(): Tile;
03 |  }
04 |  class AirValue implements RawTileValue {
05 |    transform() {
06 |      return new Air();
07 |    }
08 |  }
09 |  class StoneValue implements RawTileValue {
10 |    transform() {
11 |      return new Stone(new Resting());
12 |    }
13 |  }
14 |  class Key1Value implements RawTileValue {
15 |    transform() {
16 |      return new Key(YELLOW_KEY);
17 |    }
18 |  }
19 |  /// ...
20 |  class RawTile2 {
21 |    // ...
22 |    transform() {
23 |      return this.value.transform();    ←── 程式碼直接傳到了
24 |    }                                       變數的值裡面
25 |  }
26 |                                     ←── assertExhausted 這個魔法
27 |  function transformTile(tile: RawTile2) {   函式現在不再需要了
28 |    return tile.transform();
29 |  }
```

現在這個 switch 已經消失了。transformTile 只有一行程式碼，所以我們可以使用「內聯方法（INLINE METHOD）」來處理。最後，我們把 RawTile2 重新命名，改為它的正式名稱：RawTile。

總結

- 為了協助強制封裝，應該避免公開資料。「不要用 getters 和 setters（DO NOT USE GETTERS OR SETTERS）」（6.1.1 小節）這一規則表明，我們不應該透過 getter 和 setter 間接暴露私有欄位。我們可以使用「消除 getter 或 setter（ELIMINATE GETTER OR SETTER）」（6.1.3 小節）重構模式來消除 getter 和 setter。

- 「永遠不要有共同的字尾或字首（NEVER HAVE COMMON AFFIXES）」（6.2.1 小節）這一規則說明，如果有共同前置字首或後置字尾的方法和變數，它們應該放在同一個類別中。我們可以使用重構模式「封裝資料（ENCAPSULATE DATA）」（6.2.3 小節）來達成。

- 透過使用類別有可能讓編譯器強制實施循序的不變性，因此可以使用「強制循序（ENFORCE SEQUENCE）」重構模式（6.4.1 小節）來消除。

- 處理 enum 的另一種做法是使用帶有私有建構函式的類別。這麼做可以進一步消除 enum 和 switch。

這就是本書的 Part 1 部分結束了。範例程式還可以繼續封裝一些東西，例如 inputs 和 handleInputs，甚至把 Game 類別中的 player 和 map 封裝起來，但這些處理就留給讀者去動手嘗試。

我們還可以提取常數、改善變數和方法的命名、引入命名空間，或者透過 Type code 把某些或所有布林值轉換為 enum 型別，隨後使用「用類別替代 Type code（REPLACE TYPE CODE WITH CLASSES）」規則（4.1.3 小節）進一步替換 Type code 成為類別。這些都只是重構的開始，而不是結束。在本書的 Part 2 部分，我們會討論一些通用原則，讓我們能夠進行更出色的重構處理。

在本書 Part 1 部分對遊戲範例程式所做的一切處理，已經帶來了更好的架構，其原因有三：

1.　現在使用 Tile 型別來擴充遊戲程式件變得更快速又安全了。

2.　由於相關的變數和功能已被分組到取了好名稱的類別和方法中，因此現在更容易理解程式碼。

3.　我們現在可以更精細地掌控資料的範圍，因此不太容易編寫出破壞非區域不變性的程式碼（這是大多數錯誤的根本原因，在第 2 章已經討論過）。

在有些地方我們花了點時間檢查程式碼，為它們取好名稱或決定哪些元素應該放在一起。但這些檢查都很快，我們不必花時間解決程式碼中的奇怪問題，例如為什麼 update 中的某個 for 迴圈是倒序的，或為什麼我們把輸入推入堆疊而不是直接執行移動（我們甚至可能沒有注意到堆疊）。回答這些問題需要花更多時間來瞭解程式碼內容，而這些不是我們在進行重構時需要花時間的。

PART 2

把學到的知識帶入現實世界

在 Part 2 中，我們會更深入地探討如何透過新增和調整程式的上下脈絡，把規則和重構模式帶入現實世界。我們會探討能夠充分利用現有工具的實務做法，並討論工具的演變過程。

我們提高抽象程度不再討論具體的規則和重構，而是探討影響重構和程式碼品質的社會技術（socio-technical）主題。同時，我會提供與技能、文化和工具相關的可操作建議。

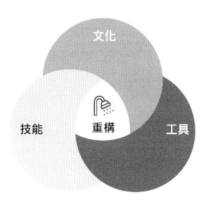

圖 1　技能、文化和工具

與編譯器合作 7

本章內容

- 了解編譯器的優點和缺點

- 利用編譯器的優勢來消除不變條件

- 與編譯器共享責任

當我們剛開始學習程式時，可能會覺得編譯器有點煩人和挑剔，它工作過於認真，不給任何彈性，甚至對最小的錯誤也丟出一大堆警告。但是，編譯器若使用得當，它會是我們日常工作中最重要的助手之一。編譯器不僅可以將程式從高階語言轉換為低階語言，還能驗證多種屬性，並保證當我們執行程式時不會發生某些錯誤。

在這一章的內容中要開始認識我們的「編譯器（compiler）」，以便能夠積極地運用其功能和掌握其優勢。同樣地，我們也要了解編譯器不能做什麼，以免在薄弱的基礎上建置程式。

當我們對編譯器非常熟悉時，就會把它視為開發團隊中的一員，與它共同承擔正確性的責任，讓它協助我們正確地建置軟體。如果我們反抗或誤用編譯器，就要承擔更高的未來錯誤風險，而且也沒有什麼好處。

一旦承受了共同要負的責任，我們就必須信賴編譯器。我們需要盡力減少危險的不變條件，且需要留意編譯器的輸出，包括其警告的訊息。

這趟旅程的最後一步是接受編譯器真的比我們更擅長預測程式的行為。編譯器是個機器人，就算處理數十萬行程式碼，它也不會感到疲勞。編譯器可以驗證我們人類無法真正做到的事情。編譯器是個強大的工具，所以我們應該好好利用它！

7.1　了解編譯器

市面上有無數的編譯器，新的編譯器也會不斷被發明出來。因此，我們不會專注在特定的某個編譯器，而是討論大多數編譯器都共有的特質，包括主流的 Java、C# 和 TypeScript 等。

編譯器就是一支程式，它擅長處理某些事情，例如保持一致性，與常見的傳說相反，多次編譯不會產生不同的結果。同樣地，編譯器也有不擅長的地方，例如它不會判斷，它會遵循的常見格言「有疑問就問」。

基本上，編譯器的目標是產生一個與我們的原始程式相等的其他語言程式。然而，從現代的編譯器作為一項服務來看，它也會驗證在執行時期是否會發生特定的錯誤，本章所著重的焦點就是這個。

在程式設計中，像大多數事情一樣，動手實踐是理解的最好做法。我們需要深入了解編譯器可以做什麼，不能做什麼以及如何騙過它。因此，我會準備一個實驗性質的專案程式，用來檢查編譯器是怎麼處理某些工作。編譯器可保證它能初始化嗎？能告訴我這裡的 x 是否為 null 嗎？

在接下來的各小節中，我們將詳細介紹現代編譯器最常見的優勢和弱勢，順便回答上述的兩個問題。

7.1.1　弱勢：停機問題限制了編譯時期的知識

停機問題（**halting problem**）是指我們無法準確預測程式執行時會發生什麼事情。簡單來說，如果不執行程式就無法知道程式的行為，但即使我們實際執行程式，也只能觀察到其中一條執行路徑而已。

停機問題（halting problem）

一般來說，程式是基本上不可預測的。

為了快速示範為什麼程式是不可預測的，請思考以下的範例程式。

▶Listing 7.1　程式沒有執行時期錯誤

```
01    if (new Date().getDay() === 35)
02      5.foo();
```

我們知道 getDay 永遠不會返回 35。所以不論 if 內部的內容是什麼都不會被執行，即使其中的程式碼錯誤失效，因為數字 5 並沒有定義名為 foo 的方法。

有些程式會明確失效而被拒絕，而另外一些程式一定不會失效，因此會被允許。然而，停機問題意味著編譯器必須判斷決定要怎麼處理兩者之間的程式。有時候編譯器會允許可能不符合預期，包括在執行時期失效的程式。而有時候，如果編譯器無法保證程式是安全的，就會拒絕該程式，這被稱為**保守分析**（**conservative analysis**）。

保守分析能夠證明在我們的程式中某些特定錯誤是不可能發生的。我們只能依賴保守分析。

需要留意的是，停機問題不僅僅是針對某些特定編譯器或程式語言，停機問題是程式語言固有的特性。實際上，受到停機問題的限制，就是程式語言存在的定義。語言和編譯器之間的區別在於它們何時採用保守分析和何時不採用。事

實上，停機問題的限制是程式語言本身的定義。程式語言和編譯器的區別在於它們何時採取保守做法，何時不採取。

7.1.2　優勢：可達性確保了方法的返回

其中一種保守的分析做法是檢查方法中的每條路徑是否都有 return 陳述句。我們不允許在方法結束時沒有 return 陳述句而直接跳出方法。

在 TypeScript 中，可以在方法結束時直接跳出，但如果我們在第 4 章使用 assertExhausted 方法，能得到預期的行為。雖然下面的程式碼範例看起來像是個執行時期的錯誤，但是 never 這個關鍵字強制編譯器分析是否有可能到達 assertExhausted。在這個例子中，編譯器會發現我們沒有檢查所有的 enum 值。

▶Listing 7.2　因可達性而引起的編譯器錯誤

```
01    enum Color {
02      RED, GREEN, BLUE
03    }
04    function assertExhausted(x: never): never {
05      throw new Error("Unexpected object: " + x);
06    }
07    function handle(t: Color) {
08      if (t === Color.RED) return "#ff0000";
09      if (t === Color.GREEN) return "#00ff00";     編譯器錯誤因為我們
10      assertExhausted(t);    ←                     沒有處理 Color.BLUE
11    }
```

在第 4.32 小節中，我們使用了這個特定的檢查來驗證 switch 涵蓋了所有的情況。在有型別的函數式程式語言之中，這種檢查通常被稱之為**完整性檢查**（**exhaustiveness check**）。

一般來說，這是個具有挑戰性的分析，尤其是當我們要遵循五行程式碼規則時，因為這很容易看出有多少個 return 和它們在哪些位置。

7.1.3　優勢：定義指定值可防止存取未初始化的變數

「編譯器」還能夠驗證的另一個特性是變數在使用前是否已經明確地指定值。需要留意的是，這並不代表變數存放了有用的內容，但變數已被明確地指定了**某些值**。

這個檢查適用於區域變數，特別是當我們想要在 if 陳述句中初始化區域變數時。在這種情況下，我們可能會在所有路徑中都沒有初始化變數。請想像一下這個程式碼是要尋找 name 為 John 的元素，但在 return 句中不能保證已經初始化了 result 變數，因此編譯器不會允許此程式碼執行。

▶Listing 7.3　未初始化的變數

```
01 | let result;
02 | for (let i = 0; i < arr.length; i++)
03 |   if (arr[i].name === "John")
04 |     result = arr[i];
05 | return result;
```

我們可能知道在這段程式碼中，arr 一定含有名為 John 的元素。在這種情況下的編譯器會過於謹慎。最佳的解決方式是告訴編譯器我們所了解的情況：我們知道編譯器會找到一個名為 John 的元素。

我們可以透過運用程式中其他變數的唯讀（最終）欄位來教導編譯器。唯讀欄位在建構函式結束時必須被初始化，這代表我們需要在建構函式中或是直接在宣告變數時就為它指定值。

我們可以利用這項嚴謹性來確保特定的值存在。在先前的範例中，我們可以把陣列包在一個類別內，並使用唯讀欄位來存放 name 為 John 的物件，這樣連尋找串列的迴圈都可以省略掉。當然，這樣的改變意味著我們必須修改串列的建立方式。但透過這樣的改變，我們可以防止他人不經意把 John 物件刪除，進而消除一個不變性。

7.1.4　優勢：存取控制有助於封裝資料

編譯器也很擅長存取控制，這在我們封裝資料時非常有用。如果我們把某個成員設為私有，就能確保它不會意外地洩漏。我們在第 6 章已看過了怎麼運用以及為什麼要用這項技巧的許多範例，所以這裡不再詳細介紹。不過，我想澄清一個新手程式設計師常見的誤解：私有（private）適用於類別，而不是物件。這表示如果是同一類別的另一個物件，我們就可以查看其私有成員。

如果我們有某些方法對於不變條件很敏感，我們可以透過把它們設為私有來保護它們，像下列範例這樣。

▶Listing 7.4　由於存取所造成的編譯器錯誤

```
01  class Class {
02    private sensitiveMethod() {
03      // ...
04    }
05  }
06  let c = new Class();        編譯器錯誤發生的所在
07  c.sensitiveMethod();
```

7.1.5　優勢：型別檢查證明特性

編譯器最後一個要強調的優勢是最強大的：型別檢查器（type checker）。型別檢查器負責檢查變數和成員是否存在，我們在書的 Part 1 部分中使用這個功能來重新命名某些內容來造成錯誤，這也是型別檢查器啟用重構模式「強制循序（ENFORCE SEQUENCE）」（6.4.1 小節）的原因。

在下面這個範例中，我們編寫了一個串列資料結構，此串列不能為空，因為它只能由一個元素或一個元素後跟一個串列組成。

▶Listing 7.5　由於型別所造成的編譯器錯誤

```
01  interface NonEmptyList<T> {
02    head: T;
03  }
04  class Last<T> implements NonEmptyList<T> {
05    constructor(public readonly head: T) { }
06  }
07  class Cons<T> implements NonEmptyList<T> {
08    constructor(
09      public readonly head: T,
10      public readonly tail: NonEmptyList<T>) { }
11  }
12  function first<T>(xs: NonEmptyList<T>) {
13    return xs.head;
14  }                          型別錯誤的所在
15  first([]);
```

與常見的專業術語不同，強型別（strongly typed）不是個二元的特性，程式語言可以像光譜有較強或較弱的型別。在這本書中我們使用的是 TypeScript 子集合，其型別強度相當於 Java 和 C#。這種程度的型別強度已足以指導編譯器複雜的特性，例如無法從空堆疊中取出東西。然而，這需要具備一定程度的型別理論技巧。許多程式語言有更強大的型別系統，以下是其中最有趣的幾種程式語言，順序按照其強度遞增：

- 借用型別（Rust）

- 多型型別推斷（OCaml 和 F ＃）

- 型別類別（Haskell）

- 聯合和交集型別（TypeScript）

- 相依型別（Coq 和 Agda）

在擁有良好型別檢查器的程式語言中，指導它程式的「特性（properties）」是我們可以得到的最高安全級別。這相當於使用最複雜的靜態分析器或以手動方式證明特性，後者更困難且容易出錯。學習怎麼做不在本書的範圍之內，但考慮到這種分析的強大程度和所能獲得的好處，我希望能引起了您的興趣，讓您自己去尋找相關的資訊來學習。

7.1.6　弱勢：反參照 null 會導致應用程式崩潰

在這個強弱範圍的另一端是 null。而 null 是危險的，因為如果我們試圖對其呼叫方法，就會導致失效。有些工具可以偵測到其中的一些情況，但很少能偵測到全部，這表示我們不能盲目依賴工具。

如果關閉 TypeScript 的嚴格 null 檢查，它就會像其他主流程式語言一樣運作。在許多現代的程式語言中，像下列這般的程式碼是可被接受的，即使我們以average(null) 這樣的方式呼叫而造成程式崩潰。

▶Listing 7.6　潛在的 null 反參照，但編譯器不會回報錯誤

```
01   function average(arr: number[]) {
02     return sum(arr) / arr.length;
03   }
```

在處理可為 null 的變數時，由於存在執行時期錯誤的風險，我們應該要更加小心謹慎。我習慣說，如果您沒看到變數的 null 檢查，那麼它很可能就是 null，多檢查一次會比較好。

有些整合開發環境（IDE）可能會提示某些 null 檢查是多餘的，但我知道這樣的提示可能會讓人覺得很不舒服，因為這些程式碼可能會變成被半透明或劃上刪除線。然而，我強烈建議您不要移除這些檢查，除非這些檢查的成本太昂貴，或者您確切知道不可能發生錯誤。

7.1.7　弱勢：算術錯誤導致溢位或程式崩潰

通常編譯器不會檢查的問題之一就是被稱為「**算術錯誤**」的問題，例如除以（或模除）0。編譯器甚至不檢查是否會發生溢位，把某個整數除以 0 會導致程式崩潰當掉，但更糟糕的是溢位會導致程式表現出奇怪的行為。

再重複之前的範例，就算我們知道程式不會使用 null 呼叫 average 函式，但幾乎沒有編譯器會發現當我們使用空陣列時可能會發生除以 0 的情況。

▶Listing 7.7　潛在除以 0 的問題，但編譯器不會回報錯誤

```
01    function average(arr: number[]) {
02      return sum(arr) / arr.length;
03    }
```

由於編譯器不太會協助算術運算的檢查，所以在進行算術運算時要非常小心。確保除數不可能為 0，我們也不會相加或相減足以引起超出或低於限制的數值，或者使用 BigIntegers 的某種變體。

7.1.8　弱勢：越界錯誤導致我們的程式崩潰

編譯器遇到的另一個麻煩是直接存取資料結構。當我們試圖使用超出資料結構範圍的索引來進行存取時，這會導致索引越界錯誤。

請想像一下，假設有一個函式是用來找出陣列中第一個質數的索引。我們可以使用該函式來尋找第一個質數，程式碼如下所示。

▶Listing 7.8　潛在越界存取的問題，但編譯器不會回報錯誤

```
01    function firstPrime(arr: number[]) {
02      return arr[indexOfPrime(arr)];
03    }
```

如果在陣列中找不到質數，此函式會返回 -1，這樣會導致越界錯誤。

有兩種解決方案可以避免這個限制。如果有可能找不到我們所期望的元素，就遍訪整個資料結構，或者使用之前討論的明確指定值的做法來證明該元素一定存在。

7.1.9　弱勢：無窮迴圈拖住我們的應用程式

程式出問題的另一種狀況是執行時沒有反應，我們只能盯著一個空白的畫面，而程式默默地在執行迴圈。這種錯誤一般是編譯器無法幫我們解決的。

在下面這個範例中，我們想要檢測是否有在字串中。然而，我們忘了把先前的 quotePosition 傳給第二次呼叫的 indexOf。如果 s 含有引號，這就會變成無窮迴圈，而編譯器是無法偵測到這種情況的。

▶Listing 7.9　有無窮迴圈的問題，但編譯器不會回報錯誤

```
01   let insideQuote = false;
02   let quotePosition = s.indexOf("\"");
03   while(quotePosition >= 0) {
04     insideQuote = !insideQuote;
05     quotePosition = s.indexOf("\"");
06   }
```

這類問題透過從 while 轉換到 for 再到 foreach，以及最近來 TypeScript 中使用 forEach、Java 中的 stream 操作和 C# 中的 LINQ 等高層級結構而逐漸減少。

7.1.10　弱勢：死鎖和競爭條件導致意外行為

最後一種麻煩來自多執行緒。多執行緒共享可變資料可能會引發大量的問題：競爭條件（race conditions）、死鎖（deadlocks）、飢餓（starvation）等。

TypeScript 不支援多執行緒，所以我無法用 TypeScript 來展示這類錯誤的範例。但我可以用虛擬程式碼來示範。

使用多執行緒時，首先遇到的問題是競爭條件（race conditions）。當兩個或更多執行緒競爭讀寫共享變數時，就會發生競爭條件。這種情況的發生可能是兩個執行緒在更新之前先讀取了相同的值。

▶Listing 7.10　競爭條件的虛擬程式碼

```
01   class Counter implements Runnable {
02     private static number = 0;
03     run() {
04       for (let i = 0; i < 10; i++)
05         console.log(this.number++);
06     }
07   }
08   let a = new Thread(new Counter());
09   let b = new Thread(new Counter());
10   a.start();
11   b.start();
```

▶Listing 7.11　範例輸出

```
01 | 1
02 | 2
03 | 3
04 | 4
05 | 5
06 | 5       兩個重複的數字⋯
07 | 7
08 | 8           ⋯和跳過的數字
09 | ...
```

若想要解決這個問題，我們引入鎖（lock）的概念。讓每個執行緒都擁有一把鎖，然後在繼續之前檢查另一個執行緒的鎖是否已經釋放。

▶Listing 7.12　死鎖的虛擬程式碼

```
01 | class Counter implements Runnable {
02 |   private static number = 0;
03 |   constructor(private mine: Lock, private other: Lock) { }
04 |   run() {
05 |     for (let i = 0; i < 10; i++) {
06 |       mine.lock();
07 |       other.waitFor();
08 |       console.log(this.number++);
09 |       mine.free();
10 |     }
11 |   }
12 | }
13 | let aLock = new Lock();
14 | let bLock = new Lock();
15 | let a = new Thread(new Counter(aLock, bLock));
16 | let b = new Thread(new Counter(bLock, aLock));
17 | a.start();
18 | b.start();
```

▶Listing 7.13　範例輸出

```
01 | 1
02 | 2
03 | 3
04 | 4       停住什麼都沒發生
05 |
```

我們所遇到的問題被稱為**死鎖（deadlock）**：兩個執行緒被鎖住，等待對方解鎖才能繼續進行。有個常見的比喻是兩個人在門口相遇，而都堅持另一個人應該先進去。

如果我們讓迴圈無限執行，只是列印出哪個執行緒正在執行，就能暴露最後這類多執行緒的錯誤。

▶Listing 7.14　飢餓的虛擬程式碼

```
01 | class Printer implements Runnable {
02 |   constructor(private name: string, private mine: Lock, private other: Lock) { }
03 |   run() {
04 |     while(true) {
05 |       other.waitFor();
06 |       mine.lock();
07 |       console.log(this.name);
08 |       mine.free();
09 |     }
10 |   }
11 | }
12 | let aLock = new Lock();
13 | let bLock = new Lock();
14 | let a = new Thread(new Printer("A", aLock, bLock));
15 | let b = new Thread(new Printer("B", bLock, aLock));
16 | a.start();
17 | b.start();
```

▶Listing 7.15　範例輸出

```
01 | A
02 | A
03 | A        ←──┐   一直持續下去…
04 | A        ←──┘
```

這裡的問題是 B 永遠不允許執行。這樣的情況很少見，但在技術上是可能發生的，它被稱為**飢餓**（**starvation**）。可比喻成單行道的橋，有一側需要等待，但另一側的車流卻從未停止。

管理這類問題的做法有整本書在探討，我能提供的最好建議是盡可能避免使用有共享可變資料的多執行緒。這是透過避免「多個」和「共享」部分，或是避免「可變」部分來達成，其做法具體取決於不同的情況。

7.2　使用編譯器

現在我們對編譯器已經相當熟悉，是時候把編譯器納入，成為開發團隊中的一員了。我們應該在設計軟體時運用編譯器的優勢，避開其弱點。當然，我們絕對不要和編譯器對抗或舞弊。

大家經常把軟體開發和建築施工做類比。但是，正如 Martin Fowler 在他的部落格文章中所指出的那樣，這是我們領域中最具破壞性的隱喻之一。程式設計工作不是建築施工，程式設計是多層面的溝通：

■ 當我們告訴電腦該怎麼做時，我們是和電腦進行溝通。

■ 當其他開發人員閱讀我們的程式碼時，我們是和他們進行溝通。

■ 當我們要求編譯器閱讀我們的程式碼時，我們是和編譯器進行溝通。

因此，程式設計與文學創作有更多相似之處。我們先瞭解領域知識，然後在腦中形成模型，最後將這個模型轉化為程式碼。有一句很美的引述提到：

> 資料結構是凍結在某個時間點上的演算法。

—我想不起來是誰說的

Dan North 注意到相似之處，程式是開發團隊凍結在某個時間點上的領域集體知識。程式是開發人員對於領域所信任的一切完整明確的描述。在與文學的比喻中，編譯器就是個文字編輯器，可確保我們的文字符合一定的品質標準。

7.2.1　讓編譯器能好好工作

正如之前多次看到的情況，有很多種做法可以來考量設計怎麼與編譯器的配合，充分發揮編譯器在團隊中的作用。以下是本書使用編譯器的一些做法，可供讀者參考活用。

把編譯器當作待辦事項清單，增加程式碼的安全性

在這本書中，我們最常把編譯器當作待辦事項清單，尤其是在搞砸了某些東西時。當我們想要進行修改變更時，只需重新命名來源程式碼的方法，然後依賴編譯器告訴我們在哪些位置還需要做調整。如此一來，我們可以確信編譯器不會遺漏任何參照。這種做法很有效，但前提是沒有其他錯誤存在。

假設我們想要找出使用 enum 的所有位置，並檢查是否使用了 default。我們可以在 enum 名稱後面加上 _handled 來尋找所有使用的情況，包括那些有 default 的位置。這樣編譯器就會在原本使用 enum 的地方產生錯誤，當我們循著編譯器提供的位置檢查和處理完之後，只需要在 enum 名稱後面加上 _handled 來消除錯誤即可。

▶Listing 7.16　利用編譯器的錯誤來尋找有使用 enum 的位置

```
01 | enum Color_handled {
02 |   RED, GREEN, BLUE
03 | }
04 | function toString(c: Color) {          ← 編譯器顯示錯誤的位置
05 |   switch (c) {
06 |     case Color.RED: return "Red";
07 |     default: return "No color";
08 |   }
09 | }
```

一旦處理完成後，要在所有位置去掉_handled 是很容易的。

使用強制循序來增加程式碼的安全性

「強制循序（ENFORCE SEQUENCE）」這個模式專注於教導編譯器來了解程式中的不變條件（invariant），藉此將不變條件變成一種特性（property）。這表示在未來不會意外破壞該不變條件，因為編譯器會在每次編譯時確保該特性仍然成立。

在第 6 章中討論了利用類別進行強制循序時，在內部和外部的變體應用。這兩個類別都會保證字串在先前的某個時點已經被轉換為大寫。

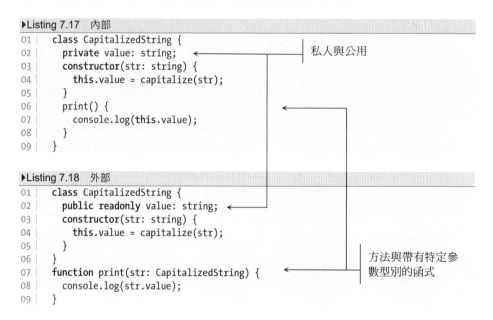

▶Listing 7.17　內部

```
01 | class CapitalizedString {
02 |   private value: string;              ← 私人與公用
03 |   constructor(str: string) {
04 |     this.value = capitalize(str);
05 |   }
06 |   print() {
07 |     console.log(this.value);
08 |   }
09 | }
```

▶Listing 7.18　外部

```
01 | class CapitalizedString {
02 |   public readonly value: string;
03 |   constructor(str: string) {
04 |     this.value = capitalize(str);
05 |   }
06 | }
07 | function print(str: CapitalizedString) {   ← 方法與帶有特定參
08 |   console.log(str.value);                      數型別的函式
09 | }
```

使用強制封裝來增加程式碼的安全性

透過使用編譯器的存取控制來強制嚴謹的封裝，就能把不變條件限定在特定範圍內。透過封裝資料，這樣就能更有信心地確保它維持在我們期望的狀態。

我們已經看過怎麼利用把 depositHelper 輔助方法設為私人的，來防止其他人意外地呼叫它。

▶Listing 7.19　私人的輔助方法

```
01 │  class Transfer {
02 │    constructor(from: string, private amount: number) {
03 │      this.depositHelper(from, -this.amount);
04 │    }
05 │    private depositHelper(to: string, amount: number) {
06 │      let accountId = database.find(to);
07 │      database.updateOne(accountId, { $inc: { balance: amount } });
08 │    }
09 │    deposit(to: string) {
10 │      this.depositHelper(to, this.amount);
11 │    }
12 │  }
```

利用編譯器刪除沒用到的程式碼來增加安全性

我們還會利用編譯器來檢查程式碼是否被使用到，這是透過「嘗試刪除後再編譯（TRY DELETE THEN COMPILE）」重構模式（4.5.1 小節）來完成的。一次刪除多個方法後，編譯器會快速掃描整個程式碼庫，告知有哪些方法是有被使用到的。

我們使用這種做法來消除介面中的方法，編譯器是無法知道這些方法是否會被使用到或是真的沒有被使用。但如果我們知道某個介面只在內部使用，我們可以嘗試從介面中去刪除方法，然後觀察編譯器是否接受並順利編譯。

在第 4 章介紹過的範例中，我們能安全地刪除 m2 甚至是 m3 方法。

▶Listing 7.20　可刪除方法的範例

```
01 │  interface A {
02 │    m1(): void;
03 │    m2(): void;
04 │  }
05 │  class B implements A {
06 │    m1() { console.log("m1"); }
07 │    m2() { m3(); }
08 │    m3() { console.log("m3"); }
```

```
09 │   }
10 │   let a = new B();
11 │   a.m1();
```

利用明確的值來增加程式碼的安全性

最後，在本章前面的內容中有展示過一個不能為空的串列資料結構。我們透過使用唯讀欄位來保證這一點。這些欄位是在編譯器的明確指定值分析中，並且在建構函式結束時必須指定值。就算在支援多個建構函式的程式語言中，我們也不會得到一個具有未初始化唯讀欄位的物件。

▶Listing 7.21　使用唯讀欄位實現了不能為空的串列

```
01 │   interface NonEmptyList<T> {
02 │     head: T;
03 │   }
04 │   class Last<T> implements NonEmptyList<T> {
05 │     constructor(public readonly head: T) { }
06 │   }
07 │   class Cons<T> implements NonEmptyList<T> {
08 │     constructor(
09 │       public readonly head: T,
10 │       public readonly tail: NonEmptyList<T>) { }
11 │   }
```

7.2.2　不要和編譯器對抗

每次看到有人刻意與編譯器對抗並阻止其發揮作用時，我都感到很難過。有幾種做法會出現這種情況，以下是對其中最常見情況的簡要描述。這些情況主要是由於三種原因之一所造成的，以對應的解釋來看就是：不理解型別、懶惰和不理解架構。

型別

如之前所描述的，「型別檢查器（type checker）」是編譯器中最強大的功能之一。因此，欺騙或停用這項功能是最嚴重的錯誤。大部份的人會以三種不同的方式來誤用型別檢查器。

型別轉換

第一種是使用型別轉換（casts）。型別轉換就像是告知編譯器您比它更了解型別。使用型別轉換之後會阻止編譯器提供協助，基本上停用了特定變數或表式式的檢查。型別並不直觀，是需要學習的技能。需要使用型別轉換的情況通常是代表我們可能不了解這些型別，或者其他人也不了解。

當型別不符合我們的需求時，就可能會使用型別轉換。使用型別轉換就像給一個長期疼痛的人吃止痛藥：可以暫時緩解痛楚，但無法解決根本問題。

在從網路服務取得未定型別的 JSON 時，常見情境就是使用型別轉換。在下面這個例子中，開發人員確信變數中的 JSON 始終是個數值。

▶Listing 7.22　型別轉換

```
01 │    let num = <number> JSON.parse(variable);
```

這裡有兩種可能的情況會發生：第一種是從我們可以控制的地方獲取輸入，例如我們自己的網路服務。第二種是使用相同的型別在發送端和接收端進行重複運用，這是種更持久的解決方案。有幾個程式庫能提供協助，如果輸入來自第三方，最安全的解決方案是使用自訂解析器來解析輸入。這就是我們在 Part 1 部分處理關鍵輸入的方式。

▶Listing 7.23　從字串解析輸入到自訂類別

```
01 │    window.addEventListener("keydown", e => {
02 │      if (e.key === LEFT_KEY || e.key === "a") inputs.push(new Left());
03 │      else if (e.key === UP_KEY || e.key === "w") inputs.push(new Up());
04 │      else if (e.key === RIGHT_KEY || e.key === "d") inputs.push(new Right());
05 │      else if (e.key === DOWN_KEY || e.key === "s") inputs.push(new Down());
06 │    });
```

動態型別

比停用型別檢查更糟糕的是「**真正**」停用型別檢查。這種情況發生在我們使用動態型別時：在 TypeScript 中，使用 any（在 C# 中為 dynamic）。雖然這好像很有用，特別是在透過 HTTP 來回傳送 JSON 物件時，但這種做法會開啟無數潛在的錯誤，例如參照到不存在的欄位或者型別與我們預期不同，以致於讓我們試圖把兩個字串相乘。

最近我遇到了一個問題，其中某些 TypeScript 執行的版本是 ES6，但編譯器配置卻是 ES5 版本，這表示編譯器並不知道 ES6 中的所有方法。具體而言，它不知道陣列上的 findIndex 方法。為了解決這個問題，某個開發者把變數轉換為 any 型別，這樣編譯器就允許對它進行任何呼叫。

▶Listing 7.24　使用 any 型別
```
01 | (<any> arr).findIndex(x => x === 2);
```

在執行時期這個方法不太可能不存在，所以風險不太大。不過，更新配置設定會是更安全、更持久的解決方案。

執行時期型別

第三種欺騙編譯器的方式是把識別功能從編譯時期轉移到執行時期，這完全與本書中的建議相反。下面有個相當常見的例子說明這是如何發生的。請想像一下，假設我們有一個帶有 10 個參數的方法，這有點令人困惑，因為每次新增或刪除參數時，我們都需要在呼叫該方法的每個地方進行修改。因此，我們決定改為只使用一個參數：一個從字串對映到值的 Map 參數。這樣我們可以輕鬆新增更多的值，而且不需要更改任何程式碼。但這是個可怕的想法，因為我們丟棄了識別的能力。編譯器無法知道 Map 中存在哪些 key，因此無法檢查我們是否有存取不存在的 key。我們從型別檢查的優勢轉移到了越界錯誤的弱點上了。如果您厭倦了洗衣服？難道最簡單的解決方案是把所有的衣服都燒掉！

在下面這個範例中，我們不再傳入三個單獨的參數，而是使用一個 Map 來傳遞。隨後可以使用 get 方法從 Map 中提取出對應的值。

▶Listing 7.25　執行時期型別
```
01 | function stringConstructor(
02 |     conf: Map<string, string>,
03 |     parts: string[]) {
04 |   return conf.get("prefix")
05 |       + parts.join(conf.get("joiner"))
06 |       + conf.get("postfix");
07 | }
```

有個更安全的解決方案是建立一個具有特定欄位的物件。

▶Listing 7.26　靜態型別

```
01   class Configuration {
02     constructor(
03       public readonly prefix: string,
04       public readonly joiner: string,
05       public readonly postfix: string) { }
06   }
07   function stringConstructor(
08       conf: Configuration,
09       parts: string[]) {
10     return conf.prefix
11         + parts.join(conf.joiner)
12         + conf.postfix;
13   }
```

懶惰

第二大問題就是懶惰。我並不認為程式設計師因為懶惰而受到指責,因為懶惰是大多數人開始學習程式設計的原因之一。我們很樂意花費數小時或數週的時間來自動化處理懶得做的事情。懶惰讓我們成為更好的程式設計師,但如果一直保持懶惰下去,有可能會讓我們成為很糟糕的程式設計師。

我對這個問題比較寬容的另一個原因是開發人員通常面臨巨大的壓力和嚴格的交付期限。在這樣的心態下,每個人都會盡量走捷徑。問題是這些都只是短期的解決方案。

預設值

在 Part 1 中,我們詳細討論了預設值的運用,無論我們在哪裡使用預設值,最終總會有人會新增不應該是預設值的值,並且忘記修正。請不要使用預設值,讓開發人員每次在新增或修改內容時都要負起責任。這可以透過不提供預設值來實現,這樣編譯器就會強迫開發人員做出選擇。這甚至可以協助我們發現在分析解決方案時遺落的漏洞,當編譯器問我們一個不知道答案的問題時,這就能幫助我們暴露出問題的所在。

在下列這段程式碼中,開發人員希望利用大多數「動物(animal)」都是「哺乳動物(mammal)」的事實,並將其設為預設值。然而,我們很容易忘記覆寫這個預設值,特別是因為編譯器無法提供任何協助。

▶Listing 7.27 由於預設引數所造成的 bug

```
01 | class Animal {
02 |    constructor(name: string, isMammal = true) { ... }
03 | }
04 | let nemo = new Animal("Clown fish");
```

現在小丑魚變成
哺乳動物了

繼承

透過「只能從介面來繼承（ONLY INHERIT FROM INTERFACES）」這項規則
（4.3.2 小節）以及第 4.4 小節的內容，我已經清楚表達了對於透過繼承來分享
程式碼的觀點，並提出了相關的討論。繼承是一種預設行為，這已在先前小節
的內容中有提到過。此外，繼承也增加了實作類別之間的耦合性。

以這個例子來看，如果在哺乳動物（Mammal）中新增一個方法，我們必須記
得以手動來檢查這個方法是否在所有的子類別中都是合法有效的。這種手動方
式很容易漏掉或忘記檢查。以下列這段程式碼來說，我們在哺乳動物的超類別
（superclass）中新增了一個「下蛋（laysEggs）」的方法，這對大多數的子類
別都合法有效，但對於鴨嘴獸（Platypus）卻不適用。

▶Listing 7.28 由於繼承所造成的問題

```
01 | class Mammal {
02 |    laysEggs() { return false; }
03 | }
04 | class Dolphin extends Mammal { }
05 | /// ...
06 | class Platypus extends Mammal {
07 |
08 | }
```

應該要覆寫 laysEggs 方法

非受檢例外

例外（exceptions）情況通常有兩種情況：一種是我們必須處理的，另一種是
我們不需要處理的。但如果有例外情況可能會發生，我們應該在某個地方處理
它，或者至少讓呼叫方知道我們沒有處理它，這就是受檢例外（checked
exceptions）的行為模式。我們應該只在確定不會發生的情況下使用非受檢例
外（unchecked exceptions），例如當我們知道某個不變條件為「真」，但無法在
程式語言中表示這個不變條件，那麼擁有一個名為 Impossible 的非受檢例外似
乎就足夠了。但就像所有不變條件一樣，我們可能有一天會破壞它，並且出現
未處理 Impossible 例外的情況。

在下面這個例子中，我們可以看到使用非受檢例外來處理一些不是完全不可能發生的情況。我們合理地檢查輸入的陣列是否為空，因為這有可能導致算術運算的錯誤。然而，由於我們使用了非受檢例外，呼叫方仍然可以使用空陣列來呼叫我們的方法，這樣就會導致程式崩潰當掉。

▶Listing 7.29　使用非受檢例外

```
01 | class EmptyArray extends RuntimeException { }
02 | function average(arr: number[]) {
03 |   if (arr.length === 0) throw new EmptyArray();
04 |   return sum(arr) / arr.length;
05 | }
06 | /// ...
07 | console.log(average([]));
```

更好的解決方案是使用受檢例外。如果呼叫方的區域不變條件保證例外不可能發生，我們可以輕鬆地使用之前提到的 Impossible 例外。以下是一個虛擬程式碼範例，因為 TypeScript 並不支援受檢例外。

▶Listing 7.30　使用受檢例外

```
01 | class Impossible extends RuntimeException { }
02 | class EmptyArray extends CheckedException { }
03 | function average(arr: number[]) throws EmptyArray {
04 |   if (arr.length === 0) throw new EmptyArray();
05 |   return sum(arr) / arr.length;
06 | }
07 | /// ...
08 | try {
09 |   console.log(average(arr));
10 | } catch (EmptyArray e) {
11 |   throw new Impossible();
12 | }
```

架構

大家在對抗妨礙編譯器協助的第三種方式是因為對架構（特別是微架構）的理解不足。**微架構**（**Micro-architecture**）是會影響自己團隊但不會影響其他團隊的架構。

在 Part1 中，我們討論了這種情況的主要表現方式：透過使用 getter 和 setter 破壞封裝。這樣做會讓接收方和欄位之間產生耦合，並妨礙編譯器控制存取。

在下列這個堆疊實作中，我們透過暴露內部陣列來破壞封裝性，這表示外部程式碼可以依賴它。更糟糕的是，外部程式碼可以透過修改陣列來改變堆疊。

▶Listing 7.31　帶有 getter 的不良微架構

```
01 │  class Stack<T> {
02 │     private data: T[];
03 │     getArray() { return this.data; }          這一行程式就會
04 │  }                                             改變堆疊
05 │  stack.getArray()[0] = newBottomElement;
```

另一種情況是，如果我們把私有欄位當作引數來傳遞，這也會產生同樣的效果。在下面的範例中，取得陣列的方法可以對它進行任何操作，包括改變堆疊。請別介意這裡函式的名字取得有些誤導性。

▶Listing 7.32　帶有參數的不良微架構

```
01 │  class Stack<T> {
02 │     private data: T[];
03 │     printLast() { printFirst(this.data); }
04 │  }
05 │  function printFirst<T>(arr: T[]) {            這一行程式就會
06 │     arr[0] = newBottomElement;                 改變堆疊
07 │  }
```

請不要這麼做，我們應該傳入 this，這樣就可以保留程式的區域不變條件。

7.3　信任編譯器

現在我們積極地利用編譯器和重視它，並以這樣的態度來考量建構軟體。憑藉對編譯器優勢和弱勢的了解，我們很少會與編譯器發生令人沮喪的爭執，而且可以開始信任它了。

我們可以擺脫那種不產生效果的錯覺，覺得自己比編譯器更聰明，並且仔細聆聽它的建議。

現在擺脫「我們比編譯器更了解程式」的那種適得其反的錯覺，並密切注意編譯器回應的內容。我們會因為付出而得到回報，根據前面小節的說明，現在會花更多心思在這上面。

接著讓我們來看一看兩個最後要探討的議題：不變條件（invariants）和警告（warnings），而這兩個議題讓大家容易對編譯器產生不信任。

7.3.1 教會編譯器不變條件

在整本書中，我們已經詳細討論過全域不變條件的相關問題，所以現在應該已經掌握了怎麼控制不變條件的做法。但還有一個問題是局部的區域不變條件要怎麼處理呢？

區域不變性比較容易維護，因為它們的範圍是有限且明確。然而，它們也會與編譯器產生相同的衝突。我們對程式較了解，但這些資訊編譯器並不知道。

我們來看一個較大型的範例，這個範例就涉及到局部的區域不變情況。在這裡的程式中是正要建立一個資料結構來計算元素的數量。因此，當我們新增元素時，這個資料結構會記錄我們加了多少個各種型別的元素。為了方便起見，我們也會記錄新增的總元素數量。

▶Listing 7.33　計數集合

```
01    class CountingSet {
02      private data: StringMap<number> = { };
03      private total = 0;          ◀──────────┐
04      add(element: string) {                  │
05        let c = this.data.get(element);        │
06        if (c === undefined)                   │  持續追蹤累加到
07          c = 0;                               │  總和 total 中
08        this.data.put(element, c + 1);         │
09        this.total++;          ◀───────────────┘
10      }
11    }
```

我們想要在這個資料結構中新增一個方法，讓它可以隨機挑選一個元素出來。其做法是：隨機生成一個小於總和 total 的數字，然後返回在陣列中該位置的元素，但因為我們並沒有儲存陣列，所以我們需要遍訪所有的 key，並在索引中按照該數字的大小往前跳到對應的位置。

▶Listing 7.34　隨機挑選一個元素（錯誤版）

```
01    class CountingSet {
02      // ...
03      randomElement(): string {   ◀──────── 可達性的錯誤
04        let index = randomInt(this.total);
05        for (let key in this.data.keys()) {
06          index -= this.data[key];
07          if (index <= 0)
08            return key;
09        }
10      }
11    }
```

上述這個方法無法編譯，因為它未能通過先前所描述的可達性分析。編譯器並不知道我們都是挑選一個元素，因為它並不了解 total 是資料結構中元素的 total 總和數量的不變條件。這是一個局部的區域不變條件，並在這個類別的每個方法結束時都保持條件成立。

在這種情況下，我們可以透過新增一個不可能發生的例外來解決這種錯誤。

▶Listing 7.35　隨機挑選一個元素（修正版）

```
01 | class Impossible { }
02 | class CountingSet {
03 |   // ...
04 |   randomElement(): string {
05 |     let index = randomInt(this.total);
06 |     for (let key in this.data.keys()) {
07 |       index -= this.data[key];
08 |       if (index <= 0)
09 |         return key;
10 |     }
11 |     throw new Impossible();        ←──────  以例外來避開錯誤
12 |   }
13 | }
```

然而，這只是解決了編譯器抱怨的直接問題，我們並沒有確保不變條件在以後不會被破壞。請想像一下，假設我們實作了一個 remove 函式卻忘記遞減 total 的值，這會發生什麼事。編譯器不喜歡我們的 randomElement 方法，因為這個方法有潛在的風險。

每當我們在程式中有不變條件（invariants）時，都會用「如果您無法擊敗他們，就加入他們吧！」策略來應對：

1. 消除它們。

2. 如果無法消除，就教導編譯器認識它們。

3. 如果無法教導編譯器，就使用自動化測試在執行時期了解它們。

4. 如果無法教導執行時期，就透過詳細的文件向團隊傳達這些不變條件。

5. 如果無法教導團隊，就教導測試人員並進行手動測試。

6. 如果還是無法解決，那就祈禱吧，因為只有神才可能幫助您了。

在上述的情境中，「無法」指的是不可行，而不是不可能，每種解決方案都有其適用的時機。但要留意的是，我們在上述清單愈往下進行，承諾要維護解決

方案的時間就越長。文件需要比測試花費更多有思考意識的時間來維護，因為測試會告訴您這些不變條件是否與軟體脫節，而文件則無法提供這樣的幫助。清單上的選項越往上進行，長期的成本就越低。這應該可以化解一個常見的藉口，那就是「我們沒有時間撰寫測試」，因為從長遠來看，不寫測試反而會更花時間。

要注意的是，如果您的軟體生命週期很短，您可以選擇清單較下方的選項；例如，如果您只是在建立一個原型，並計劃在手動測試後將其捨棄，那就可以選用清單中較下方的選項。

7.3.2　請留意警告的訊息

另一個大家容易對編譯器不信任的地方是在它給出警告時。在醫院裡有個術語叫做「**警報疲勞（alarm fatigue）**」：醫護人員對於警報變得麻木，因為它們成為常態而不是例外。在軟體中也會有相同的效果：每次我們忽略某個警告、某個執行時期的錯誤或某個錯誤時，我們對它們的注意力就會稍微減少一些。對於編譯器的警告疲勞還有另一個觀點，即破窗效應，認為如果某樣東西處於良好狀態，大家會努力維持它的良好狀態，如果一旦出現破損，我們就不太在意在旁邊放一些不好的東西了。換句話說，當一個警告出現不去處理時，我們就更容易忽視其他相關的警告。

就算某些警告不太重要，但危險在於我們可能會錯過某個關鍵的警告，因為有太多微不足道的警告淹沒了它。這是一個非常嚴重的危險，我們必須了解和注意。微不足道的錯誤或警告有可能掩蓋了更重大的錯誤。

事實上警告是為了協助我們減少錯誤而存在的。因此，只有出現 0 個警告才是健康的。但在某些程式庫中這似乎是不太可能，因為警告已經蔓延了很長一段時間。在這樣的情況下，我們會設定一個上限，限制在程式庫中允許的警告數量，然後逐月減少這個數字。這是一項令人害怕的任務，特別是在開始時並不會得到什麼顯著的好處，直到警告數量減少到很低。一旦達到出現 0 個警告的狀態，我們應該啟用程式語言的設定配置來禁止出現警告，這樣就能確保警告不再冒出來。

7.4　完全信任編譯器

這真的可行嗎？

—每位程式設計師

這段學習旅程的最終階段應該是在我們有了一個完美無缺的程式碼庫，而且我們能夠傾聽和信任編譯器，並以編譯器為中心來進行程式設計。在這個階段，我們對編譯器的優勢和弱勢已經很熟悉，所以不需要再依賴自己的判斷，而是滿意於編譯器給的意見。不必費心在某件任務是否合法有效，我們只需要問編譯器就行了。

如果教會了編譯器我們領域的結構，寫下不變條件且習慣於沒有警告的輸出，當程式碼成功編譯時，應該會比只單純讀程式碼有更大的信心。當然，編譯器無法知道程式碼是否解決了我們期望的問題，但它能告訴我們這支程式是否會崩潰當掉，而程式的崩潰當掉絕對不是我們所期望的。

從編譯器得到比自己閱讀程式碼更多的信心並不是馬上就可達到的境界。這是需要在這趟過程中進行大量的練習和自律，同時還需要適當的技術（也就是程式語言）配合。下列這段引言中反應了我們怎麼對待編譯器的運用。

如果您是房間裡最聰明的人，您可能進錯房間了。請保持一顆好奇心，學無止境，有更優秀的人等著您去學習。（If you're the smartest person in the room, you're in the wrong room.）

—無名氏

總結

- 了解現代編譯器的常見優勢和弱勢，這樣就能調整我們的程式碼，避開弱點並運用其優點：

  - 使用可達性分析確保 switch 有涵蓋了所有的情況。

  - 使用確定指定值分析確保變數都有值。

  - 使用存取控制來保護具有敏感不變條件的方法。

  - 在對變數進行反參照之前，先檢查它們不是 null。

  - 在進行除法運算之前，確定除數不是 0。

  - 檢查操作運算不會超出上限或下限而溢出，或使用 BigInteger。

  - 透過遍訪整個資料結構或使用明確的指定值來避免越界錯誤。

  - 使用高層級的結構來避免無窮迴圈。

  - 不要讓多個執行緒共享可變資料來避免執行緒問題。

- 學會活用編譯器而不與它對抗，這樣才能讓程式達到更高的安全性：

  - 將編譯器錯誤視為重構時的待辦事項清單。

  - 利用編譯器來強制執行循序不變條件（sequence invariants）。

  - 利用編譯器檢測沒有用到的程式碼。

  - 避免使用型別轉換、動態型別或執行時期型別。

  - 不使用預設值、從類別繼承或未受檢的例外。

  - 傳入 this 而不是私有欄位，以避免破壞程式封裝的效果。

- 信任編譯器並重視其輸出內容，維持完美的程式庫來避免警告疲勞。

- 依賴編譯器來預測程式碼是否能正常運作。

遠離注釋

本章內容

- 了解注釋的危險性

- 辨識有價值的注釋

- 處理不同類型的注釋

注釋（comments，或譯註解）可能是本書中最具爭議性的議題之一，所以讓我們先弄清楚所討論的是哪一種注釋。本章將討論的是位於方法內部且不被外部工具（如 Javadoc）使用的注釋。

```
01 |   interface Color {
02 |     /**
03 |      * Method for converting a color to a hex string.
04 |      * @returns a 6 digit hex number prefixed with hashtag
05 |      */
06 |     toHex(): string;
07 |   }
```

雖然對某些人來說有爭議，但我的觀點幾乎完全與大多數優秀的程式設計師一致。注釋是一種藝術形式，但不幸的是，很少有程式設計師研究如何寫出好的注釋。所以常常寫出很糟的注釋，減損了程式碼的價值。因此，我把注釋當作一般性的規則，建議盡量避免使用注釋。Rob Pike 在 1989 年的「Notes on Programming in C」系列文章中提出了類似的觀點：

> [注釋]是個細膩的問題，需要品味和判斷力。我傾向於避免使用注釋，有以下幾個原因。首先，如果程式碼很清晰，使用好的型別名稱和變數名稱，程式應該自己就能解釋。其次，編譯器不會檢查注釋，所以無法保證檢查是正確的，尤其是在程式碼修改之後。具有誤導性的注釋可能很令人困惑。第三，排版的問題：注釋會讓程式碼變得混亂不堪。

> —Rob Pike

Martin Fowler 進一步強調注釋是一種異味。他的其中一個觀點是，注釋通常是用來掩蓋本來就有異味的程式碼。我們應該清理程式碼，而不是添加注釋。

很多教育工作者要求學生透過注釋來解釋他們的程式碼，所以我們從一開始就會學習正確撰寫注釋的方式。這就像在數學作業中要寫上中間的算式一樣：在學習時是很有用，但在實際世界中用處就很少。然而，將這個觀念應用於實際世界還會遇到一個問題。無法理解的程式碼問題可能不會因為同一位開發者加上注釋而解決，正如 Kevlin Henney 在這篇 twitter 推文中所表達的。

> 有個常見的謬誤是以為那些寫出難懂程式碼的人，能夠寫出清晰明瞭的注釋來表達其意思。

> —Kevlin Henney

注釋有很多用途，包括規劃工作、指示密技、記錄程式碼和移除程式碼等等。在 Robert C. Martin 的《Clean Code》一書中，列舉了大約 20 種不同類型的注釋，要了解這麼多種的注釋可能有點困難，所以在這裡，我們把注釋分為五大分類，每個分類都有一個特定的建議做法來進行處理。

在大部分情況下，我們應該避免在交付的程式碼中加入注釋。程式開發中途的注釋是很好的！因此，注釋應該在我們工作流程的重構階段進行處理。在交付任何注釋之前，都要思考是否有更好的方式來表達要說明的內容。

我很想制定一條規則，永遠不要使用中途注釋，但在某些情況下，注釋能幫助我們避免犯下昂貴的錯誤，這種情況下使用注釋還是值得的。有些特性在程式碼中是很難或要以很昂貴的代價來呈現，但在幾秒鐘內可以透過注釋表達出來。這種對於注釋的做法與 Kevlin Henney 的做法很類似（請連到下列網址：https://medium.com/@kevlinhenney/commentonly-what-the-code-cannot-say-dfdb7b8595ac）。

> 注釋只有在程式碼無法表達之處才使用。
>
> —Kevlin Henney

注釋的五大分類由簡易的解決方案到困難的解決方案，依序列示如下。就讓我們一起進入這些分類主題吧。

8.1　刪除過時的注釋

在這裡，我們在措辭上會寬容一些，因為這個分類也包括錯誤或誤導性的注釋。我們這麼做的理由是因為當初寫下這個注釋的時候可能是出於善意的，但後來與程式碼庫脫節了。

在下面這個範例中，請留意注釋和條件式的 or 還有 and 已不一致，這樣的注釋很危險。

▶Listing 8.2 過時的注釋

```
01 |  if (element.hasSelection() || element.isMultiSelect()) {
02 |    // Is has a selection and allows multi selection
03 |    // ...
04 |  }
```

最容易處理的注釋分類是那些已經過時的注釋。這代表該注釋的內容現在可能已不相關或是不正確。這些注釋沒有節省我們的時間，反而需要讓我們花時間去閱讀，所以應該刪除它們。

這種注釋更糟糕的影響是會誤導我們。不僅要浪費時間閱讀，並在設計程式碼時讓我們依賴了不正確的內容，反而需要進行大量的重做工作。最糟糕的是，這種注釋可能導致我們在程式碼中引入錯誤。

8.2 刪除被注釋掉的程式碼

有時候我們會嘗試暫時移除一些程式碼，把它們注釋掉並觀察結果，這是種不錯的實驗方式。但在實驗結束後，我們應該刪除所有被注釋掉的程式碼。因為我們的程式碼會使用版本控制，即使刪除了，我們還是可以輕鬆地從版本控制中還原。

在下面這個範例中，很容易看出為什麼有這些注釋：一開始的程式碼草稿是可以運作執行的，但沒有最佳化。開發者想要改善，卻對於成功沒有太大的把握，這是可以理解的，因為這並不是個簡單的演算法，而且他們在版本控制方面的能力也不足，可能是缺乏經驗或是不了解分支操作，就會耗費資源。因此，開發者並沒有刪除舊的演算法，而是將其注釋掉，這樣在新的演算法無法發揮作用時，就能快速還原舊的演算法。為了測試新的演算法是否有效，開發者可能需要與程式中的主要開發分支合併，當測試成功時，新演算法就已經存在了，且沒有時間或理由去干涉一個正常運作的系統。

▶Listing 8.3 被注釋掉的程式碼

```
01 |  const PHI = (1 + Math.sqrt(5)) / 2;
02 |  const PHI_ = (1 - Math.sqrt(5)) / 2;
03 |  const C = 1 / Math.sqrt(5);
04 |  function fib(n: number) {
05 |    // if (n <= 1) return n;
06 |    // else return fib(n-1) + fib(n-2);
07 |    return C * (Math.pow(PHI, n) - Math.pow(PHI_, n));
08 |  }
```

在這種情境下應該按照以下步驟進行處理。開發者在 Git 中建立一個分支，刪除舊的程式碼，然後開始編寫新的程式碼。如果發現程式碼無法運作，開發者切換到主要開發分支並刪除剛才建立的實驗分支。如果程式碼可以運作，開發者將其合併到主要開發分支，一切都很乾淨。即使需要將更改合併到主要開發分支進行測試，我們仍按照這個步驟過程來操作；如果程式碼無法運作，我們可以從版本歷史中還原恢復原本的程式碼。

8.3　刪除瑣碎而不重要的注釋

另一種注釋分類是加上去也沒什麼增加什麼解釋意義的，有加和沒加都是沒有什麼分別的，當程式碼和注釋一樣容易閱讀時，我們把這種注釋當作是瑣碎而不重要，且可有可無。

▶Listing 8.4　瑣碎而不重要的注釋
```
01 |    /// Log error
02 |    Logger.error(errorMessage, e);
```

在這一類注釋中，還包括那些在閱讀程式碼時會忽略的注釋。沒有人去讀的注釋只會佔用空間，我們可以把它刪除掉。

8.4　把注釋轉換成方法名稱

有些注釋只是用來記錄程式碼的內容而非解釋其功能的。透過下面這個範例來說明會比較容易理解。

▶Listing 8.5　用來記錄程式碼的注釋
```
01 |    /// Build request url
02 |    if (queryString)
03 |      fullUrl += "?" + queryString;
```

在這些情況下，我們可以把該程式區塊提取成一個與注釋有相同名稱的方法。就像如下的範例所示，進行這個操作之後，注釋就變得微不足道且可有可無，我們應該就會刪除掉。在第 3 章中早就見過 2 次這種解決方案的運用了。

▶Listing 8.6　之前

```
01    /// Build request url
02    if (queryString)
03      fullUrl += "?" + queryString;
```

▶Listing 8.7　之後

```
01    /// Build request url          ←   這條注釋變得瑣碎而
02    fullUrl = buildRequestUrl(          不重要
03      fullUrl, queryString);
04    /// ...
05    function buildRequestUrl(fullUrl: string, queryString: string)
06    {
07      if (queryString)
08        fullUrl += "?" + queryString;
09      return fullUrl;
10    }
```

人們大都不喜歡這麼長的方法名稱。然而，這只是在經常呼叫的方法有影響。語言有一種特性，那就是我們最常使用的詞彙往往是最短的。我們的程式碼庫也應該如此。這也是顯而易見的，因為我們對於一直使用的東西是不需要太多的解釋。

8.4.1　使用注釋來進行規劃

這通常是在我們使用注釋來規劃工作並拆解龐大的任務時產生的。這是建立路線圖的好方式。我個人會用如下的注釋來規劃我準備要編寫的程式碼內容。

▶Listing 8.8　規劃型的注釋

```
01    /// Fetch data
02    /// Check something
03    ///   Transform
04    /// Else
05    ///   Submit
```

其中一些注釋在程式碼實作後就變得瑣碎而不重要了，例如 Else。其他的注釋會轉換成方法。我們要不要一開始就把它們轉換成方法，這是個人喜好的問題；重要的是，在寫完程式碼之後要仔細評估它們是否有增加了價值。

8.5　保留記錄不變條件的注釋

最後一種注釋是用來記錄非區域不變條件（non-local invariant）。正如我們多次討論過的，這往往是錯誤容易發生的地方。檢測它們的做法是問自己：「這條注釋能否防止他人引入錯誤呢？」。

當我們遇到這些注釋時，我們仍要檢查看看是否可以將它們轉換為程式碼。在某些情況下，我們可以利用編譯器來消除這些注釋，如第 7 章所描述的那樣處理。然而，這種情況很少見，所以我們接著要考慮的是能不能建立自動化測試來驗證這個不變條件。如果這兩者都不可行，我們就保留注釋。

在下面的範例中，我們看到了一個可疑的陳述句「session.logout」，並附有一個注釋來解釋該程式碼的原因。身份驗證或像這樣的複雜互動可能非常難以進行測試或模擬，因此在這裡保留注釋是完全合理的。

▶Listing 8.9　記錄不變條件的注釋

```
01    /// Log off used to force re-authentication on next request
02    session.logout();
```

8.5.1　在處理過程中的不變條件

在程式碼中，未完成的部分（待辦事項）、（可能）錯誤的部分（修正）或第三方軟體的權宜之計（臨時方案）等都是一種不變條件的情況：不是程式碼中的不變部分，而是處理過程中的不變部分。有些人瞧不起這些情況，並合理地主張這些內容應該放在工單系統內，而不是程式碼中。我同意這種觀點是正確的，但我更喜歡在程式碼中直接加上注釋，因為這樣更容易找到相關的內容。然而，如果注釋在程式碼中，應該要有一些視覺提示來突顯有多少個注釋存在，而且這個數字最好是在遞減。我們應該努力實際修復或執行注釋中提到的事情，這樣我們就可以移除注釋，而不是一直推遲行動。

種樹的最佳時機是在 20 年前，而第二佳的時機就是現在。

—Chinese proverb

總結

- 注釋在開發的過程中很有用，但我們應該在交付之前試著刪除掉。

- 注釋大約可分為五種類型：

  - 刪除過時的注釋，因為它們會引發錯誤。

  - 被注釋掉的程式碼要刪除掉，因為程式碼已經放在版本控制內。

  - 刪除瑣碎不重要的注釋，因為它們不會增加可讀性。

  - 可以當成方法名稱的注釋應該是轉換為方法名稱。

  - 記錄非區域不變條件的注釋應轉化為程式碼或自動化測試；不然就要保留這種注釋。

愛上刪除程式碼

本章內容

- 理解程式碼是怎麼拖慢開發速度的

- 設定限制以防止意外的浪費

- 使用「strangler fig」模式處理過渡期

- 使用「spike and stabilize」模式最小化浪費

- 刪除一切無效的內容

系統之所以有用是因為提供了某些功能讓我們使用，而這些功能來自於程式碼，所以很容易誤以為程式碼本身就有「價值」，但事實並非如此。程式碼其實是一種負擔，是我們必須承擔的必要之惡，其主要目的只是為了獲得我們需要的功能。

我們常認為程式碼有價值的另一個原因是因為製作成本很高。撰寫程式碼需要成熟的工程師花費大量的時間（還要喝很多咖啡）來完成。就只因為我們在某件事情上花費了時間或精力，就把價值歸結給它，這被稱為「**沉沒成本謬誤（sunk-cost fallacy）**」。價值從來都不只來自於投資本身，還要來自於投資的結果。這一點在處理程式碼時非常重要，因為我們必須不斷地維護好程式碼，無論它是否有價值。

每位程式設計師都曾經對某項手動的工作感到厭煩，並想著「我可以自動化這項任務」，這就是為什麼我們會成為程式設計師的原因。然而，我們很容易因為自動化程式碼而分散了對原本問題的注意力，結果花費的時間比手動解決問題還多。我們必須注意不要讓自動化的過程成為失去焦點的原由，進而忘記了最初的問題點。

寫程式是一件有趣的事情，能夠激發我們的創造力和解決問題的能力。但長時間保留程式碼會帶來成本。為了兼顧兩者，我們可以在職業生涯中進行程式設計的練習和實驗，並在完成之後立即刪除相關的程式碼。這樣可以讓我們享受編寫程式的樂趣，同時不必承擔長期維護程式碼所帶來的負擔。

在 1998 年，Christopher Hsee 進行了一項名為「Less Is Better: When Low-Value Options Are Valued More Highly than High-Value Options」的研究（Journal of Behavioral Decision Making 期刊，第 11 卷，107-121 頁，1998 年 12 月，http://mng.bz/l2Do）。在這項研究中，他評估了一套有 24 件式的晚餐套裝的價值。隨後，他在原套裝中加了一些破損的零件，結果發現整體價值就降低了！雖然他只是加了一些元素，但這樣做卻降低了價值。在系統中，我們需要一些持久的程式碼，需要的程度取決於所處領域的基礎複雜性。無論如何，您只要從本章中學到一件事，那就是：**愈少愈好**（less is better）。

在這一章中，首先探討了因為技術上的無知、浪費、債務或阻力而陷入問題程式碼的困境。接著會深入討論幾種對開發造成阻力的特定程式類型，例如版本控制分支、文件和功能。隨後還會探討如何克服這些阻力或擺脫它們。

9.1 刪除程式碼可能是下一個新的挑戰

程式設計已經歷了許多階段。要預測我們將去向何方，必須看看我們曾經位在哪裡。然而，回顧所有發明和帶領我們走向目前程式設計狀態的前輩們會是很繁重的工作。相反地，我建構了一個簡要的時間軸，列出了我認為是主流程式設計取得的重大飛躍的重要時刻：

■ 1944 年：電腦被用來進行沒有任何抽象的計算。

■ 1952 年：Grace Hopper 發明了第一個連結器，使得電腦可以處理符號而不僅僅是純粹的計算。

■ 1957 年：上一個飛躍導致了編譯器的發明，具體來說就是 Fortran 的出現，我們可以使用高階控制運算子（如迴圈）來編寫和設計程式了。

■ 1972 年：解決的下一個重大問題是資料抽象。引入新一代的語言：像 C、後來的 C++ 和 Java 這樣的程式語言，透過指標和參照間接地處理資料。

■ 1994 年：另一個重大飛躍來自四人幫（Gang of Four：Erich Gamma、Richard Helm、Ralph Johnson、John Vlissides），他們建立了一套可重用的設計模式。設計模式在設計軟體時發揮了高層次的建構區塊作用。

■ 1999 年：接下來，Martin Fowler 編制了一個標準的重構模式目錄。與設計模式不同，這些重構模式不需要事先設計，而是讓我們改進現有程式碼的設計。

■ 2011 年：在我看來，最近的一個重大飛躍是由 Sam Newman 推廣的微服務架構。微服務架構是以鬆耦合的舊原則為基礎，但它解決了現代的擴充問題。微服務架構還透過間接通訊來實現新興架構的可能性，並且可以用來改進正在服役中系統的設計。

現在我們在編寫程式碼和建構系統方面已十分熟練。我們可以建構的系統變得很龐大和複雜，以至於沒有人能夠合理地完全理解其全貌。這使得刪除程式碼變得很有挑戰性，因為要找出可以刪除的內容，我們需要投入時間來確定哪些程式碼正在執行、有怎麼樣的執行頻率、和在哪些版本中執行。我們還沒有十足的把握和辦法來刪除程式碼。我相信這可能是下一個需要解決的重大問題。

9.2 刪除程式碼來擺脫附帶的複雜性

系統的特性是會隨著時間的推移而不斷成長，因為我們會新增功能、進行實驗，還要處理更多的特殊情況。當我們實作某個功能時，需要建立一個心智模型來了解系統的運作方式，然後進行相對應的變更。程式碼庫越大，模型就越複雜，因為會有更多的關聯性，同時也需要追蹤更多的工具程式庫。

這種複雜性可以分為兩種：領域複雜性和附帶複雜性。**領域複雜性**（**Domain complexity**）是以所處的領域為基礎而生成的，也就是說，我們要解決的問題本身就很複雜；例如，計算稅款的系統不管我們怎麼做都會很複雜，因為稅法本身就很複雜。**附帶複雜性**（**Incidental complexity**）則是指在領域要求以外所加入的所有複雜性。

附帶複雜性通常被當作「**技術債務**（**technical debt**）」的代名詞。不過，我認為使用更具細分效果的術語更有益。根據我的經驗，附帶複雜性可以再細分為四種類型，而每一種都有其不同的起源和解決方法：技術無知（technical ignorance）、技術浪費（technical waste）、技術債務（technical debt）和技術拖累（technical drag）。讓我們依序討論上述四種情況。

9.2.1 缺乏經驗導致技術無知

最簡單的附帶複雜性類型是**技術無知**（**technical ignorance**）。這是由於在編寫程式碼內無意的做了很糟糕的決策，導致了生成很糟糕的架構。這種情況發生在我們缺乏足夠的技術來解決問題而沒有增加不必要的耦合，可能是因為我們不知道自己的無知，或者是因為沒有時間學習。希望這本書對您有所幫助，減輕這種情況。對於這個挑戰，唯一可持續的解決方案可以從敏捷軟體開發宣言中一個原則的前半部分找到：

> 持續關注一流的技術和良好的設計是能提升敏捷性的。

> —Manifesto for Agile Software Development

我們都必須透過閱讀書籍和部落格文章、觀看網路研討會和教育課程、利用公同程式設計來分享知識，以及最重要的是刻意練習來不斷努力提升我們的技能，沒有什麼東西是可以代替實務練習的。

公同程式設計（communal programming）

在某些情況下，當我們遇到需要解決的困難任務、緊急修復的錯誤或學習時，則需要增強我們的認知能力。此時可以利用公同程式設計更密切的協作來獲得認知能力的提升。

Llewellyn Falco 曾精闢地說過，公同程式設計的基本原則是任何想法在進入程式碼之前都必須經過其他人的思考（引自「Llewellyn's strong-style pairing」的部落格文章，2014 年 6 月 30 日）。在實務練習中，這代表著在鍵盤前的人只需按照其他人的指示進行操作。這裡的例子是兩人一起進行的雙人配對程式設計（pair programming），還有多人一起指導或協作的團隊程式設計（ensemble programming），有時也被稱為聚眾程式設計（mob programming），雖然含義稍微不太好聽。

公同程式設計強制我們直接分享知識。這種做法揭露了各種微小的浪費，並且釋放了指導者以外其他人的認知能力，讓他們能夠用於學習。這還會提高程式碼的品質，因為程式碼在即時或同步的情況下得到審查。這表示公同程式設計也消除了非同步的程式碼審查需求，讓交付流程更加精簡。

9.2.2　來自時間壓力的技術浪費

最簡單的附帶複雜性就是**技術浪費**（technical waste）。這是由於在程式碼中做了很爛的決策，導致生成了很爛的架構。

更常見的情況是，技術浪費源自於時間壓力的某種形式。我們對問題或模型的了解不夠充分，卻因為太忙而無法弄清楚。或者因為沒有時間而跳過了測試或重構的步驟。又或者規避了某些流程來應付截止日期。

這些不好的決策是有意為之的。在所有情況下，因為外在的壓力讓開發人員選擇去違背更好的見解，但這就是一種破壞的作為。

真實世界中的故事

有一次，我在某個專案中擔任技術主管，我們逐步引入一套實務做法，以確保不重複過去的錯誤。在接下來的交付期間，我們面臨著很大的時間壓力，所以我問其中一位開發人員，函式 X 是否能在明天完成。他回答說：「可以，如果我可以跳過測試。」我忍住不說話，然後告訴他「完成」的意思是指遵循我們所有的實務做法後的完成。

解決的方法是要教導開發人員絕對不要跳過最佳實務做法。指導專案經理、客戶和其他利害關係人，正確地建構軟體是至關重要的。我通常會問他們一個問題，像是如果能提前三週交付一輛新車，但剎車或安全氣囊未經測試，他們是否願意接受。某些行業有法規要遵循，開發人員也有一套實務做法要遵守，我們必須堅持這些做法，即使面對壓力也要做到。

9.2.3　來自環境的技術債務

雖然技術無知和浪費可以且應該要消除，但技術債務則更加微妙。**技術債務**（technical debt）是指我們為了某種成果而暫時選擇次優的解決方案。這也是一個故意的決定，但關鍵詞是「**暫時**」。如果我們選擇的解決方案不是暫時的，那就不是債務，而是浪費。

舉例來說，當我們在不考慮適當架構的情況下實作熱修復（hotfix），並將其推出來修補重要問題，隨後又不得不重新開始實作適當的修復時，技術債務這種情況會經常發生。我想強調的是，累積技術債務是一種戰略性的決策，如果俱備有效期限的情況下，它本身並沒有什麼錯誤之處。

9.2.4　來自增長的技術拖累

最後一種附帶複雜性是最模糊的。**技術拖累**（technical drag）就是讓開發變慢的任何因素，包括所有其他類型的原因，還有文件、測試以及所有的程式碼。

自動化測試（有意的）使得修改程式碼變得更困難，因為我們還需要修改測試。但這並不一定是壞事，例如在關鍵系統中，我們更喜歡維持穩定且較慢的速度。不過在需要進行大量實驗的情況下，情況就相反了，例如在進行摸索（spike）測試期間。

文件會拖慢我們的速度，因為當我們修改了某些內容時還要更新文件。連程式碼本身也是技術拖累，因為我們必須考慮到改變對應用程式其他部分的影響，並且還需要花時間維護它。

技術拖累是建立某件東西的副作用，其本身並沒什麼不好，但在維護很少被使用的文件、功能或程式碼的情況下，移除該項功能以擺脫技術拖累可能會更有效益。

真實世界中的故事

有一次，我在某個專案中擔任開發人員的角色，被要求建立一個特定的子系統。我照做了，但當一切都完成時，客戶卻還沒準備好接受它。技術負責人告訴我把它保留在那裡，這樣等客戶準備好時就可以使用了。從那天開始，每當我們開發新的程式碼時，都要考慮如果客戶突然開始使用這個新的子系統時，新的程式碼會被影響以及要如何運作。當然，客戶從沒有這麼做過。

常見的論點「保留它不會有什麼問題」是錯的。解決方案是盡可能把它刪除掉，但不要刪除過頭。任何沒有回報成本的東西都應該被刪除掉，就算只被少量使用。請刪除掉所有未使用或不必要的功能、程式碼、文件、wiki 頁面、測試、配置旗標、介面、版本控制分支等等。

> 使用它不然就丟掉它。
>
> —諺語

在確定一切會產生的阻力，也就是開發速度變慢的原由後，在本章剩餘的部分會詳細討論最常見的情況，讓我們在不損失其價值的情況下擺脫某些東西。

9.3　按照親密程度對程式碼進行分類

在深入刪除特定內容之前，這裡需要稍微離題一下。在 GOTO 2016 大會上，Dan North 進行了一個名為「Software, faster」的演講。他把程式碼按照三個不同的親密程度來進行分類。我們對最近開發的程式碼非常熟悉。我們熟悉經常使用的程式庫和工具。介於兩者之間的內容則是未知的，因此在維護時需要耗費較多成本，因為我們需要重新學習它。

把這個想法與技術拖累關聯起來，我們經常使用且熟悉的程式碼就能保留下來。這也強調了增加使用程式碼的頻率是防止其變得陌生的唯一方法，但這也涉及到時間因素。刪除我們非常熟悉的程式碼比刪除需要先了解的程式碼更安全且成本上更便宜。

Dan North 在個人經驗中主張，大約在六週後，對新程式碼的熟悉感就開始減弱，因為程式碼迅速進入了未知的分類。具體的時間對我來說並不重要，作為某段程式碼的作者，自然會在理解上具有優勢。但重要的是，這種優勢會逐漸消失，並且在某個時間點上，程式碼的作者對於理解程式碼已經沒有任何頭緒。我的經驗與 Dan North 的觀點一致，認為這個截止時間點應該在幾個星期的範圍內，而不是幾個月。因此，當我在本章稍後提到這一點時，我是假設這個截止時間點是六週。

9.4　在遺留系統中刪除程式碼

對於**遺留程式碼**（legacy code）的常見定義是「我們害怕修改的程式碼」。這種情況通常是因為**馬戲團因子**（circus factor）所導致的。馬戲團因子（有時也稱為巴士或樂透因子，是更灰暗或幸運的隱喻）表示有多少人需要離開以致於失去了大量的知識，從而導致開發的某個部分停止。如果聽到類似「只有 John 知道如何部署這個系統」的陳述，我們會說這是系統的馬戲團因子之一。

我們永遠不希望系統開發停止，所以需要透過維持高的馬戲團因子來把風險降到最低。然而，即使整個團隊對所有的程式碼都很熟悉，有時整個團隊也可能被解雇或由顧問接手。當我們失去了馬戲團因子時，就會承接那些我們可能不願碰觸的未知遺留程式碼。

這段程式碼可能可以運作，但是我們不敢輕易修改，光這一點已足夠讓我們感到不安，所以要解決這個問題。我們需要對程式碼感到自在，並且需要對它負起責任，才能提高工作效率，如果程式碼脆弱或是未知，這就不可能實現。當程式碼的某一部分是未知時，我們也不知道這裡什麼時候會出問題，以及出問題時該如何解決。更糟糕的是，如果在星期六凌晨三點時發生故障，那又有誰能夠修復它呢？

9.4.1　使用 strangler fig 模式來取得洞察力

解決方案的第一步是找出遺留程式碼被使用的程度。如果幾乎沒有被使用，我們就有可能直接刪除它，且不需要進一步調查。如果只有一小部分被廣泛使用，我們可能只需要修復該部分並刪除其餘部分。或者如果所有程式碼都被廣泛使用，那我們就需要熟悉它並盡可能使其穩定。

當我們在了解遺留程式碼時，需要知道每個部分被呼叫的頻率，但只知道這些呼叫次數是不夠的，我們還需要知道其中有多少呼叫是成功的。有些程式碼可能被呼叫了，但執行失敗，結果卻是從未被使用，在遺留程式碼中，這種情況特別常見。最後則是需要知道遺留程式碼與其他軟體之間的耦合程度，我建議先從這裡開始。

我們可以利用 Martin Fowler 的「**strangler fig**」重構模式來協助進行這個處理過程。這個模式以「殺手樹（strangler fig tree）」為名，它的種子落在現有的樹上，在生長過程中包圍並最終勒死宿主樹。在這裡的比喻中，宿主樹就是遺留系統。這個模式的處理步驟如下。

▶Listing 9.1　遺留程式碼

```
01  class LegacyA {
02    static a() { ... }
03  }
04  class LegacyB {
05    b() { ... }
06  }
07
08  LegacyA.a();
09  let b = new LegacyB();
10  b.b();
```

為了找出某段程式碼的相依程度有多高，我們可以將其隔離，使所有存取都透過一個虛擬的 gate（閘門）來進行。我們可以透過把類別封裝在新的套件／命

名空間中來做到這一點，隨後在新的套件中建立一個新的 Gate 類別。我們把新套件中的所有 public 修飾子修改為 package-private，並透過在 Gate 類別中新增公用函式來修正錯誤。

▶Listing 9.2　之前
```
01 | class LegacyA {
02 |   static a() { ... }
03 | }
04 | class LegacyB {
05 |   b() { ... }
06 | }
07 |
08 | LegacyA.a();
09 | let b = new LegacyB();
10 | b.b();
```

▶Listing 9.3　之後
```
01 | namespace Legacy {
02 |   class LegacyA {
03 |     static a() { ... }
04 |   }
05 |   class LegacyB {
06 |     b() { ... }
07 |   }
08 |   export class Gate {
09 |     a() { return LegacyA.a(); }
10 |     bClass() { return new LegacyB(); }
11 |   }
12 | }
13 |
14 | let gate = new Legacy.Gate();
15 | gate.a();
16 | let b = gate.bClass();
17 | b.b();
```

現在我們確切知道遺留程式碼有多少個接觸點，因為它們都是 Gate 類別中的函式。我們還可以輕鬆地透過在 Gate 類別中加入監控程式來進行監測：可以記錄每次呼叫及其成功與否的資訊。這只是最基本的運用方式，可以根據需要進一步提升其複雜度。

▶Listing 9.4　之前
```
01 | namespace Legacy {
02 |   // ...
03 |   export class Gate {
04 |     a() { return LegacyA.a(); }
05 |     bClass() { return new LegacyB(); }
06 |   }
07 | }
```

▶Listing 9.5　加入監控之後

```
01 | namespace Legacy {
02 |   // ...
03 |   export class Gate {
04 |     a() {
05 |       try {
06 |         let result = LegacyA.a();
07 |         Logger.log("a success");
08 |         return result;
09 |       } catch (e) {
10 |         Logger.log("a fail");
11 |         throw e;
12 |       }
13 |     }
14 |     bClass() {
15 |       try {
16 |         let result = new LegacyB();
17 |         Logger.log("bClass success");
18 |         return result;
19 |       } catch (e) {
20 |         Logger.log("bClass fail");
21 |         throw e;
22 |       }
23 |     }
24 |   }
25 | }
```

我們把這段程式碼上線之後就等待著。團隊必須決定等待的時間長度，但我認為若某項功能不是每個月都會被用到，那團隊就不太可能維護它了（某些功能有定期使用的情況，例如每季度、每半年或每年的財務報表，但我不認為這項功能可以免於下面所述的處理方式）。當遺留程式碼在上線作業中執行一段時間之後，我們就會知道程式每個部分的使用頻率，以及是否有一些呼叫總是失敗的情況。

9.4.2　使用 strangler fig 模式來改進程式碼

某些程式被呼叫的頻率通常是評估如果發生故障時，這些程式對系統的重要性的很好參考指標。我喜歡從容易的決策開始：最常被呼叫的部分幾乎肯定應該要轉移，而最少被呼叫的部分幾乎可以刪除，所以我先處理這些極端的情況，然後逐步向中間移動，那裡才是難以決定的地方。我們應該對被最少呼叫或總是失敗的程式碼進行嚴格評估，確定它們是否重要或具有策略功用。

如果某些遺留程式碼是關鍵或具策略性的，我們應該先確保呼叫次數來反應這個事實。我們可以透過改善使用者介面、教育訓練或行銷來增加對功能的呼叫

次數。一旦程式碼的使用反應其重要性，我們需要對程式碼有更多的熟悉和了解。我們有兩個選擇：一是重新設計遺留程式碼的那個部分，從而消除耦合和脆弱性，並將程式碼移至「最近」的類別；或者重建該部分並在重新建立的程式碼準備好之後，透過更改閘門來切換到新版本。

如果有些遺留程式碼既不關鍵也不具策略性，那就可以在閘門中刪除該方法。這樣做有時會讓遺留程式碼的大部分變得不能用，我們可以利用 IDE 支援的做法和「嘗試刪除後再編譯（TRY DELETE THEN COMPILE）」模式（4.5.1 小節）來找出這些方法的介面。這樣做也簡化了呼叫程式碼，因為我們消除了耦合，有時也讓這些程式碼可以被刪掉。如圖 9.1 所示，圖中彙整了怎麼處理遺留程式碼的做法。

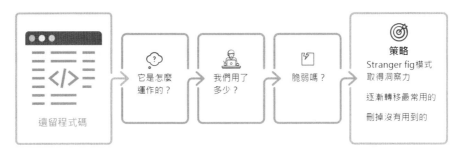

圖 9.1　怎麼處理遺留程式碼

9.5　從凍結的專案中刪除程式碼

有時候產品的利益相關者會要求某項重大功能。我們開始著手進行開發，但到我們完成時卻遇到了阻礙：取得所需的存取權限、使用者的教育訓練等等，與其浪費時間等待，我們決定繼續進行下一項工作。但現在我們卻陷入了**凍結的專案（frozen project）**中。

凍結的專案不僅限於程式碼，還可能包括資料庫表格、整合、服務和其他許多與程式碼無關的事物。一旦原本的作者都忘掉了該專案，那幾乎就不可能發現它的存在，尤其是如果唯一缺少的是使用者教育訓練。系統中沒有任何關於它的痕跡，因此任何調查都不會發現它。

我們可能在主要分支上有一些未被使用的程式碼。程式碼沒有任何指示表明它沒有被使用過，因此我們在進行更改時必須考慮它，而且必須維護它。這增加了我們的心理負擔，而且該程式碼可能演變成遺留程式碼。凍結專案的另一個問題是，在移除掉阻礙後無法保證功能仍然具有相關性。

9.5.1　把期望的結果變成預設

根據專案是否僅涉及程式碼或對資料庫、服務、整合等產生影響，所提出的解決方案會略有不同。我們依序處理每種情況。

如果專案只對程式碼庫內部有影響，我們可以把專案從主分支還原，並放入一個單獨的分支中。隨後我們需要為它加上標籤，並在未來六週做個備忘，在那時要刪除這個標籤。這表示如果在六週內我們沒有開始使用該專案，它就會被移除掉。

如果專案涉及到程式碼庫以外的變更，我們無法將其單獨放在一個分支中。相反地，我們應該在專案管理工具中建立一個工作單，記錄需要移除的所有元件，並將工作單安排在六週後執行。如果這種情況經常發生，可建立一些腳本程式來設定和移除最常使用的元件會很更有效率。

在這兩種情況下，您會了解到除非有意採取行動，否則程式碼將會被移除。因此，在這些情境中，您不會無意增加技術拖累，這只能經過刻意增加。

9.5.2　使用 spike 和 stabilize 模式來減少浪費

當我們需要進行重大變更時，另一種節省工作量的做法是使用 Dan North 的「**spike 和 stabilize（摸索和穩定）**」模式（這也是六週規則的來源）。在這種模式中，我們把該專案視為一個「spike（摸索）」，表示我們儘可能將其與一般常規的應用程式分離，並不關注高品質：也就是說，沒有自動化測試和重構。但是，重要的是會有監控功能，以便讓我們知道程式碼的使用量有多少。

過了六週之後，我們回頭檢查這段程式碼是否被使用過。如果有被使用過，就重新實作它——但這次要用正確的方式，要進行重構等步驟。如果沒有被使用過，那就刪除它，這很簡單，因為這段程式碼與主系統的整合已經很少。因此，我們不僅節省了移除它的時間，還省下了在不知道它是否會被使用的情況下進行重構或測試的時間。圖 9.2 彙整了處理凍結專案的做法。

圖 9.2　處理凍結專案的做法

9.6　刪除在版本控制中的分支

在不同的版本控制系統中，分支的行為有所不同。在像 Subversion 這種集中式版本控制系統中，分支會複製整個程式碼庫，因此負擔相當重。而在 Git 中，分支僅需幾個位元組，與程式碼庫的大小無關。在本節中，我們只考慮 Git 分支，因為如果分支負擔很重，這個問題在 Git 中通常會自然解決。

如果分支容易建立時，我們往往刪除時不會太嚴謹，因此隨著時間的推移分支會不斷增加。建立分支有各種不同的目的，主要原因可歸類如下：

- 進行熱修補（hotfix）

- 標記可能稍後需要返回的提交，例如釋出版本（release）

- 在不干擾同事工作的情況下進行某項工作

第一和第三種分類應該在合併到主分支後刪除。在第二種分類中，我們應該使用 Git 內建的 tagging 方法。既然都知道要這樣做，為什麼分支還是會累積很多呢？有時候只是疏忽，例如在合併拉取請求時忘記勾選刪除分支選項，或者在完成後忘記移除實驗性質的分支。有時候分支會用來存放凍結的專案、摸索或原型程式，因為我們認為將來可能還會需要這些程式碼。

這些情況相對來說比較容易處理。有種比較難處理的分支是處於待定狀態但被阻擋的分支，因為它無法通過閘門進入主分支。這種情況可能是因為我們的閘門含有人為因素，例如整合團隊或非同步的人工程式碼審查。這兩者都會阻礙持續整合並可能成為瓶頸，拖慢開發的速度。但如果分支只佔用幾個位元組，那留下來會有什麼損害呢？

就像程式碼一樣，在 Git 中的分支在技術上幾乎是免費的，但在心智負擔方面則相對昂貴。我們應該只保留一個主要（main）分支，可能還有一個釋出（release）分支，而其他分支最好只存在數天。如果分支存在時間過長，就會面臨昂貴、令人崩潰、容易出錯的合併衝突，而且混亂只會導致更多的混亂。

9.6.1　藉由強制支分數量限制來最小化浪費

為了解決這個問題，我們可以借鑒開發方法 Kanban（看板）中的一項元素。Kanban 使用了「進行中工作（Work in Progress, WIP）」限制的概念，表示團隊在進行中的工作項目有一個上限。這樣做有助於揭示開發中的瓶頸，因為瓶頸最終會達到 WIP 限制，阻止上游人員展開新的工作。當上游人員無法開始新的工作項目時，就會調查瓶頸及解決堵塞的方法。這種做法鼓勵了團隊合作和持續改進流程。

擁有太多分支的問題與瓶頸問題很雷同，因此我們可以用相同的解決方案：設定分支數量的硬限制（hard limit）。在設定 WIP 或分支限制時，有幾件事情需要注意。限制應該至少等於工作站的數量，這樣每個人都可以並行工作。在這裡的**工作站（workstation）**是指一個可以獨立工作的單位，例如假設我們正在進行團體程式設計，那麼一個組合就是一個工作站；如果我們使用雙人配對程式設計，那麼一對開發人員就是一個工作站；若不是以上情況，那就是一個開發人員為一個工作站。將限制設定較高會建立一個緩衝區，這會在系統中引入延遲，但如果某些工作的大小差異明顯，這可能是有用的。我們希望系統中的延遲盡可能少。最重要的是一旦設定了限制，除非團隊的規模發生變化，否則不應該破壞或更改限制。圖 9.3 概述了如何處理版本控制中的分支。

圖 9.3　處理版本控制中的分支

9.7　刪除程式碼文件

程式碼文件（code documentation）可以以多種形式呈現，例如：wiki 頁面、Javadoc、設計文件、教學指引等等。由於我們在前一章中處理了方法內注釋，所以這裡不再贅述此類型的注釋。

當以下三個條件都被滿足時，文件就很有價值：

- **相關性**（**Relevant**）：文件必須回答正確的問題。

- **準確性**（**Accurate**）：答案必須是正確的。

- **可尋找性**（**Discoverable**）：我們必須能找到答案。

如果缺少其中任何一個特性，文件的價值就會大幅降低。撰寫好的文件很難，需要付出很多努力來確保其相關性和準確性，這是因為文件需要與主題的變化同步。否則，維護文件就不會帶來成本效益。保持文件的更新可以透過頻繁調整或事先進行概括，並把經常變動的部分抽象化處理。

保留過時文件的危險性取決於違反了這三項特性中的哪一項。最不要緊的是文件無法被尋找到，在這種情況下，只是浪費了研究和撰寫的時間。較糟糕的是保留了與問題無關的文件，這不僅浪費了撰寫時間，每次尋找到答案時還必須瀏覽與問題無關的部分，最後仍然需要再進行研究。最糟糕的情況是文件不準確，在最好的情況下只是引起困惑和疑慮，但在最壞的情況下還可能導致錯誤產生。

9.7.1　判斷如何把知識轉化為程式碼的演算法

文件有可能會失去其相關性或準確性，並非所有事物都需要被撰寫記錄下來。文件似乎能避免重複之前的研究，但前提是文件沒有過時。當我需要決定是否有必要撰寫文件來記錄某些事物時，我會遵循以下流程：

1.　如果這個主題經常變動，那麼撰寫文件記錄是沒有意義的。

2.　否則，如果我們很少使用它，就撰寫文件記錄下來。

3.　否則，如果可以自動化處理，就自動化處理它。

4.　否則，就用心學習它。

需要注意的是，有一解決方案是增加對文件的使用頻率，但這會導致前面提到的頻繁調整，可以透過讓新成員閱讀並修正不準確的內容來實現。這需要一些信心來判斷是文件錯誤還是人犯了錯誤，在出現懷疑時應該直接標注出差異。

圖 9.4 概述了處理文件的做法。保持準確性的另一種做法是使用自動化測試案例當作文件，接者就讓我們看一下這種做法。

圖 9.4　處理文件的做法

9.8　刪除測試程式碼

自動化測試（在本節中簡稱為**測試**）有許多不同類型，並且比文件具有更多特性。Kent Beck 在他的「Test Desiderata」（http://mng.bz/BKW2）文章中描述了測試的 12 個特性。不同類型的測試在這些特性上給予不同的重視程度。我在這裡不會詳細介紹所有特性，而是只關注那些對開發造成負面影響的測試。

9.8.1　刪除樂觀的測試

有時候我們會撰寫一些像 hash 函式這樣的程式碼，並且想要進行測試，所以就寫了一個測試，大意是「如果 a = b，那麼 hash(a) = hash(b)」。這看起來似乎是我們希望成立的事情。但我們無意間碰上了一個恆真式（tautology）：一個永遠為真的陳述。

測試的一個必要特性是能夠增加信心。綠燈測試（green test）應該讓我們更有信心，知道程式碼是正常運作的。因此，測試應該去測試某些東西，若測試一個不會失效的測試是毫無價值的。

測試先行（test-first）社群提出了一個不錯的觀念：「不要相信您沒看過失效的測試。」在我們發現程式碼有錯誤時，在修復問題之前先寫測試確認它會正確地失效是很有用的。相較於事後再寫測試，我們只會看到它通過的樣貌。

9.8.2　刪除悲觀的測試

同樣地，紅燈測試（red test）應該表示程式的某些地方出了問題，我們需要修復它。這就是為什麼對於失效的測試，我們的容忍度應該是 0。如果我們的測試一直都是紅燈，就算測試本身已經發現了錯誤，還是有可能因為太習慣紅燈而錯過了重大的錯誤。

9.8.3　修復或刪除不可靠測試

樂觀測試和悲觀測試都是極端的情況，不是都會通過（pass），就是都會失效（fail）。但是對於測試結果不可預測的紅燈或綠燈測試，也就是所謂的**不可靠測試**（**flaky test**），同樣存在相同的問題。就像前面討論過的兩種測試類型一樣，這些測試結果不會引發任何處置，除非我們多執行幾次測試。我們只會在測試結果為紅燈時才採取行動，任何不符合這條件的測試都不應該存在於我們的程式庫中。

9.8.4　重構程式碼來擺脫複雜的測試

另一種完全不同的類型是需要謹慎設定或存在大量重複程式碼的測試，因此我們決定對這類程式碼進行重構或建立複雜的測試設定。這種複雜的測試是危險的，因為會讓我們覺得好像正在做有價值的工作：正在簡化、區分、做出一切正確的事情。但不幸的是，在錯誤的地方做正確的事情仍然是錯誤的。如果測試內容比被測的程式碼還要複雜，我們怎麼知道是程式碼錯誤還是測試本身錯誤呢？即使這不是這種情況，需要重構測試的需求表明了被測程式碼缺乏正確適當的架構。任何重構的努力都應該放在程式碼中，而不是放在測試中。

9.8.5　特化測試來加快速度

在某些情況下,我們會使用端對端測試(end-to-end tests)來檢查特定功能是否正常運作。這個技巧有其適用性,但這些測試可能會很慢,而且如果有太多這類測試,會影響執行測試的頻率。如果某些測試使得我們較少執行其他測試,這就會妨礙開發,我們需要處理這種情況。有兩種做法可以解決這個問題:把慢速測試和快速測試分開,並盡可能經常執行快速測試;或者觀察是什麼原因導致慢速測試失效,如果答案是沒有原因,就將其刪除(這是個樂觀測試)。系統中可能只有很少數幾個深層的地方容易出錯,在這種情況下,我們可以特別為這些地方進行測試。這些測試就能更快且更具體,因而能更快地糾正錯誤。如圖 9.5 彙整概述了如何處理自動化測試。

圖 9.5　如何處理自動化測試

9.9　刪除配置程式碼

大多數程式設計師都知道寫死程式碼是不好的。我們學習處理這個問題的第一個解決方案是把寫死程式碼的值提取為常數。身為開發人員的我們也會隨著時間漸漸成熟,並學到了一句格言:

> 如果您無法讓它完美,至少讓它是可以配置。
>
> ─Maxim

當我們能夠增加使用者數量而且還不必大幅增加程式碼的量時，可配置性（configurability）能夠提高軟體的實用性。當可配置性以功能旗標（feature flags）的形式呈現時，我們可以把**部署**（**deploy**）與**釋出**（**release**）分開，增加部署頻率，讓**釋出**成為商業決策而不是技術決策。

不過，這種做法是有代價的：每增加一處可配置的地方，就會增加了程式碼的複雜度。更糟的是，在大多數情況下，我們需要對每個選項和其他標示旗標的地方都進行測試，測試會以指數級增加。希望其中一些旗標是獨立分開的，這樣就能同時進行測試。並行測試多個旗標可以讓測試成為可能，然而這樣做也有可能會引發旗標之間複雜的交互作用，造成潛在錯誤。

9.9.1　按照時間設定配置的範圍

我處理配置複雜性增加的解決方案是盡可能把配置視為暫時性的。為此，我會根據預期的生命週期將配置進行分類。我所建議的分類包括：實驗性（experimental）、過渡性（transitional）和永久性（permanent）。

實驗性配置

我們已經介紹實驗性配置的例子：功能旗標（feature flags）。這些旗標的目的是在功能釋出後移除，為了確保這是個輕鬆的任務，應在之前討論過的六週時間內完成。另一種實驗性配置來自於測試某個變更是否更優秀，這種做法有時被稱為 **beta 測試**或 **A/B 測試**。在程式碼中兩者非常相似，但目的不同。在這種情況下，配置能讓某些使用者體驗到變更，而其他使用者則不會體驗到。這樣能讓我們評估變更是否具有期望的效果。最後就能比較程式碼變更前或後誰更優秀。這項技術允許我們根據反饋進行調整或選擇不使用某個變更，而且不會影響所有使用者。

根據我的經驗，測試配置往往會超出實驗階段並且成為永久性的，會把使用者分為開啟該旗標的和關閉該旗標的兩個群體，從而只增加了複雜性但又沒有增加使用性。這不是好事，為了避免這種情況，我們應該採取主動措施：從一開始就確定某個功能是否屬於實驗性的，並在測試完成後立即建立提醒，以便在六週內立即刪除它。

過渡性配置

過渡性配置在業務或程式碼庫正在經歷重大變化時是有用的。例如，從舊系統遷移到新系統。我們無法期望或強制在六週內完成這麼大規模的變化，因此我們必須應對長期增加的複雜性和更高的清理成本。好在長期的過渡通常有兩個我們可以利用的特性。

首先，很多種過渡對使用者來說是看不見的。因此，我們可以把**釋出**和**部署**相連結。這代表我們可以把配置當作程式碼的一部分，而不是外部的東西。將其放入程式碼中意味著我們可以把所有與過渡相關的配置集中在一個中央位置，與其他配置旗標分開，這樣讓這些配置的不變性明確，它們與其他配置旗標相比更為密切相關，應該可以被視為一個集合。

其次，通常會有一個過渡完成的時刻，舊部分可以被移除掉。利用這一點，我們可以避免花時間逐步刪除程式碼中的小部分，而是等待整個過渡完成後一次性刪除。為了確保這種方法的安全性，我們應再次使用 strangler fig 模式來對**所有**對舊系統的存取進行控制。這不僅可以作為一個出色的待辦事項清單，而且當我們可以在程式碼中刪除閘門類別而不出錯時，就知道也能刪除整個舊系統的元件了。我們可以透過重構模式「嘗試刪除後再編譯（TRY DELETE THEN COMPILE）」，或者逐步刪除閘門中不再使用的方法來進行處理，一旦閘門類別中變得空無一物，我們就可以刪除它了。

永久性配置

最後一種是永久性配置。這很特殊的，因為它應該會增加使用率或是很容易維護。舉例來說，增加使用率的配置可以是透過在程式碼中的設定旗標，將兩個不同客戶的差異隔離起來，以便重複使用大部分相同的軟體。或者它可以是啟用不同使用層級的配置，讓我們能夠滿足不同規模的企業需求。這兩者都有潛力將我們的使用者數量翻倍，使得配置的增加在可維護性方面是相當值得的。

我們以一個例子說明簡易維護的子分類，那就是提供使用者淺色和暗色模式的配置。這種配置僅影響程式碼中最外層的部分（樣式設定），因此不會影響可維護性，但可以提升某些使用者的體驗。

我們對於放入永久類的內容應該要非常謹慎。如果它沒有增加使用率且不容易維護，那可能不值得使用，應該要將其移除。圖 9.6 概述了如何處理配置程式碼的做法。

圖 9.6　處理配置程式碼的做法

9.10　刪除程式碼以擺脫程式庫

使用第三方程式庫（third-party libraries）是一種快速且經濟的方式來獲取大量功能運用。有些程式庫可以節省我們撰寫數千行程式碼的工作，同時提供比內部開發更高品質或更好的安全性。我一直建議把安全性交給那些專注於此領域的專業人士，因為作為門外漢，我們並沒有足夠的經驗來對抗那些也專注於攻擊技巧的駭客們。

選用第三方程式庫是因為安全性的品質會直接影響軟體的可行性。如果我們的軟體發生重大的安全事件，可能會破壞使用者的信任並影響軟體的存在空間。

使用第三方程式庫的另一個原因是，可以實現在其他情況下難以做到的功能，例如使用像 Swing（Java）、React（TypeScript）或 WPF（C#）這樣的前端框架。這些框架提供了大量的程式碼，而這些程式碼需要專業的圖形程式設計技能，而這可能不是我們團隊中每個人都具備的技能。

不幸的是，使用程式庫是一把雙面刃，雖然不需要維護它們的程式碼，但我們必須進行更新，這表示有時候需要調整我們的程式碼，這樣做可能耗時且容易出錯。使用程式庫還會增加團隊成員的認知負荷，因為團隊成員必須至少保持對這些程式庫有基本的了解。

當我們使用程式庫時會失去一些可預測性，因為我們無法預測程式庫何時更新，以及需要花多少時間調整我們的程式碼庫。有時候我們所依賴的功能可能已被程式庫棄用或移除，我們必須建立替代方案。有時還會引入錯誤，我們需要實作臨時解決方案或特殊手法來讓軟體能夠順利運作。最後，當程式庫中的錯誤被修復時，我們必須還原解決方案，以免問題其在程式碼中持續存在。我們還被迫在閱讀和理解程式庫原始碼之間做出選擇，或者接受降低安全性，因為程式庫也是可能的被駭客攻擊的目標，我們只能對其進行驗證，就像對待我們自己的程式碼一樣。

使用外部程式庫的危險性加劇了，因為大多數現代程式語言都提供套件管理程式，這比以往更容易增加相依性。就像前面的情境所說明的那樣，我們不僅要擔心我們的相依性，還要擔心它與其他程式庫的相依性，以此類推。

著名的思想實驗

在一篇部落格文章中，David Gilbertson 提出了一個發人深省的虛構情境，在這個情境中，他釋出一個小型的 JavaScript 程式庫，可以在主控台中為 log 訊息加上顏色。他說道：「人們喜歡漂亮的顏色」和「我們現在生活的時代是安裝 npm 套件就像吃止痛藥那麼簡單」。透過一些拉取請求的社群工程手法，他把他的程式庫注入到其他程式庫中。該程式庫開始每月有多達數十萬次的下載量。然而，使用者卻不知道這個程式庫含有惡意程式碼，可以竊取有使用此程式庫之網站中的資料。

9.10.1　限制對外部程式庫的依賴

有一種做法可以應對剛剛所描述的困擾，那就是從有信譽且高品質的第三方供應商那裡選用程式庫，這樣我們就能信任程式庫的內部品質和安全要求。這些供應商會努力避免具破壞性大幅度修改，只有在程式庫更新時，我們才需要重新進行安全審查或調整我們的程式碼，所以如果程式庫更新修改幅度很少，我們就能把這些成本降到最低。

另一種減輕前面所描述的困擾是頻繁進行更新。在 DevOps 中，有一句俗話：

> 如果某些事很難，那就多做一點，持續並改進。

> —DevOps proverb

如果我們經常多做某件事，就會更有動力來簡化改進並減少其困擾。這個觀點支持著持續整合和持續交付等流程。更頻繁多做某件事的另一個好處是工作量往往會更小，可以分散成本並降低其風險和總體成本。

然而，這並不能減輕前面提到的安全風險。我會提出最後也是最簡單的解決方案：讓相依性變成可見的，然後對每個程式庫進行分類，判斷它們是用來**增強的**還是屬於**關鍵的**。使用這種方法降低相依性，最終可減少對程式庫的依賴。

如果是增強型的程式庫出問題，只需將它移除，讓應用程式可以運作，然後再尋找替代方案。在把某個程式庫從增強型提升為關鍵型時要特別小心謹慎。如果在程式碼庫中有發現未使用的程式庫，請將它們移除。如果程式庫相對來說很容易在內部實作，那麼在內部實作通常是值得的，因為可以消除不確定性。

如果我們安裝了有數百個函式的 jQuery 程式庫，但我們只使用其中一個來進行 Ajax 呼叫，那麼找到一個更符合我們需求的簡化程式庫或自行實作相同功能的內部函式可能是更好的做法。在安全方面，即使我們並未直接使用到，我們還需要審查程式庫中的所有程式碼。圖 9.7 簡介了處理第三方程式庫的做法。

圖 9.7　處理第三方程式庫的做法

9.11 從可用功能中刪除程式碼

程式碼是一種負擔，維護它需要花費時間，而且有許多不可預測的因素，因此存在風險。其使用率則是讓它價值的來源。有一個常見的誤解是認為功能與使用率有相關性，也就是說增加更多功能就能增加更多價值。不幸的是，事情並沒有那麼簡單。

正如我在本章中試圖說明的內容，在平衡程式碼成本和功能效益時，有許多因素需要考慮：我們能夠容忍增加的複雜度有多長、如何評估可預測性、如何測試新功能、如何有效地引導人們使用這些功能等等。在任何成本／效益關係中，有兩種增加價值的方式，由於功能的效益的衡量如此複雜，通常我們更容易尋找降低成本的方法，例如進行重構，甚至更好的是刪除程式碼。即使刪除那些成本高於帶來使用性增加的功能，這一點仍然成立。

無論其潛力有多大，如果某樣東西沒有被用到，那它就只是一種開銷而已。這就是為什麼應該要喜歡刪除程式碼，因為這樣做立即可以讓程式碼庫更有價值。圖 9.8 概述了處理可用功能的做法。

圖 9.8　處理可用功能的做法

總結

- 技術無知（technical ignorance）、技術浪費（technical waste）、技術債務（technical debt）和技術拖累（technical drag）是導致開發變慢和變困難的原因。技術無知通常源自於經驗不足，只有不斷關注技術提升才能解決。技術浪費常來自時間壓力，但它並沒有提供任何好處，只是在阻礙進度。技術債務是由於特定情況而產生的，只要它是暫時的就可以接受。技術拖累是程式碼庫不斷擴大的副作用，由於我們的軟體模擬了一個複雜的世界，這是必要之惡。

- 在系統轉換過渡期間，我們可以使用「strangler fig」模式來深入了解並刪除遺留系統中的程式碼，或將其集中配置。

- 使用「spike 和 stabilize」模式可以減少凍結專案中的某些浪費。此外，把預設的行動設定為刪除專案而非保留它，這樣可以防止它成為負擔。

- 透過刪除不好的自動化測試，我們能增強對程式的信心，從而使測試套件更有用。不好的測試可能是樂觀的、悲觀的或者不穩定的測試。我們還可以透過重構程式碼來改進測試套件，消除複雜的測試，並特化處理太慢的測試，使其更快速。

- 透過限制分支的數量，我們可以減少在版本控制中追蹤過時分支所浪費的認知負擔。

- 透過設定並堅守嚴格的配置時間限制，我們可以把複雜度的逐漸增加降至最低。

- 限制對外部程式庫的依賴，可以節省更新和審查所花的時間，同時增加可預測性。

- 如果程式碼文件能夠提供有用、準確且易於尋找的資訊，文件才能發揮作用。我們可以使用一個演算法來確定怎麼把知識系統化整理出來。

不要害怕新增程式碼

10

本章內容

- 識別對於新增程式碼的恐懼症狀

- 克服對於新增程式碼的恐懼心理

- 了解程式碼重複的取捨

- 致力於向下相容性

- 透過功能開關來降低風險

在前一章討論了程式碼的問題之後，很容易對寫程式感到害怕。畢竟，第 9 章的結論是程式碼會增加成本。談到程式碼時，另一個引起恐懼的來源是不完美的程式碼。考量到程式碼可能會有不少缺陷，追求完美是個完全不切實際的目標。許多因素影響「完美」：效能、結構、抽象層次、易用性、易維護性、新奇性、創新性、正確性、安全性等等。試著同時牢記這些並解決一個非常複雜的問題是不可能的事情。

在接受正式的電腦科學教育之前，我就已經開始寫程式了。當時，我有很強的生產力和創意，因為我唯一要考量的就是讓程式碼能運作。隨後我開始上大學，了解到程式碼可能出錯或不好的種種方式之後，我的生產力急劇下降。每當我被分配一個任務時，都會花上幾個小時甚至幾天來思考，然後才開始寫第一行程式碼。一旦意識到寫程式時的緊張情緒會對我產生了多大的影響時，我就開始對抗它，而且我一直在和它戰鬥，不論是在我自己身上還是在他人身上都還在奮戰。

在這一章中，我分享了用來檢測這種情況的幾種症狀，並提出了克服這些症狀的建議。我們意識到新增程式碼比修改程式碼更安全，因此探討了如何利用新增程式碼來協助我們達成任務，包括程式碼重複使用或可擴充性等做法。

10.1　接受不確定性：進入危險境地

如果我們感到害怕就無法有效率地工作。軟體開發是關於學習領域知識並將其轉化成程式語言的過程。建立知識的最有效方法是透過實驗，但這需要勇氣：我們需要明確地指出並關注最不確定的部分。這就是為什麼「勇氣」是目前很受歡迎的 Scrum 框架中的五大價值觀之一。Google 有一項重大研究發現，團隊生產力的最大預測因素是心理安全感：也就是團隊成員是否互相信任並感受到在冒險中是安全的。

更糟糕的是，我們通常最害怕的正是最不確定的領域，但這恰好是我們最需要學習的地方。在即興劇場中，有一個概念叫做「**進入危險境地（enter the danger）**」。這個概念意識到人都有一種天生的傾向避開不舒適的情況，但同時也知道最好的劇場作品來自於直面這些情況並在其中成長。Patrick Lencioni 在有效顧問諮詢方面（《At the Table》podcast，2017 年 4 月）提到了「進入危險境地」，並將其當作一個最重要的教訓。我認為這同樣適用於軟體開發。

無論我們有多好，如果都沒有什麼產出也是沒用的。我剛從大學畢業就進入了這個行業。當時充滿著年輕人的傲慢，覺得自己是最棒的，但當我第一次將自己的程式碼推到正式上線的環境時，這種感覺立刻消失了。可能出錯的事情太多了，讓人有些不知所措。身為一名顧問，我走遍很多地方，每次到一個新地方部署程式總是令人心生恐懼。這就是為什麼我採取了一個許多大公司也使用的策略（符合「進入危險境地」的理念）：我必須在第一天就把一些東西部署到正式上線的環境。這立即消除了恐懼和焦慮，並教會了我如何在團隊中貢獻價值。

恐懼是一種心理上的痛苦。正如我在上一章中所提到的，如果某件事讓您感到痛苦，那就多做幾次！如果某件事讓您感到害怕，那就多做幾次，直到它不再讓您感到害怕。

10.2　利用 Spike 來克服對於建構錯誤事物的恐懼

在我擔任顧問的工作中，我常常看到害怕失敗而阻礙了生產力。「害怕」讓大家在嘗試之前希望先討論、設計或思考如何建構某事物。當對於建構錯誤事物的恐懼超過了建構不良事物的恐懼時，這種情況就會發生。如果看到這種情況發生，就應該有所警覺。

我建議的程式設計流程能幫助克服這個問題，它以一個「Spike」開始。在圖 10.1 中，我們從探索開始，通常以一個 Spike 的形式進行。Spike 期間產生的程式碼可能不會被加入主要的程式庫中，所以它是否有缺陷並不重要；因此，恐懼感就會消散。

圖 10.1　推薦的開發工作流程

Spike（摸索，或譯探索、探針）可以讓我們獲得知識，進而能夠改進我們的第一個實際版本，同時也增加了我們的自信心。Spike 是很強的工具，但引入可能會有一些困難，因為需要紀律。組織文化需要鼓勵和支持撰寫將會被丟棄的程式碼。利益相關者必須明白，產品的價值在於**知識**，而不僅僅是程式碼或功能。

利益相關者，有時甚至是開發人員，往往會受誘惑直接使用 Spike 的程式碼。這會傳達一個訊息，即產品是程式碼，而非知識，這樣做的災難性副作用是，在摸索期間我們開始試圖改進程式碼。很快地，我們面臨的恐懼就和在寫上線程式碼時一樣，因為我們確實在進行實際的開發。為了保持優勢，我們必須嚴格控制，不讓 Spike 的程式碼進入實際的開發，並且我們必須提倡產品就是知識的概念。我們可以利用 Spike 來測試假設、實驗和使用者友善性等議題。

為了配合知識的提升，把成果以常見的知識產品形式來固定，例如投影片或白皮書之類可能會有所幫助。讓 Spike 的結果呈現為一張投影片，顯示三個最重要的要點和一個畫面截圖或模型圖，這樣可以更容易向利益相關者展示這段時間的成果是沒有浪費的。這些投影片可以重複使用，用於每週團隊的知識分享會，這有助於減少混亂感，增強團隊合作精神，並進一步促進對知識的關注。

10.3　以固定比率來克服對浪費的恐懼或風險

另一個害怕程式碼的症狀是周遭的工具和流程比實際的產品程式碼更複雜。在撰寫第一行業務邏輯（business logic）之前，有些團隊花費大量時間設定測試環境、創新的分支策略和倉庫結構、功能開關系統、前端框架以及自動化建置和部署流程。所有這些工具在軟體開發中都有其適用的時機和價值，然而，這些工具應該是用來減少風險或浪費。花太多時間在這些工具上本身就代表對浪費或風險的恐懼超過了交付的渴望。當我們還沒有程式碼時，既沒有風險也沒有浪費，因此花時間在這些工具上只是拖累。建立這些支援系統可能很有趣且具有挑戰性，也可能讓人覺得重要，然而，如果我們沒有透過這些工具推送任何產品程式碼，就無法減少成本，它們也就沒有價值。最糟糕的情況是，維護或開發這些工具需要太多努力，以致我們無法交付真正重要的內容。

真實世界中的故事

有一次我加入了一個對交付有困難的團隊。我如常地進入公司和專案，然後照例問了一下他們的程式碼部署流程是怎麼樣的。領導開發人員像火柴點燃了汽油，開始解釋一個令人驚嘆的複雜建置和部署流程，說明可以做任何事情，除了沖咖啡。對於他們為什麼無法交付的原因感到困惑，我開始思考各種可能性。現在假設問題是因為架構過於緊密耦合，我要求看看他們的程式碼庫，結果是「我們還沒有任何程式碼。我們一直忙於建置這個流程。」

我推薦的解決方案來自 Gene Kim 等人所著的《The DevOps Handbook》(IT Revolution Press，2016)。作者建議把開發人員的時間中約 20% 用於非功能需求，例如維護和開發支援工具。設定這樣的限制有兩個作用：確保重要的維護任務不會被功能性工作所淹沒，同時降低複雜性比例。只有 20% 的時間用於開發某些事物就表示這些事永遠不會比生產程式碼更複雜。我認為 80:20 是生產程式碼和支援工具之間複雜性的合理比例。

有多種做法可以實作這項解決方案。您可以把每個工作項目的估計時間增加 20%，或者每天增加幾個小時。不幸的是，在我的經驗中，大部分的小段時間不是被忽視，就是因為上下脈絡切換和其他成本而浪費掉。另一個極端的做法是把每第五個 Sprint（衝刺）保留給重構和維護工作，這種做法也不是很理想。這樣的工作太過密集，不容易帶來樂趣。開發人員和利益相關者通常渴望有進展的感覺，在這樣的 Sprint（衝刺）中很難實現。另一個不將重構延後的原因是，在前面的四個 Sprint（衝刺）中，程式碼將變得越來越緊密和混亂，處理起來也會越來越慢。

我見過的最成功的實作方式是把週五保留給非工作項目，也就是任何不是因為利益相關者的要求而進行的工作。在這些週五中，開發人員可以進行實驗、進行重大重構或自動化開發任務，以減少浪費或提高品質。整個一天足夠進行重要的任務，而且時間夠長，不會被各種工作所淹沒。這也常常是一種受歡迎的節奏變化，與日常的工作項目不同，可以帶來活力。

10.4 透過接受漸進改善來克服對不完美的恐懼

冒名頂替症候群（Impostor syndrome）是指一個人覺得自己不夠稱職，害怕被揭穿為冒牌者。這在我們的行業中很常見，雖然這種感覺不合理且幾乎是沒有什麼根據的。這對於工作效率有實質影響，由於為了保護自己，我們試圖讓自己的程式碼完美，這樣就不會有什麼東西可以揭穿的。寫出完美的程式碼對於一個複雜的問題來說非常困難，所以我們最終不是在拖延，就是只處理一些微不足道的任務。

開發者有時候很容易批評別人的程式碼。很常聽到開發者抱怨某個程式碼的可用性、效能、穩定性、架構或其他方面的問題。聽到這些話可能會讓我們對自己的程式碼感到不安：「有人在說我的程式碼嗎？」或者「如果那個人看到我的程式碼會怎麼呢？他會看著我的程式碼嗎？」這可能會加劇我們的冒名頂替症狀。

我已經不再相信完美的程式碼了。讓程式碼更有效率需要技巧和效能分析、讓程式碼易於使用需要測試和實驗、讓程式碼易於擴充需要重構和預見力、讓程式碼穩定需要測試或型別檢查。所有這些動作都需要花時間來完成。然而，另一項特性也同樣重要：生產成本。這表示我們必須挑選在哪些方面專注並接受不完美。

考慮到在編寫程式碼時有這麼多指標需要考量，而我們無法同時優化所有指標，那麼哪一個指標最重要呢？我發現「優化開發人員的生活」比其他指標更有用。也就是說，嘗試在從獲取任務到生成一個可運作的結果之間花費最短的時間。如此一來，開發人員就能夠在喜歡的事情上花更多時間，例如花更多時間在撰寫程式碼上。

優化開發人員的生活還有一個額外的好處，那就是能最大程度地提升實務能力，同時最小化從測試、測試人員、利益相關者和使用者那裡取得反饋所需的時間。擁有較短的反饋循環已被證實能夠提升品質，因為可以利用這些反饋來引導我們的改善工作。無論我們從哪個起點開始，只要我們比競爭對手更快地進步，最終就能超越他們。

這也是 Dan North 在第 9 章中討論的「spike and stabilize（摸索和穩定）」模式的哲學。在這個模式中，我們把某項工作視為一個摸索的過程，不考慮任何指標而產生程式碼。然而，我們會把監控加到程式碼內，在六週之後，我們觀察程式碼是否被使用。如果沒有被使用，就刪除它。否則，我們將根據從監控中獲得的反饋來重寫程式碼。在這裡，我們優化了開發人員的生活，因為我們只花時間在「被使用」的程式碼上。我們還有反饋來引導努力的方向，因此我們也不會把時間花在錯誤的指標上。

10.5　複製和貼上對於變更速度的影響

在本書中，我們多次討論了一種最基本的新增程式碼的方式：複製它。最明顯的例子是在第 4.3 小節把 draw 程式碼複製到所有 Tile 類別中，以及在第 5.4 小節把 update 程式碼複製到 Stone 和 Box 中。在這兩個例子中，我們最終選用了不同的後續操作。在 draw 的例子中，我們得出結論認為相似性是巧合的，程式碼應該要分開，所以我們保留了重複的程式碼。在 update 的例子中，我們得出結論認為程式碼是相關的，應該連結起來，所以我們將其統一起來。程式碼重複是一種鼓勵或阻止程式碼分歧的做法，但還有其他兩個重要的程式碼重複特性需要考慮。讓我們逐一討論這兩個特性。

第一個特性是，當我們共用程式碼（share code）時，很容易影響到使用該程式碼的所有位置。這表示我們可以快速對行為進行全域性的更改。然而，要在呼叫點中只更改其中一個行為並不容易。另一方面，如果我們透過複製程式碼來共用行為，由於每個位置都是獨立的，那就很容易只修改單一個位置；但相對地，要對全域行為進行更改就較困難，因為我們需要在所有位置上都進行更新。共用程式碼增加了全域行為更改的速度，而複製程式碼則增加了區域局部行為更改的速度。

第二個特性是，高的全域行為更改速度代表我們可以同時影響程式碼中的許多不同位置。在第 2 章中，我們把**脆弱性（fragility）** 定義為系統變更導致看似不相關的程式碼位置發生問題的趨勢。很容易想像每個共用函式的呼叫點都具有不同的區域不變條件。每當我們更改共用程式碼時，由於這些不變性不屬於共用程式碼的範疇，我們有破壞多個不變條件的風險。因此，共用程式碼會增加系統的脆弱性。

提高全域行為更改速度看起來很不錯，因為我們的程式碼可以在需要時快速適應。然而，增加系統的脆弱性是我們要付出的代價，同時也帶來了把糟糕的更改引入共用程式碼並導致全域損害的風險。這兩項缺點都增加了測試、驗證或監控的必要性。

由於複製的程式碼完全分離，所以更容易進行實驗並能更安全地進行變更，因為不會有破壞其他部分的風險。在 spike（摸索）期間，我鼓勵盡可能多地進行程式碼複製，這是測試假設的快速做法。即使在摸索和穩定的六週期間，這仍然是有效的。一旦程式碼穩定下來，在我們忘記之前，我們會回頭檢查是否有意將其與複製來源統一起來，可以使用第 5 章中描述的重構模式來處理。也就是說，我們會提出以下問題：「這應該與來源相關聯嗎？當這個改變時，來源應該改變嗎？我的團隊是否擁有這個統一的程式碼？」如果這些問題的答案是否定的，那麼這段程式碼可能應該保持分離。

10.6　透過擴充性的新增來進行修改

另一種新增程式碼的方法是透過可擴充性（extensibility）。如果我們知道某些程式碼容易被修改，可以讓這些程式碼具有擴充性。這表示我們把變化部分獨立成單獨的類別。在這種情況下，新增一個新的變化可能只需簡單地加入另一個類別。如果我們的領域相對正常規律，通常變化的地方會隨著時間的推移變得越來越容易接受進一步的變異。

變異點讓我們的程式碼變得更複雜，更難理解程式碼的流程，因此稍後要修改時可能更具挑戰性。讓所有事物都具有擴充性是浪費的做法，因為這樣做只會使我們的程式碼變得更複雜。不符合底層領域的本質複雜性稱為**偶發複雜性**（**accidental complexity**）。由於程式碼代表現實世界，某些複雜性是從底層領域繼承而來的，這稱為**本質複雜性**（**essential complexity**）。

為了限制偶發複雜性，我們應該在需要時再引入這些變異點。在整本書中，無論遇到哪些變異，我們都會遵循相同的三步驟來處理：

1.　複製程式碼。

2.　使用它並進行調整。

3.　如果有意義的話，把程式碼與來源程式碼合併。

這種做法在我們處理程式碼時給予很大的自由度，因為它與其他程式碼分離。一旦完成處理，我們就能輕鬆地將其合併以顯露結構。

這個工作流程讓人聯想到另一個常見的重構模式：Expand-Contract 模式，常用於安全地將重大變更引入資料庫。諷刺的是，這模式的名字只是依據其中兩個最簡短的階段來命名。這個模式有三個階段，與前面描述的過程類似：

1.　在擴充階段新增新功能。這樣做是安全的，因為我們只是在新增，但現在我們需要維護兩個相同行為的複本。

2.　我們進行轉移，逐漸把呼叫方轉移到新功能上。這是最長的階段。

3.　當所有呼叫方都已轉移完成後，執行收縮階段，在這個階段我們刪除原始版本的行為。

在本書中，我們看到了兩種讓程式碼更具擴充性的重要做法：「用類別替代型別碼（REPLACE TYPE CODE WITH CLASSES）」（4.1.3 小節）和「引入策略模式（INTRODUCE STRATEGY PATTERN）」（5.4.2 小節）。這兩種模式都把靜態結構轉換為動態結構。「用類別替代型別碼（REPLACE TYPE CODE WITH CLASSES）」會把 if 和 switch 形式的靜態控制流程轉換為對介面的方法呼叫。透過介面的控制流程是動態的，因為我們可以隨時輕鬆地擴充它，這代表只需新增另一個實作類別就能修改行為。「引入策略模式（INTRODUCE STRATEGY PATTERN）」把兩個程式碼的副本統合起來，讓我們可以利用新增新的策略來動態新增新的副本。

10.7　透過新增的修改來達到向下相容

一般來說，我們透過公共介面或 API 讓功能公開給外部使用。如果大家都依賴我們的程式碼，我們就有責任在更新時保護他們免受意外副作用的影響。為了應對這一責任，標準解決方案是進行版本控制。當我們為程式碼進行版本控制時，會提供給呼叫方使用熟悉版本的選擇，不必擔心我們會對其進行修改。

Microsoft 對向下相容性的承諾

Microsoft 對向下相容性有強烈承諾，這可能是 Microsoft 很成功的原因之一。在與 Raymond Chen 的《One Dev Question》視訊系列影片中，他描述了 Windows 95 的程式碼在 Windows 10 中仍能順利執行的情況。發現 20 多年前的程式碼仍在執行可能是一次有趣且令人驚嘆的探索之旅。在 YouTube 影片《Why You Can't Name a File CON in Windows,》中，Tom Scott 展示了我最喜歡的範例：在 Windows 10 系統中找到來自 Windows 3.1 的檔案選擇提示：

1. 點按「開始」鈕，輸入「ODBC」，然後點按「ODBC Data source（32-bit）」項。

2. 點按「新增」按鈕。

3. 選擇「Microsoft Access Driver(*.mdb)」，然後點按「完成」。

4. 點按「選取...」按鈕。

我要提醒大家，在程式碼中最安全的做法就是不做任何更改。雖然這部分是玩笑，但其中也隱含著一個深刻的觀察。如果我們真的致力於為使用者提供最大程度的安全性，我們的程式碼應該在其整個生命週期中都能保持向下相容性。這表示每當我們進行更改時，會在我們的公共介面中引入一個新的方法，在我們的 API 中新增一個新的端點，或者在以事件為基礎的系統中引入一個新的事件。原始方法的功能保持不變。

以這種方式進行開發其實很簡單，我們只需按照前面所描述的相同流程來進行即可。首先是複製希望更改的現有端點。隨後在進行任何更改時，能安心地知道這不會影響任何人。接著，將其與原始端點的程式碼統合起來。這確實會增加一些「偶然的」複雜性，其中的「偶然」指的是版本 1.0 並不完美。為了消除這種複雜性，我們應該努力讓使用者轉向新版本，可以透過把舊版本標示為過時、更新教學資料來使用新版本，以及大聲宣布變更等方式進行。與前一章中處理遺留程式碼的方式很相似，我們應該適當地對原始版本加入監控的功能。一旦監控顯示原始版本不再被使用，我們就可以安全地將其移除。

在如何指定要使用的版本方面，最簡單的解決方案是我們可以採取把版本資訊直接放入入口點的名稱。需要注意的是，我們只對最外層的介面進行版本管理：即我們與使用者之間的介面。對於可以控制的方法，我們不需要進行版本管理，因為我們可以對其進行測試並驗證是否有任何問題。然而，對於使用者的程式碼，我們無法進行測試，因此需要進行版本管理。我還建議使用一致的命名方案，以便可以輕鬆識別最新的版本。在 PHP 中有一個關於如何為 SQL 清理輸入的例子，可以當作函式名稱**取得不好**的範例。

▶Listing 10.1　在 PHP 中字串轉義的三個版本

```
01   mysql_escape_string
02   mysql_real_escape_string
03   mysqli_real_escape_string
```

10.8　透過功能開關的新增進行修改

將我們的程式碼與同事的程式碼合併在一起，稱為**整合**（**integration**）。我們知道，經常且以小批次進行程式碼整合能減少錯誤，同時節省時間，更重要的是，避免了合併衝突所帶來的壓力。我們希望每天多次或透過集體程式設計等實務做法持續進行程式碼整合。但這也引出了一些問題，例如，如果程式碼尚未準備好呢？或者如果使用者對新功能尚未準備好呢？

當我們考慮部署程式碼的同時也釋出程式碼時，這種想法很常見。我們可以在程式庫中擁有程式碼但不執行它，甚至可以在沒有任何人知曉的情況下部署程式碼。最簡單的方式是將程式碼放在「if (false)」中，這樣就可以放心地加入任何想要的內容，只要編譯能通過，我們也可以安全地將其整合到主分支甚至進行部署。不過需要注意的是，有一個最低要求：它必須能夠編譯成功。

這就是**功能開關**（**feature toggling**）的概念。有一些非常複雜的系統可以處理這個問題，但作為一個起點，我都是建議使用最簡單的版本來學習。像這樣的新概念需要實務練習，使用現成的工具可能會讓人有些負擔且分散注意力。若想要開始使用功能開關，以下是我建議的進行方式：

1.　如果還沒有取名為 FeatureToggle 的類別，請建立。

▶Listing 10.2　新增類別

```
01 |    class FeatureToggle {
02 |    }
```

2. 新增一個靜態方法來處理您即將要解決的任務，並返回 false。這就稱為**功能旗標**。在我們的例子中，它被稱為 featureA。

▶Listing 10.3　之前

```
01 |    class FeatureToggle {
02 |    }
```

▶Listing 10.4　之後

```
01 |    class FeatureToggle {
02 |      static featureA() { return false; }    ◀————┤ 新的功能旗標
03 |    }
```

3. 找到需要實作變更的地方。在那裡加入一個空的「if (FeatureToggle. featureA()) { }」，並將現有的程式碼放在 else 裡面。

▶Listing 10.5　之前

```
01 |    class Context {
02 |      foo() {
03 |        code();    ◀————┤ 原本的程式碼，沒有變更
04 |      }
05 |    }
```

▶Listing 10.6　之後

```
01 |    class Context {
02 |      foo() {
03 |        if (FeatureToggle.featureA()) {    ◀————┤ 新增的 if(false)
04 |        } else {
05 |          code();    ◀————┤ 原本的程式碼，沒有變更
06 |        }
07 |      }
08 |    }
```

4. 從 else 複製程式碼到 if 中。

▶Listing 10.7　之前

```
01 |    class Context {
02 |      foo() {
03 |        if (FeatureToggle.featureA()) {
04 |        } else {
05 |          code();
06 |        }
07 |      }
08 |    }
```

▶Listing 10.8　之後

```
01 | class Context {
02 |   foo() {
03 |     if (FeatureToggle.featureA()) {
04 |       code();         ←
05 |     } else {                        相同的程式碼
06 |       code();         ←
07 |     }
08 |   }
09 | }
```

5.　在 if 中對程式碼進行所需的相關修改。當我們準備測試新程式碼時，修改 FeatureToggle.featureA，使其返回環境變數的值：如果該變數不存在，則返回 false。

▶Listing 10.9　之前

```
01 | class FeatureToggle {
02 |   static featureA() {
03 |     return false;
04 |   }
05 | }
```

▶Listing 10.10　之後

```
01 | class FeatureToggle {
02 |   static featureA() {
03 |     return Env.isSet("featureA");   ←        功能旗標使用的環境變數
04 |   }
05 | }
```

現在，我們可以在本機上設定該變數以進行測試，但其他人仍然看不到它。我們可以安全地部署程式碼。當客戶準備好時，我們可以輕鬆在上線的作業環境中設定該環境變數以執行程式碼。以這種方式處理讓我們能夠隨心所欲地進行整合和部署。然而，還是有幾個要注意的事項。

第一個要注意的地方是，如果我們忘記這個流程或執行不當，就很可能意外地把某些東西放到產品中。作為一個對自己的工作非常自豪的開發者來說，沒有什麼比我更害怕失去對產品的控制了。這也是我推薦使用這種基本版本的功能開關的原因之一，這個簡化的流程能降低犯錯的風險。一開始，我們可以在常規工作流程之上簡單地新增功能開關，並在部署過程中立即設定所有環境變數。這樣做應該具有與常規部署有相同的效果。如此一來，我們可以在不影響使用者的情況下練習並不斷改善，可以選擇在不重新部署的情況下 roll back 正確進行功能開關的功能。這也是功能開關的另一個價值所在。

另一個需要注意的地方是我們現在有兩份相同的程式碼在執行。更糟糕的是，我們使用了一個 if 條件式。正如之前所討論過的，if 條件式會增加實際的複雜度，如果我們開始有相依的功能，必須在兩個分支中都加上 if 條件式。這種做法很快就會變得難以管理且無法控制。但這些 if 條件式是特殊的，因為它們是臨時的技術債務。每當我們完成一個產生功能開關的任務，就應該建立一份計劃來移除這個開關。在這裡，我再次建議把此任務安排在未來最多六週的時間內完成。到了這個時間點，如果該功能在上線作業環境中已開啟，我們將移除 else 部分；否則，就移除 if 部分。這可能代表著程式碼從未實際執行過，但在這種情況下，我們將其視為一個已凍結的專案並從主分支中刪除。功能開關不應該滯留，因為它們會污染程式碼庫並可能導致災難性的失效。

Knight 公司的切換開關事故

根據 Doug Seven 在部落格文章《Knightmare: A DevOps Cautionary Tale》（連結：http://mng.bz/dm0w）中所述，2012 年，高速交易公司 Knight 發布了新版本的軟體。然而，一連串的事件發生，使得這一天成為該公司史上最糟糕的一天。由於部署是由一名工程師手動進行的，軟體並未在所有伺服器上進行升級，導致同時執行著兩個版本的軟體。系統中沒有建立終止開關的功能，也沒有處理出現問題的相關流程。唯一的安全功能是發送警示郵件，但卻被忽略了。

這些決策本身都具有風險，但它們並沒有單獨引起麻煩。雪崩的開端是因為兩個執行的版本不相容。新的程式碼重新使用了一個七年未用到的配置旗標。不幸的是，與這個旗標相關的程式碼仍存在於某些伺服器上執行的程式碼庫中。這導致該程式開始進行無法控制的交易。Knight 公司在停止程式的 45 分鐘內損失超過了 4 億美元。

一旦解決了這兩項缺點，我們對於在各個方面能正確使用切換開關感到有信心，並且我們正在定期移除它們。隨後，在確保準備就緒之後，我們就能開始進一步利用這項強大的技術。第一步可能是將切換開關移至資料庫並為其建立一個小型的使用者介面，以便業務部門可以開啟或關閉功能。我們還可以進行漸進式的推出：一開始只有 10% 的使用者看到新功能，以確保它能正常運作，

然後逐漸增加使用者數量。我們可以進一步將切換開關與某些指標耦合在一起，例如「使用者是否購買了某物品」：如果有更多使用者購買了某物品，我們就加快推出的速度。這被稱為 **A/B 測試**，能帶來巨大的利潤。

A/B 測試 Obama 的競選網站

在 2008 年美國總統選舉中，Barack Obama 的競選網站需要一張照片和一個「Sign Up」按鈕。由於無法確定哪張照片或按鈕文字效果最好，所以他的團隊進行了一項實驗。使用 A/B 測試，他們向某些來訪者展示一個組合，向其他使用者則展示其他組合。他們觀察到，一張 Obama 和家人的照片，搭配一個「Learn More」按鈕的效果最好。總體而言，這個組合比 A/B 測試之前的效果提升了 40%，據估計捐款增加了 6000 萬美元（http://mng.bz/rmxy）。

請留意這也解決了上一章所討論的問題，因為這種演算法能自動淘汰效益較低或有問題的程式碼。我們人類只需要在檢查旗標是開啟或關閉後進行實際的刪除，其做法非常簡單。

10.9　透過抽象化分支的新增進行修改

在這個時點，您可能會問自己：「功能開關不是違反了不要使用 if 搭配 else（NEVER USE if WITH else）規則嗎（4.1.1 小節）？」的確如此，這個問題有兩種解決方法。最簡單的做法是告知這些 if 是暫時的，它們很容易被刪除，這是我們的故意加入而且不應該擴充，這也是 if 的主要問題。如果功能開關只在一個地方使用，我會使用這個理由來進行辯解。

有些功能需要在程式碼的多個位置進行更改。這表示如果我們使用多個 if，與此更改相關的不變條件會分散在它們之間。在這些情況下，在我交付程式碼之前，我會對功能開關內的布林值使用「用類別替代型別碼（REPLACE TYPE CODE WITH CLASSES）」重構模式來進行處理。我不再返回 true 或 false，而是返回 NewA 或 OldA。這種做法通常被稱為「**分支抽象化（branch by abstraction）**」：類別是抽象化的表現，而擁有兩個類別則是分支。把它們當作

類別可以讓我們能透過將它們推入類別中來消除 if 陳述句，就像我們在本書 Part 1 部分反覆進行的處理。

在下列的範例中，我們看到同一支程式的兩個版本：一個使用常規功能開關，另一個使用抽象化分支。

▶Listing 10.11　功能開關

```
01    class FeatureToggle {
02      static featureA() {
03        return Env.isSet("featureA");
04      }
05    }
06    class ContextA {
07      foo() {
08        if (FeatureToggle.featureA()) {
09          aCodeV2();
10        } else {
11          aCodeV1();
12        }
13      }
14    }
15    class ContextB {
16      bar() {
17        if (FeatureToggle.featureA()) {
18          bCodeV2();
19        } else {
20          bCodeV1();
21        }
22      }
23    }
```

▶Listing 10.12　抽象化分支

```
01    class FeatureToggle {
02      static featureA() {
03        return Env.isSet("featureA")
04            ? new Version2()
05            : new Version1();
06      }
07    }
08    class ContextA {
09      foo() {
10        FeatureToggle.featureA().aCode();
11      }
12    }
13    class ContextB {
14      bar() {
15        FeatureToggle.featureA().bCode();
16      }
17    }
18    interface FeatureA {
19      aCode(): void;
20      bCode(): void;
```

```
21 |   }
22 |   class Version1 implements FeatureA {
23 |     aCode() { aCodeV1(); }
24 |     bCode() { bCodeV1(); }
25 |   }
26 |   class Version2 implements FeatureA {
27 |     aCode() { aCodeV2(); }
28 |     bCode() { bCodeV2(); }
29 |   }
```

這種做法把功能變化的不變條件放置在這些類別中。隨後一旦需要刪除功能開
關，我們就會執行以下操作。

1.　刪除一個類別。

▶Listing 10.13　之前

```
01 |   class Version1 implements FeatureA {
02 |     aCode() { aCodeV1(); }
03 |     bCode() { bCodeV1(); }
04 |   }
05 |   class Version2 implements FeatureA {
06 |     aCode() { aCodeV2(); }
07 |     bCode() { bCodeV2(); }
08 |   }
```

▶Listing 10.14　之後（1/4）

```
01 |
02 |                                        ◀───────────┤   Version1 被刪除掉了
03 |
04 |
05 |   class Version2 implements FeatureA {
06 |     aCode() { aCodeV2(); }
07 |     bCode() { bCodeV2(); }
08 |   }
```

2.　隨後依照「不要讓介面只有一個實作（NO INTERFACE WITH ONLY ONE
　　IMPLEMENTATION）」規則（5.4.3 小節）來進行處置，也刪除掉介面。

▶Listing 10.15　之前

```
01 |   interface FeatureA {
02 |     aCode(): void;
03 |     bCode(): void;
04 |   }
```

▶Listing 10.16　之後（2/4）

```
01 |
02 |                                        ◀───────────┤   FeatureA 被刪除掉了
03 |
04 |
```

3. 最後在剩下的類別和功能旗標中內聯方法。

▶Listing 10.17　之前
```
01 | class ContextA {
02 |   foo() {
03 |     FeatureToggle.featureA().aCode();
04 |   }
05 | }
06 | class ContextB {
07 |   bar() {
08 |     FeatureToggle.featureA().bCode();
09 |   }
10 | }
11 | class Version2 implements FeatureA {
12 |   aCode() { aCodeV2(); }
13 |   bCode() { bCodeV2(); }
14 | }
```

▶Listing 10.18　之後（3/4）
```
01 | class ContextA {
02 |   foo() {
03 |     aCodeV2();
04 |   }
05 | }
06 | class ContextB {
07 |   bar() {
08 |     bCodeV2();
09 |   }
10 | }
11 | class Version2 implements FeatureA {
12 |   aCode() { aCodeV2(); }
13 |   bCode() { bCodeV2(); }
14 | }
```

方法內聯

4. 隨後也刪除類別。

▶Listing 10.19　之前
```
01 | class Version2 implements FeatureA {
02 |   aCode() { aCodeV2(); }
03 |   bCode() { bCodeV2(); }
04 | }
```

▶Listing 10.20　之後（4/4）
```
01 |
02 |
03 |
04 |
```

Version2 刪除掉

我們只剩下這段程式碼，其中不再有功能開關的痕跡。

▶Listing 10.21　完成之後

```
01 | class FeatureToggle {
02 | }
03 | class ContextA {
04 |   foo() {
05 |     aCodeV2();
06 |   }
07 | }
08 | class ContextB {
09 |   bar() {
10 |     bCodeV2();
11 |   }
12 | }
```

總結

- 將 spike（摸索）納入工作流程中可幫助我們克服對建立錯誤事物的恐懼。

- 接受一些浪費是必要的，這樣我們才能把大部分時間用於為利益相關者提供價值。

- 把開發人員的生活當作目標，最大程度地提升實務練習和生產力。

- 複製程式碼鼓勵實驗性，而共享則會增加脆弱性。

- 擁有較龐大的程式碼庫能暴露出更多底層結構，為我們的重構提供更清晰的方向。

- 重構的目標是減少偶發複雜性。本質複雜性在有意義的底層領域塑模上是必要的。

- 透過新增方式的進行修改支援向下相容，從而降低風險。

- 功能開關能支援程式整合，降低風險。

- 以抽象化分支的方式協助管理複雜的功能開關。

遵循程式碼中的結構

本章內容

- 在控制流程中編寫行為的程式碼

- 把行為移入資料結構中

- 使用資料來編寫行為的程式碼

- 識別程式碼中未被利用的結構

軟體是現實世界某一方面的模型。隨著我們的學習和成長,現實世界不斷變化,我們需要調整軟體以涵蓋這些變化。由此來看,只要軟體被使用,它就永遠不會完成。這也表示現實世界中的關聯必須在我們的程式碼中表示出來:程式碼是來自現實世界的編碼結構。

在本章中，我們先討論不同類型的程式碼結構來源。隨後探討行為可以嵌入程式碼的三種不同做法，以及如何在這些做法之間移動行為。在確定我們所處理的結構類型後，我們會討論重構在何時會有幫助，何時會有缺陷。最後，我們會看看不同類型的未開發結構，以及如何把它們與我們所學的重構模式相結合使用。

11.1 　根據範圍和來源對結構進行分類

在軟體開發中，我們處理多種類型的結構（也就是可識別的模式）。這樣的結構可能是兩個相似的方法，或是大家每天都會做的事情。在領域中有結構、在程式的行為中有結構、在我們的溝通中有結構，以及在程式碼中也有結構。

我喜歡把結構空間分為四個明確的分類：一個維度是結構是否影響一個團隊或個人（團隊內部）或多個團隊或個人（團隊之間）；另一個維度則是結構是否存在於程式碼或人員之中（請參見表 11.1）。

表 11.1　結構—空間分類

	團隊內部	團隊之間
在程式中	外部 API	資料和函式、大多數的重構
在人員中	組織圖、過程	行為、領域專家

Macro-architecture（**宏觀架構**）是關於團隊之間結構的部分：我們的產品是什麼，以及其他程式碼如何與之互動等。這個架構指引著外部應用程式介面（API）的外觀以及每個團隊擁有的資料，它定義了我們的軟體平台。

Micro-architecture（**微觀架構**）是關於團隊內部結構的部分：團隊如何提供價值、使用哪些服務、如何組織我們的資料以及我們的程式碼長什麼樣子。這本書中的重構模式就屬於這個分類。

我們還必須在組織所定義的過程和階層中進行工作：團隊以及它們之間的溝通方式。在這裡的**過程**（**processes**）指的是 Scrum、Kanban、專案模型等等；而**階層**（**hierarchy**）則是指組織圖或類似的結構，明確指出誰應該和誰溝通。

最後是有由領域專家所定義的結構。領域專家熟悉領域中的模式，因為這些模式反映了他們的行為。這些專家定義了軟體應該怎麼運作，這代表著系統會反映專家的行為。

令人驚豔的是，結構往往沿著水平維度得到反映。組織結構往往會限制我們的外部 API 的樣貌，這就是所謂的 **Conway 定律**。同樣地，領域專家行為中的結構往往會滲透到程式碼中，這有趣又有用，因為如果我們在程式碼中發現了效率低下的地方，通常可以在專家的工作方式、過程或其他地方找到其真實的來源。了解這一點可以成為改進的有力工具。

我提醒這一點是因為使用者行為也會限制程式碼結構。對程式碼結構的某些變更需要改變使用者的行為。我們可以把使用者視為程式碼的另一部分，如果我們無法與使用者互動，他們就是外部的；因此，從重構的角度來看，使用者限制了我們。如果我們可以重新訓練使用者，他們就在我們重構的範圍之內。請記住，儘管改變人們的行為聽起來比改變程式碼簡單，但在大型組織或使用者群體中，這樣做是更困難且進展很緩慢。因此，一般有用的做法是先把使用者行為現狀建模，包括所有的效率低下之處，然後逐步提供更高效率的功能以及教育訓練，以此來重構使用者的行為。

11.2　讓程式碼反映行為的三種方式

不論行為來源在何處，我們可以把行為以下列三種方式嵌入程式碼內：

- 在控制流程中
- 在資料的結構中
- 在資料本身中

接下來我們會逐一介紹上述的三種方式。為了顯示差異，我們將使用著名的 FizzBuzz 程式來展示不同的方法。此外，我們還會展示如何編寫無窮迴圈，因為這是個有趣的特殊情況。請記住，由於重構不會改變行為，我們不是處理重複程式碼，就是把結構從一種方法轉移到另一種方法中。

以程式碼來實作這個遊戲通常會以下型式呈現：撰寫一支程式，輸入一個數字 N，然後輸出從 0 到 N 的所有數字。但如果一個數字可以被 3 整除，輸出「Fizz」；如果可以被 5 整除，輸出「Buzz」；如果可以同時被 3 和 5 整除，輸出「FizzBuzz」。

FizzBuzz 程式簡介

FizzBuzz 是個教授乘法表的兒童遊戲。您選擇兩個數字，然後玩家依序輪流說出數字。如果序列中的下一個數字能被您的第一個數字整除，孩子們會說出「Fizz」；如果能被您的第二個數字整除，他們會說出「Buzz」；如果能同時被您選的兩個數字整除，他們會說出「FizzBuzz」。遊戲會一直持續進行，直到有人出錯為止。

11.2.1 在控制流程中表述行為

控制流程是透過程式碼的文字表述處理行為，使用控制運算子、方法呼叫或者簡單的程式碼行來表示。舉例來說，以下是同一個迴圈使用三種最常見的控制流程做法：

▶Listing 11.1　控制運算子

```
01   let i = 0;
02   while (i < 5) {
03     foo(i);
04     i++;
05   }
```

▶Listing 11.2　方法呼叫

```
01   function loop(i: number) {
02     if (i < 5) {
03       foo(i);
04       loop(i + 1)
05     }
06   }
```

▶Listing 11.3　程式行

```
01   foo(0);
02   foo(1);
03   foo(2);
04   foo(3);
05   foo(4);
```

每當我們討論程式碼重複時，幾乎都是在談論如何在三種行為的子分類之間移動，而最常見的是遠離第三種類型：程式行。這三個子分類有些微的不同，方法呼叫和程式行可以表達非區域性的結構，而迴圈只能在該區域內發生作用。

▶Listing 11.4　方法呼叫

```
01    function insert(data: object) {
02      let db = new Database();
03      let normalized = normalize(data);
04      db.insert(normalized);
05    }
06    function a() {
07      // ...
08      insert(obj1);            ←──── 相同的方法呼叫
09      // ...
10    }
11    function b() {
12      // ...
13      insert(obj2);
14      // ...
15    }
```

▶Listing 11.5　程式行

```
01    function a() {
02      // ...
03      let db = new Database();
04      let normalized = normalize(obj1);  ←──── 相同的程式行
05      db.insert(normalized);
06      // ...
07    }
08    function b() {
09      // ...
10      let db = new Database();
11      let normalized = normalize(obj2);
12      db.insert(normalized);
13      // ...
14    }
```

另一方面，控制運算子和方法呼叫可以做到一件程式行所不能做的事情，那就是建立無窮迴圈。

▶Listing 11.6　控制運算子

```
01    for (;;) { }
```

▶Listing 11.7　方法呼叫

```
01    function loop() {
02      loop();
03    }
```

在控制流程中處理行為時，可以輕鬆地進行大幅度的更改，只需移動程式語句就能改變流程。但一般我們偏好穩定和小幅度的修改，因此通常會避免使用控制流程。但在某些情況下則需要進行大幅度的調整，在這種情況下，將行為重構成控制流程，進行更改，然後再將行為重構回來，這樣可能是有益的做法。

這本書中的許多重構模式都在這個層面上進行處理。有些例子包括「提取方法（EXTRACT METHOD）」模式（3.2.1 小節）和「合併 ifs（COMBINE ifS）」模式（5.2.1 小節）。

大多數人以控制流程來實作 FizzBuzz 程式。

▶Listing 11.8　FizzBuzz 程式使用控制流程

```
01 | function fizzBuzz(n: number) {
02 |   for (let i = 0; i < n; i++) {
03 |     if (i % 3 === 0 && i % 5 === 0) {
04 |       console.log("FizzBuzz");
05 |     } else if (i % 5 === 0) {
06 |       console.log("Buzz");
07 |     } else if (i % 3 === 0) {
08 |       console.log("Fizz");
09 |     } else {
10 |       console.log(i);
11 |     }
12 |   }
13 | }
```

11.2.2　在資料的結構中表述行為

另一種對行為編寫程式碼的方式是透過資料的結構。我們提到過「資料結構就像是凍結在時間中的演算法」。我最喜歡的例子是二元搜尋函式與二元搜尋樹（BST）資料結構之間的關聯。

不深入細節說明，二元搜尋是一種在已排序的串列中尋找元素的演算法。它透過反覆將搜尋對半劃分的範圍來達到目的──由於串列已排序，如果我們把搜尋鍵與中央元素進行比較，即可捨棄一半的串列。二元搜尋樹（BST）是由節點組成的樹狀結構；每個節點具有一個值，並且最多可以有兩個子節點。此資料結構中嵌入的不變條件（或行為）是所有左側子節點的值都小於根節點的值，而所有右側子節點的值都大於根節點的值。在二元搜尋樹中尋找元素時，我們將元素與根節點的值進行比較，然後遞迴進入適當的子樹。二元搜尋的行為透過二元搜尋樹的結構來表達，請參閱圖 11.1。

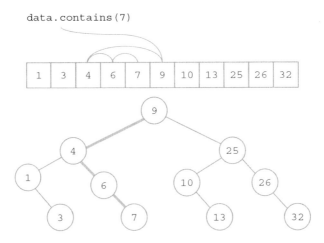

data.contains(7)

圖 11.1　二元搜尋與二元搜尋樹

讓我們看看如何使用型別（type）而不是 for、while 和遞迴函式來定義無窮迴圈。在這個例子中，我們使用了遞迴資料結構。Rec 有一個包含 Rec 的 f 欄位，因此它是一個遞迴資料結構。由於欄位 f 是一個函式，我們可以定義一個輔助函式，該函式接受一個 Rec 物件，提取其中包裝的函式，然後使用相同的 Rec 物件呼叫該函式。現在就可以使用 helper 函式實例化一個 Rec 物件，並將其傳遞給 helper 函式。請留意，在這個例子中沒有函式直接呼叫自身：helper 函式透過 Rec 資料結構呼叫自身。

▶Listing 11.9　遞迴資料結構

```
01  class Rec {
02    constructor(public readonly f: (_: Rec) => void) { }
03  }
04
05  function loop() {
06    let helper = (r: Rec) => r.f(r);
07    helper(new Rec(helper));
08  }
```

相較於控制流程中的行為，使用這種方法要進行重大變更是更為困難的，除非它們與我們現有的變異點相吻合。然而，進行小的變更則更容易和安全。這是因為我們獲得了更多的型別安全性和區域性。在某些情況下，當資料結構允許快取和重複使用資訊時，我們就能獲得效能的提升，就像二元搜尋和二元搜尋樹的例子一樣。重構模式「用類別替代型別碼（REPLACE TYPE CODE WITH CLASSES）」（4.1.3 小節）以及「引入策略模式（INTRODUCE STRATEGY PATTERN）」（5.4.2 小節）都把結構從控制流程移動到資料結構中。

把 FizzBuzz 編寫成資料結構的程式碼是有點繁瑣，因為我們需要編寫 % 的迴圈行為。同樣地，我們也可以使用資料結構來實作自然數，以擺脫 for 迴圈，但這部分我留給讀者當作練習。幸運的是，編寫出來的程式碼很容易閱讀。

▶Listing 11.10　FizzBuzz 使用資料結構

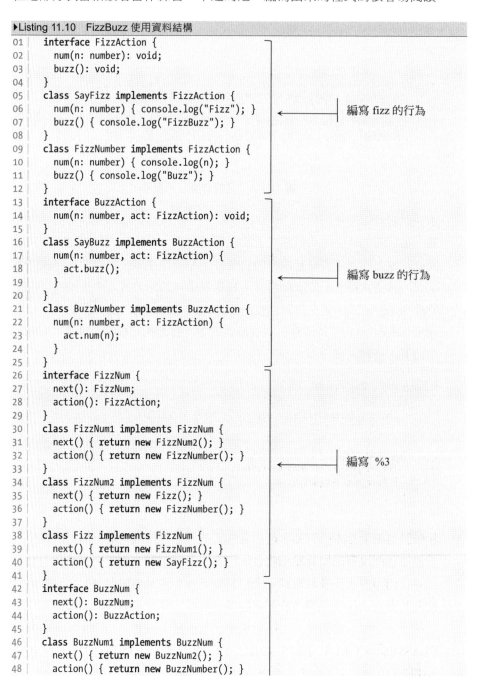

```
01 │  interface FizzAction {
02 │    num(n: number): void;
03 │    buzz(): void;
04 │  }
05 │  class SayFizz implements FizzAction {
06 │    num(n: number) { console.log("Fizz"); }          編寫 fizz 的行為
07 │    buzz() { console.log("FizzBuzz"); }
08 │  }
09 │  class FizzNumber implements FizzAction {
10 │    num(n: number) { console.log(n); }
11 │    buzz() { console.log("Buzz"); }
12 │  }
13 │  interface BuzzAction {
14 │    num(n: number, act: FizzAction): void;
15 │  }
16 │  class SayBuzz implements BuzzAction {
17 │    num(n: number, act: FizzAction) {
18 │      act.buzz();                                     編寫 buzz 的行為
19 │    }
20 │  }
21 │  class BuzzNumber implements BuzzAction {
22 │    num(n: number, act: FizzAction) {
23 │      act.num(n);
24 │    }
25 │  }
26 │  interface FizzNum {
27 │    next(): FizzNum;
28 │    action(): FizzAction;
29 │  }
30 │  class FizzNum1 implements FizzNum {
31 │    next() { return new FizzNum2(); }
32 │    action() { return new FizzNumber(); }             編寫 %3
33 │  }
34 │  class FizzNum2 implements FizzNum {
35 │    next() { return new Fizz(); }
36 │    action() { return new FizzNumber(); }
37 │  }
38 │  class Fizz implements FizzNum {
39 │    next() { return new FizzNum1(); }
40 │    action() { return new SayFizz(); }
41 │  }
42 │  interface BuzzNum {
43 │    next(): BuzzNum;
44 │    action(): BuzzAction;
45 │  }
46 │  class BuzzNum1 implements BuzzNum {
47 │    next() { return new BuzzNum2(); }
48 │    action() { return new BuzzNumber(); }
```

```
49 |   }
50 |   class BuzzNum2 implements BuzzNum {
51 |     next() { return new BuzzNum3(); }
52 |     action() { return new BuzzNumber(); }
53 |   }
54 |   class BuzzNum3 implements BuzzNum {
55 |     next() { return new BuzzNum4(); }
56 |     action() { return new BuzzNumber(); }
57 |   }
58 |   class BuzzNum4 implements BuzzNum {
59 |     next() { return new Buzz(); }
60 |     action() { return new BuzzNumber(); }
61 |   }
62 |   class Buzz implements BuzzNum {
63 |     next() { return new BuzzNum1(); }
64 |     action() { return new SayBuzz(); }
65 |   }
66 |   function fizzBuzz(n: number) {
67 |     let f = new Fizz();
68 |     let b = new Buzz();
69 |     for (let i = 0; i < n; i++) {
70 |       b.action().num(i, f.action());
71 |       f = f.next();
72 |       b = b.next();
73 |     }
74 |   }
```

編寫 %5

11.2.3　在資料中表述行為

最後一種做法是將行為編寫在資料中。這是最困難的，因為我們很快就會遇到工具和編譯器的停機問題盲點（在第 7.1 節中討論過），這表示我們無法從它們那裡獲得支援。

在業界中，我們最常見到的是在資料中重複出現的結構。這可能會導致一致性的挑戰，特別是當資料是可變的時候。效能的提升可能會讓這些挑戰變得合理，然而也可能成為錯誤和浪費的來源。

若想要在資料中建立一個無窮迴圈，則需要在 TypeScript、Java 和 C# 陣列中使用參照（references），並且物件是以參照方式處理的。這個概念是把一個尋找參照的函式放入記憶體中，該函式會尋找一個參照，而這個參照會是它自己本身，然後呼叫它。請留意，這個函式再次呼叫自己，但它是透過堆積（heap）間接地進行。

▶Listing 11.11　遞迴資料

```
01 │   function loop() {
02 │     let a = [() => { }];
03 │     a[0] = () => a[0]();
04 │     a[0]();
05 │   }
```

不同於其他兩種方法，這裡在安全性上沒有編譯器的支援，使得它非常難以安全地使用。其中一種解決方法是使用工具來擷取資料並從中生成資料結構。因此，我們需要複製行為，並且必須要維護這個工具，或者加入第三方依賴。

由於這種結構非常難以操作，所以我一般都建議積極地將其轉換為其他的結構。話雖如此，我們已經在 6.5.2 小節中看過一個把結構從控制流轉移到資料中的重構範例。

把 FizzBuzz 編寫到資料中可能看起來比編寫到資料結構中要簡單許多，部分原因是我們重新回到了在 % 運算子中具有迴圈行為。這表示迴圈行為被編寫在控制流程內，但如果我們願意的話，也可以使用指標或參照來實作。這個挑戰留給比較厲害的讀者來嘗試。

▶Listing 11.12　FizzBuzz 使用資料結構

```
01 │   interface FizzAction {
02 │     num(n: number): void;
03 │     buzz(): void;
04 │   }
05 │   class SayFizz implements FizzAction {
06 │     num(n: number) { console.log("Fizz"); }
07 │     buzz() { console.log("FizzBuzz"); }
08 │   }
09 │   class FizzNumber implements FizzAction {
10 │     num(n: number) { console.log(n); }
11 │     buzz() { console.log("Buzz"); }
12 │   }
13 │   interface BuzzAction {
14 │     num(n: number, act: FizzAction): void;
15 │   }
16 │   class SayBuzz implements BuzzAction {
17 │     num(n: number, act: FizzAction) {
18 │       act.buzz();
19 │     }
20 │   }
21 │   class BuzzNumber implements BuzzAction {
22 │     num(n: number, act: FizzAction) {
23 │       act.num(n);
24 │     }
25 │   }
26 │
```

```
27 │   const FIZZ = [
28 │     new SayFizz(),
29 │     new FizzNumber(),
30 │     new FizzNumber()
31 │   ];
32 │   const BUZZ = [
33 │     new SayBuzz(),
34 │     new BuzzNumber(),
35 │     new BuzzNumber(),
36 │     new BuzzNumber(),
37 │     new BuzzNumber(),
38 │   ];
39 │
40 │   function fizzBuzz(n: number) {
41 │     for (let i = 0; i < n; i++) {
42 │       BUZZ[i % BUZZ.length].num(i, FIZZ[i % FIZZ.length]);
43 │     }
44 │   }
```

← 編寫 3 的資料結構

← 編寫 5 的資料結構

11.3　新增程式碼來揭開結構

當我們進行重構時，某些改變變得更容易，而某些改變則變得更困難。我們進行重構是為了支援特定的變更向量：也就是我們認為軟體發展的方向。程式碼越多，我們就越有可能知道這個變更向量以及程式碼是怎麼變動的，因為我們擁有更多的資料。正如在第 1 章提到的，如果程式碼不應該改變，那麼就沒有理由進行重構。

進行重構能讓現有的程式結構更為穩固，且更容易應對類似的變更。它將變異點放置在我們已經看到或預期會有變化的位置上。在穩定的（子）系統中，這是很寶貴的，因為它能加快開發速度並提升品質。另一方面，在存有許多不確定性的（子）系統中，我們更需要的是實驗而不是穩定性。

當我們對底層結構感到不確定時，就應該控制重構的力道，先專注於確保正確性。當然，我們絕不能犧牲團隊的生產力，所以不能增加脆弱性。我們仍然需要如同往常一樣避免非區域的不變性條件。當我們推遲重構時，應該封裝未重構的程式碼，以免意外地影響其他部分。但我們不應該加入變異點，因為若要讓變異更容易，就會增加複雜性，而複雜性會使實驗變得更加困難，更重要的是，這可能掩蓋了其他結構。

在實作新功能或子系統時，一般都會存有不確定性。在這種情況下，使用列舉和迴圈比使用類別更合理，因為它們可以快速變更，而新的程式碼通常會經過嚴格的測試，因此引入錯誤但卻未被發現的風險較低。隨著程式碼的成熟和結構的穩定，我們應該使用重構來塑造結構以適應情況。程式碼的穩定性應該代表我們對程式碼發展方向的信心程度。

11.4　觀察而非預測，並使用經驗技術

和前一小節的觀點一致，如果我們試圖預測變更方向，反而可能對程式碼庫造成傷害，而不是在幫助它。就像在行業中的大多數事物一樣，我們不應該依據猜測來處理程式碼，而應該使用實證技術。我們的領域正朝向更科學的做法前進，透過結構化實驗來持續改進，例如豐田模式（Toyota Kata）、以證據為基礎的管理（Evidence-Based Management）和爆米花流程（Popcorn Flow）等，這僅僅是其中的幾個例子。

有時候很容易陷入自作聰明的陷阱。當我們發現可以使某個功能更易擴充或更通用、解決某個更具挑戰性的問題，或是想到了煥然一新的點子時，就會想要利用這份洞察力。如果編寫出更酷的程式碼只需要很少的時間，就很難抵擋這樣的機會。但如果我們不確定這種做法的普遍性是否會被使用，那麼自作聰明只是增加了不必要的程式碼和意外的複雜度。

真實世界中的故事

有一次我和一位開發者討論如何實作棋類遊戲。我問他要如何實作出棋子，他因為熟悉物件導向程式設計，就回答說：「使用介面和類別。」於是，我引導他思考，問道：「直接寫死的程式碼不是比較簡單嗎？」他笑著說：「當然可以，但要維護起來得花不少功夫。」他覺得我在開玩笑，直到我回答說：「不需要維護；棋子的規則五百年來都沒變過。」他的眼睛就瞪大了。

上述這個故事說明了即使我們擁有強大的工具，也不一定要一直使用。我們應該觀察程式碼的變化趨向：

■ 如果程式碼沒有變動，就不需要做任何事情。

■ 如果程式碼的變動是無法預測，只需要進行重構以避免脆弱性。

■ 否則，進行重構以適應過去已經發生的變化類型。

11.5　不用理解程式碼就能取得安全性

也許您還記得在第 3 章裡我提倡不需要完全理解程式碼就進行重構。正如我們所討論的，重構可以在控制流程、資料結構和資料之間移動行為。這一點與底層的領域或結構無關，因為結構就存在於程式碼內。只需要按照已經存在於程式碼中的結構，並遵循正確的重構模式且不出錯，我們就不需要完全理解程式碼就能夠處理它。

這個論述的最後一部分可能會有些複雜，因為人都會犯錯。幸運的是，我們不需要重新發明輪子，因為已經有幾個步驟可以保護自己。需要注意的是這些步驟都不是百分之百可靠的，一般來說我們會採用多種做法來進行。就像現實世界中的大部分事物一樣，我們必須接受剩餘風險的存在。

11.5.1　透過測試取得安全性

最常見的提升安全性的做法是測試我們的程式碼。我相信我們應該都是這麼做，不僅是為了檢查正確性，也是為了像使用者一樣親身體驗。我們開發軟體的目的是為了讓某人的世界變得更好。如果不知道他們的世界是什麼樣子，那我們怎麼能做到呢？正確地測試程式碼的問題在於，這樣做很快就變得難以管理、非常耗時且容易出錯，因為是人在進行測試。與軟體開發中的其他單調的工作一樣，解決方法就是自動化，具體而言就是正確性測試，也稱為**功能測試**（**functional tests**）。風險在於我們的測試可能無法涵蓋錯誤發生的位置，或者沒有測試我們期望的內容。

11.5.2　透過掌控取得安全性

另一種做法是透過關注進行重構的人來減少錯誤的可能性。首先我們需要把重構分解成小步驟，小到失敗的風險可以忽略不計。當步驟足夠小時，問題就轉

移到可能忽略一些步驟的風險上，我們可以透過練習來減少這種風險。重複進行重構，讓其成為一個在安全環境中頻繁進行的機械性動作。在這樣的情況下，風險就會減少而不是轉移，因此風險仍然存在於進行重構的人身上。

11.5.3　透過工具輔助取得安全性

說到機械化處理，我們還可以透過消除人為因素來減少人犯的錯誤。許多現代的整合開發環境（IDE）都內建了工具輔助的重構功能，所以不需要自己執行提取方法的步驟，只需讓編輯器替我們完成，而我們只需要指定要提取的程式碼即可。風險在於工具可能存在錯誤，幸運的是，如果這個工具已被廣泛使用，錯誤通常會很快修補，降低了這種風險。

11.5.4　透過正式的驗證取得安全性

如果我們正在建構的軟體發生故障會導致極高的代價，例如飛機或下一個火星探測車，我們可能會走向另一個極端，進行正式驗證來確保程式碼沒有錯誤。我們甚至可以使用證明輔助工具（proof assistant）來機械化地檢查我們的證明是否正確，這是目前在品質方面的最新技術。由於這只是另一種工具輔助的做法，風險與前一種方法相同：證明輔助工具可能存在錯誤，而這些錯誤可能與我們驗證中的錯誤一致。

11.5.5　透過容錯取得安全性

最後，我們可以建構程式碼，讓它們即使出現錯誤也能自我修正。其中一個例子就是功能開關（feature toggling）：正如在前一章所討論的，我們可以在失效時加入自動 rollback 機制。這樣的話，即使在重構時犯了錯誤且程式碼失效時，功能開關系統會自動回復到舊的程式碼。

如果功能開關系統無法區分正確的回應和錯誤的情況，這種做法就可能會失效。舉例來說，如果某個函式在失效時返回 -1 而不是拋出例外，系統執行時可能期望得到一個整數，而 -1 剛好是個合法的整數，這樣就無法判定是正確的回應和失效的情況。

11.6　識別未使用的結構

我們所做的每一件事都有其結構性，它來自領域知識、溝通方式，以及思維方式（包括我們的偏見），這些結構性很大程度上也會反映在我們的程式碼中。正如之前所討論的，透過重構，我們可以利用這種結構性使程式碼更穩定，即使在高頻變動的情況下也能如此。

正如在本章前面所討論的，利用偶然或短暫存在的結構往往會降低開發速度。我們應該始終都去考量基礎是否穩固，這種結構是否可能持續存在。一般來說，底層領域知識比軟體的歷史更為悠久、成熟，且不太容易發生劇變。因此，來自領域的結構通常能安全地利用。

不幸的是，我們的流程和團隊相比，壽命要短得多。它們也更加不穩定，這代表如果我們把它們固定在系統中，很可能需要再次解開流程的程式碼，只為了再次固定某個新的流程，如此無窮無盡。

在我們決定是否值得利用某個結構之前，需要先找到它。所以讓我們來看看在程式碼中尋找可利用結構的最常見位置以及如何使用它們。

11.6.1　透過提取和封裝來運用留白

開發者通常會使用空行來表達他們對結構的感知，因為我們在心中會把陳述句、欄位等進行分組。當我們需要實作某些複雜的東西時，就會將這個象徵性的大區塊切成許多小區塊。在這些小區塊之間，我們會插入一個空行，有時還會加上注釋，這樣就成為了該分組的初稿名稱。

就像在第 1 章中所描述的，每當我們看到一組有空行分隔的陳述句時，就應該考慮使用「提取方法（EXTRACT METHOD）」重構模式。當然，在開發者編寫新的程式碼時，他們應該自己提取方法，但這需要付出努力，除非透過實務練習讓這個重構變得容易，否則許多人傾向跳過此步驟。增加一個空行是很容易且風險較低的，這也是幾乎每個人都會做的事情。因此，這是對作者在解決問題時心智模型的可靠洞察。而很幸運的是，您現在應該已經熟練「提取方法」模式，可以輕鬆地鞏固這種結構。在下面的範例中，函式會從陣列的每個元素中減去陣列的最小值，這裡有兩個由空行分隔的區段。

▶Listing 11.13 之前

```
01    function subMin(arr: number[]) {
02      let min = Number.POSITIVE_INFINITY;
03      for (let x = 0; x < arr.length; x++) {
04        min = Math.min(min, arr[x]);
05      }
06
07      for (let x = 0; x < arr.length; x++) {
08        arr[x] -= min;
09      }
10    }
```

▶Listing 11.14 之後

```
01    function subMin(arr: number[]) {
02      let min = findMin(arr);
03      subtractFromEach(min, arr);
04    }
05    function findMin(arr: number[]) {
06      let min = Number.POSITIVE_INFINITY;
07      for (let x = 0; x < arr.length; x++) {
08        min = Math.min(min, arr[x]);
09      }
10      return min;
11    }
12    function subtractFromEach(min: number, arr: number[])
13    {
14      for (let x = 0; x < arr.length; x++) {
15        arr[x] -= min;
16      }
17    }
```

提取方法

第二個最常見能找到未被利用的空白位置是當它被用於分組欄位時，在這種情況下，空行暗示了哪些資料元素是更相關的（即一起變動）。我們也習慣於透過「封裝資料（ENCAPSULATE DATA）」重構模式（6.2.3 小節）來利用這種結構。在下面的範例中，我們有一個 Particle 類別，內有 x、y 和 color 的欄位。從空行中，我們可以推斷出 x 和 y 比 color 更密切相關，所以我們可以利用這一點來進行處理。

▶Listing 11.15 之前

```
01    class Particle {
02      private x: number;
03      private y: number;
04
05      private color: number;
06      // ...
07    }
```

▶Listing 11.16　之後

```
01 │   class Vector2D {
02 │     private x: number;
03 │     private y: number;          封裝欄位
04 │     // ...
05 │   }
06 │   class Particle {
07 │     private position: Vector2D;   封裝類別
08 │     private color: number;
09 │     // ...
10 │   }
```

11.6.2　以統合來利用重複的程式碼

我們已經廣泛討論過程式碼重複（duplication）的問題。我們在陳述句、方法、類別等地方都會看到它，因為和空行一樣，處理它只需要很少的努力且風險低。與空行一樣，我們已經知道如何處理各種類型的重複。我們遵循本書 Part 1 部分的結構來處置：將陳述句移到方法中，將方法移到類別中。

我們可能會遇到陳述句重複的情況，無論是彼此相鄰還是分散在不同類別的多個方法內。不管哪種情況，我們都可以從基本的「提取方法（EXTRACT METHOD）」重構模式來開始處理。在下列的範例中，我們有兩個 formatter。整體流程不同，所以我們決定先處理兩者都出現的「result +=」陳述句。首先進行提取。

▶Listing 11.17　之前

```
01 │   class XMLFormatter {
02 │     format(vals: string[]) {
03 │       let result = "";
04 │       for (let i = 0; i < vals.length; i++) {
05 │         result += `<Value>${vals[i]}</Value>`;
06 │       }
07 │       return result;}
08 │   }
09 │   class JSONFormatter {
10 │     format(vals: string[]) {
11 │       let result = "";
12 │       for (let i = 0; i < vals.length; i++) {
13 │         if (i > 0) result += ",";
14 │         result += `{ value: "${vals[i]}" }`;
15 │       }
16 │       return result;
17 │     }
18 │   }
```

▶Listing 11.18　之後

```
01 │    class XMLFormatter {
02 │      format(vals: string[]) {
03 │        let result = "";
04 │        for (let i = 0; i < vals.length; i++) {
05 │          result += this.formatSingle(vals[i]);
06 │        }
07 │        return result;
08 │      }
09 │      formatSingle(val: string) {
10 │        return `<Value>${val}</Value>`;
11 │      }
12 │    }
13 │    class JSONFormatter {
14 │      format(vals: string[]) {
15 │        let result = "";
16 │        for (let i = 0; i < vals.length; i++) {
17 │          if (i > 0) result += ",";
18 │          result += this.formatSingle(vals[i]);
19 │        }
20 │        return result;
21 │      }
22 │      formatSingle(val: string) {
23 │        return `{ value: "${val}" }`;
24 │      }
25 │    }
```

提取方法

如果提取的方法分散在不同的類別中，我們可以使用重構模式「封裝資料
（ENCAPSULATE DATA）」把它們集中起來。

▶Listing 11.19　之前

```
01 │    class XMLFormatter {
02 │      formatSingle(val: string) {
03 │        return `<Value>${val}</Value>`;
04 │      }
05 │      // ...
06 │    }
07 │    class JSONFormatter {
08 │      formatSingle(val: string) {
09 │        return `{ value: "${val}" }`;
10 │      }
11 │      // ...
12 │    }
```

▶Listing 11.20　之後

```
01 │    class XMLFormatter {
02 │      formatSingle(val: string) {
03 │        return new XMLFormatSingle().format(val);
04 │      }
05 │      // ...
06 │    }
07 │    class JSONFormatter {
```

封裝方法

```
08 |     formatSingle(val: string) {
09 |       return new JSONFormatSingle().format(val);
10 |     }
11 |     // ...
12 |   }
13 |   class XMLFormatSingle {
14 |     format(val: string) {
15 |       return `<Value>${val}</Value>`;
16 |     }
17 |   }
18 |   class JSONFormatSingle {
19 |     format(val: string) {
20 |       return `{ value: "${val}" }`;
21 |     }
22 |   }
```

封裝方法

如果這些方法是完全相同的，那麼這些類別也會是完全相同的，我們只需保留
其中一個即可刪除其餘的部分。如果這些封裝類別只是相似，且在我們有重複
的類別時，可以使用「統合相似的類別（UNIFY SIMILAR CLASSES）」重構
模式（5.1.1 小節）來進行處理。

▶Listing 11.21　之前

```
01 |   class XMLFormatSingle {
02 |     format(val: string) {
03 |       return `<Value>${val}</Value>`;
04 |     }
05 |
06 |   }
07 |   class JSONFormatSingle {
08 |     format(val: string) {
09 |       return `{ value: "${val}" }`;
10 |     }
11 |
12 |   }
```

▶Listing 11.22　之後

```
01 |   class XMLFormatter {
02 |     formatSingle(val: string) {
03 |       return new FormatSingle("<Value>","</Value>").format(val);
04 |     }
05 |     // ...
06 |   }
07 |   class JSONFormatter {
08 |     formatSingle(val: string) {
09 |       return new FormatSingle("{ value: '","' }").format(val);
10 |     }
11 |     // ...
12 |   }
13 |   class FormatSingle {
14 |     constructor(
15 |       private before: string,
```

統合類別

```
16 |     private after: string) { }
17 |   format(val: string) {
18 |     return `${before}${val}${after}`;
19 |   }
20 | }
```

如果這些陳述句只是在流程上相似，而不是在陳述句本身相似，我們可以使用
「引入策略模式（INTRODUCE STRATEGY PATTERN）」來讓它們變得相同。
這就是為什麼這個重構模式如此強大的原因：它能揭露出即使結構被隱藏起來
的地方。

▶Listing 11.23　之前
```
01 |   class XMLFormatter {
02 |     format(vals: string[]) {
03 |       let result = "";
04 |       for (let i = 0; i < vals.length; i++) {
05 |         result += new FormatSingle("<Value>","</Value>").format(vals[i]);
06 |       }
07 |       return result;
08 |     }
09 |   }
10 |   class JSONFormatter {
11 |     format(vals: string[]) {
12 |       let result = "";
13 |       for (let i = 0; i < vals.length; i++) {
14 |         if (i > 0) result += ",";
15 |         result += new FormatSingle("{ value: '","' }").format(vals[i]);
16 |       }
17 |       return result;
18 |     }
19 |   }
```

▶Listing 11.24　之後
```
01 |   class XMLFormatter {
02 |     format(vals: string[]) {
03 |       return new Formatter(new FormatSingle("<Value>","</Value>"),
04 |       new None()).format(vals);
05 |     }
06 |   }
07 |   class JSONFormatter {
08 |     format(vals: string[]) {
09 |       return new Formatter(
10 |         new FormatSingle("{ value: '","' }"),
11 |         new Comma()).format(vals);
12 |     }
13 |   }
14 |   class Formatter {
15 |     constructor(
16 |       private single: FormatSingle,        ←──────┤ 策略模式
17 |       private sep: Separator) { }
18 |     format(vals: string[]) {
```

```
19 |      let result = "";
20 |      for (let i = 0; i < vals.length; i++) {
21 |        result = this.sep.put(i, result);
22 |        result += this.single.format(vals[i]);
23 |      }
24 |      return result;
25 |    }
26 |  }
27 |  interface Separator {
28 |    put(i: number, str: string): string;
29 |  }
30 |  class Comma implements Separator {
31 |    put(i: number, result: string) {
32 |      if (i > 0) result += ",";
33 |        return result;
34 |      }
35 |  }
36 |  class None implements Separator {
37 |    put(i: number, result: string) {
38 |      return result;
39 |    }
40 |  }
```

策略模式

此時，這兩個原本的 formatter 程式只有在常數值上有所不同，因此我們可以輕鬆地將它們統合起來。

11.6.3　以封裝來利用通用的字尾或字首

另一種在資料、方法與類別中看到的結構是很明顯且可靠，以至於我們可以定出一項規則：「永遠不要有共同的字尾或字首（NEVER HAVE COMMON AFFIXES）」（6.2.1 小節）。類似於帶有注釋的空行，我們有一個分組和建議的名稱，這種做法遵循模式來處置只需很少心力且風險很低。現在再一次說明，我們知道如何鞏固它，因為無論我們是透過空行、重複或命名來發掘分組，其解決方案都是相同的：透過「封裝資料（ENCAPSULATE DATA）」來處理。

到目前為止，我們只看到如何把規則套用在欄位和方法中。然而，規則也可以用於將具有相似命名的類別進行分組。我們還沒有討論這一點，因為這個機制在不同的程式語言之間有所不同；在 Java 內，我們可以把類別封裝在其他類別或套件中；在 C# 內，我們有命名空間可用；在 TypeScript 內，我們有命名空間或模組可用。我鼓勵讀者多進行實驗，找出哪種機制最適用於您的團隊。

在以下的範例中，我們有幾個用於編碼和解碼資料的協定，這些協定可能是透過引入策略模式來得到的。它們的內部細節則不重要，可忽視。

▶Listing 11.25 之前

```
01    interface Protocol { ... }
02    class StringProtocol implements Protocol { ... }
03    class JSONProtocol implements Protocol { ... }
04    class ProtobufProtocol implements Protocol { ... }
05    /// ...
06      let p = new StringProtocol();
07    /// ...
```

所有的類別都有相同的字尾詞「Protocol」，這違反了「永遠不要有共同的字尾或字首（NEVER HAVE COMMON AFFIXES）」規則。在這個例子中，我們不能直接移除「Protocol」，因為它會與內建的 String 類別衝突，但如果我們先在一個命名空間中封裝這三個類別和介面，問題就可以解決了。

▶Listing 11.26 之後

```
01    namespace protocol {
02      export interface Protocol { ... }
03      export class String implements Protocol { ... }
04      export class JSON implements Protocol { ... }
05      export class Protobuf implements Protocol { ... }
06    }
07    /// ...
08      let p = new protocol.String();
09    /// ...
```

在 TypeScript 中…

在 TypeScript 中，我們可以使用不同的關鍵字來控制不同層級的存取權限。在類別內部，欄位和方法預設是公開的，我們可以利用 private 關鍵字來限制它們的存取權限。而在類別外部，預設上是私有的，所以我們可以使用 export 來擴大存取權限（函式、類別等等）。

11.6.4　以動態分派來利用執行時期型別

之前有提到了我想專注討論的最後一種結構，這是種很常見的未被利用的結構。我指的是使用 typeof、instanceof、reflection（反射）或 typecasting（型別轉換）來檢查執行時期型別。

物件導向程式設計在構思時並沒有任何檢查執行時期型別的機制，因為它內建了一個更強大的機制：透過介面進行動態分派。使用介面，我們可以把不同型別的類別放入變數中；當我們在變數上呼叫一個方法時，會在適當的類別中呼叫該方法。這也是避免使用執行時期型別檢查的方式。這是「不要使用 if 搭配else（NEVER USE if WITH else）」規則（4.1.1 小節）的一個特例。

現在假設我們有一個變數，可以是型別 A 或 B 的某個東西，而目前我們正在直接檢查型別來確定處於哪種情況。如果我們對 A 和 B 有控制權，解決方法很簡單：建立一個新的介面，將變數的型別更改為這個介面，並使兩個類別都實作該介面。我們可以使用重構模式「把程式碼移到類別中（PUSH CODE INTO CLASSES）」（4.1.5 小節）來處理，其結果會像以前一樣，if 陳述句會消失。

▶Listing 11.27　之前

```
01 |    function foo(obj: any) {
02 |      if (obj instanceof A) {
03 |        obj.methodA();
04 |      } else if (obj instanceof B) {
05 |        obj.methodB();
06 |      }
07 |    }
08 |    class A {
09 |      methodA() { ... }
10 |    }
11 |    class B {
12 |      methodB() { ... }
13 |    }
```

▶Listing 11.28　之後

```
01 |    function foo(obj: Foo) {
02 |      obj.foo();                        ◀─────────────────┐
03 |    }                                                     │
04 |    class A implements Foo {   ◀──────  新的介面         │
05 |      foo() {                    ┐                        │
06 |        this.methodA();          │     ◀─────────────────┤
07 |      }                          ┘                        │
08 |      methodA() { ... }                                   │
09 |    }                                                     │
10 |    class B implements Foo {   ◀──────                    │
11 |      foo() {                    ┐                        │  推入方法中
12 |        this.methodB();          │     ◀──────────────┤   │
13 |      }                          ┘                        │
14 |      methodB() { ... }                                   │
15 |    }                                                     │
16 |    interface Foo {            ◀─────────────────────────┘
17 |      foo(): void;
18 |    }
```

如果我們無法控制型別 A 和 B 的來源，則需要把型別檢查推到程式碼的邊緣，以確保我們程式碼庫的核心是乾淨的。相同的建議在「不要使用 if 搭配 else（NEVER USE if WITH else）」規則中有描述。

總結

- 程式碼反映了參與開發的人、流程和底層領域的行為。

- 以控制流程編寫的行為有助於輕鬆進行大型的修改。

- 以資料結構編寫的行為的優點是提供了型別安全、局部區域性、效能和輕鬆進行小型的修改。

- 以資料編寫的行為可以作為最後的手段運用，但應該有所限制，因為缺乏編譯器的支援，很難安全地進行維護。

- 重構能管理各種方法中的重複，或把結構從一種方法移動到另一種方法。

- 使用程式碼來展示結構，使其透過重構而成為可塑形的程式，進而增加更多結構。

- 使用實證技術來引導重構的努力，避免以不斷變動的基底來進行重構。

- 尋找尚未被利用的結構，一般是因為風險規避的結果。這些結構通常可透過留白、重複、共同字首字尾或是對執行時期型別的檢查來發現的。

避免最佳化和通用性

本章內容

- 最少化通用性以減少耦合度

- 將最佳化視為不變的事物

- 管理由於最佳化而產生的脆弱性

在程式設計師的世界裡，最佳化和通用性常常會帶來更多問題而非幫助。在本章，當我們提到**最佳化**（**optimization**）時，指的是提升程式碼的**執行效能**，包括增加程式碼的存取量或減少執行時間。而所謂的**通用性**（**generality**）則指程式碼含有更多功用，一般透過更泛化通用的參數來實現。為了說明泛化通用的意義以及它可能帶來的危害，我們來看下面的範例。

假設有人向您要一把刀，如果您遞給他一把瑞士刀，對於處於求生狀況的接受方來說可能是一個禮物。但如果接受方是位在專業廚房中的廚師，一把削皮刀可能會更受歡迎。在這個故事裡，就像在程式碼世界一樣，因應通用性的設計可能比通用性本身更為繁重。當談到通用性時，情境脈絡是至關重要的。

在這一章中，我們先探討這些作法所帶來的負面影響。隨後深入探討通用性和最佳化的相關議題，討論使用和不該使用的時機。

在談通用性（generality）的 12.2 小節中，我們討論了如何激發通用性的動機，並著重介紹怎麼避免增加不必要的泛化通用。當我們為軟體新增未被要求的功能時，通用性可能就會悄悄滲入。它也可能是在舊程式碼與尚未完善的新程式碼統一之前所產生的結果。這兩種通用性都很難消除，因此我們討論了怎麼在一開始就避免掉。即使是最細緻的程式碼庫，通用性還是可能滲入，我們在這一小節尾端會解釋如何尋找並清除不必要的通用性。

在談最佳化（optimization）的 12.3 小節中，我們再次討論了應該避免以及何時不應該避免最佳化。隨後探討了在執行任何最佳化之前應該進行的準備工作。首先要確保程式碼已經進行良好的重構，然後確保執行緒排程不浪費，並尋找系統中的瓶頸。一旦找到瓶頸，我們使用效能分析來識別可能的候選方法進行最佳化。接下來檢查最安全的做法來進行最佳化處理，例如選擇適當的資料結構和演算法或利用快取。最後還會強調把需要的效能調校隔離是很重要的。

12.1　力求簡潔

這一章以及整本書的底層主題都是要讓我們追求簡潔。保持追求簡潔作為焦點是如此重要，以至於它是 Gene Kim 的商業神話《The Unicorn Project》（IT Revolution Press, 2019）中軟體開發理念之一。簡潔是必要的，因為人類的認知能力有限，我們一次只能記住有限的資訊量。在處理程式碼時，有兩件事很快就會佔據我們的認知能力：第一件是耦合的元件（coupled components），因為我們需要同時記住它們；第二件是不變條件（invariants），我們需要追蹤它們以了解其功能。這些元素通常與兩種不同的常見程式設計練習相關聯。當我們把某件事物變得更加泛化通用時，它的使用方式也變得更多樣化；因此就會有更多的東西可以與之耦合。在處理泛化通用的程式碼時，我們必須考慮更多可能的呼叫方式。

在第 4 章中，我們親身體驗了通用性的問題。當看到下列的函式範例時，我們無法確定它是以所有可能的 Tile 值呼叫，還是只用到其中某些值。如果不知道這一點，就無法簡化這個函式。

▶Listing 12.1　不需要泛化通用的函式

```
01   function remove(tile: Tile) {
02     for (let y = 0; y < map.length; y++) {
03       for (let x = 0; x < map[y].length; x++) {
04         if (map[y][x] === tile) {
05           map[y][x] = new Air();
06         }
07       }
08     }
09   }
```

另一個問題的源頭是最佳化，它依賴於利用不變條件，每當我們處理某段程式碼時，就必須牢記這些不變條件。當我們處理演算法或資料結構時，尋找不變條件是個有趣的遊戲和健康的練習。舉例來說：很容易看出二元搜尋的一個不變條件是資料結構已排序，但很容易忽略的不變條件則是我們可以有效地按照任意順序存取元素。

在第 7 章中我們看過一個範例，說明了最佳化是如何在引入不變條件方面發揮作用，當時我們簡要討論了一個計數集合的實作。這個集合追蹤每個元素的計數。為了從這個資料結構中均勻地選出一個隨機元素，我們生成一個小於總元素數量的隨機整數。

▶Listing 12.2　沒有最佳化的計數集合

```
01   class CountingSet {
02     private data: StringMap<number> = { };
03
04     randomElement(): string {
05       let index = randomInt(this.size());
06       for (let key in this.data.keys()) {
07         index -= this.data[key];
08         if (index <= 0)
09           return key;
10       }
11       throw new Impossible();
12     }
13     add(element: string) {
14       let c = this.data.get(element);
15       if (c === undefined)
16         c = 0;
17       this.data.put(element, c + 1);
18
19     }
```

```
20 |    size() {
21 |      let total = 0;
22 |      for (let key in this.data.keys()) {
23 |        total += this.data[key];
24 |      }
25 |      return total;
26 |    }
27 |  }
```

▶Listing 12.3　最佳化之後的計數集合

```
01 |  class CountingSet {
02 |    private data: StringMap<number> = { };
03 |    private total = 0;                              避免重複計算的欄位
04 |    randomElement(): string {
05 |      let index = randomInt(this.size());
06 |      for (let key in this.data.keys()) {
07 |        index -= this.data[key];
08 |        if (index <= 0)
09 |          return key;
10 |      }
11 |      throw new Impossible();
12 |    }
13 |    add(element: string) {
14 |      let c = this.data.get(element);
15 |      if (c === undefined)
16 |        c = 0;
17 |      this.data.put(element, c + 1);
18 |      this.total++;
19 |    }
20 |    size() {
21 |      return this.total;
22 |    }
23 |  }
```

計算元素的總數很簡單，但一直重做計算就顯得很浪費。我們可以透過引入一個名為「total」的欄位來最佳化這樣的浪費，用來追蹤元素的總數。隨之而來的是一個不變條件，即我們在新增或刪除元素時要記得更新這個欄位。否則，就很可能會破壞 randomElement 方法的正常運作。從另一角度來看，在未最佳化的版本中，新增一個新方法是不會破壞現有的方法。

尋求「簡單」並不代表我們永遠不能最佳化或讓程式碼更泛化通用，就像數學專家所證明的一樣：有時候是**需要**一個更通用的引理（lemma）來證明我們的定理（theorem）。但這確實表示我們應該一直要有充分的證據來支持我們需要這種通用性或最佳化。當我們犧牲「簡單性」時，應該採取預防措施，以最大程度地減少不良的影響。在本章的剩下的內容中，我們將深入探討細節。

12.2 泛化通用的時機與做法

在把通用性（generality）加入我們的方法或類別之前，應該要了解這麼做的動機。幸運的是，在某些情況下，如果按照本書推薦的步驟進行操作，通用性的最直接動機是可以免費取得的，先複製、然後轉換，最後統合。統合步驟會自動為我們提供目前功能所需的確切通用程度。聽起來似乎很簡單，但有一些陷阱可能導致失敗。在本章的剩餘的內容中會討論如何減少通用性，並使其保持最小化。

12.2.1 最小化的建構以避免通用性

假如功能本身就很簡單，複製、轉換和統合的三步驟可以確保通用性最小化。但如果加入了比必要還多的功能或更泛化通用的功能，那就沒有任何方法可以拯救我們。唯一的對策就是持續努力維持最小化的建構。

> 最大化減少不必要的工作量。
>
> —Kent Beck

「最小化的建構（Build minimally）」這個建議並不新鮮，此建議以各種方式被提及過無數次，而我最喜歡的版本來自 Kent Beck。在本章中，這可能是最難遵循的建議之一，但非常重要，所以值得再次強調。

要以最小化的方式進行建構，首先需要了解情境脈絡——我們想要實作的行為範圍。無論在我們的理解中有多少缺口，大腦都會傾向於假設我們需要理解所有的一切。我們大都傾向於認為給予使用者或客戶解決更多問題的功能是一份禮物。

設計程式碼以適應通用性可能比「通用性功能可幫上忙」這件事是更為困難，就像之前提過的「把瑞士刀給廚師使用」的例子所說明的那樣。另一個專注於建構所需功能的原因是，隨著軟體的演進，需求往往會改變，因此實作和維護不必要的通用性功能所花費的努力很容易就變得無效。所以我們應該只專注於解決實際存在的問題，而不是花時間去解決想像中的問題。

真實世界中的故事

最近我參與了一個計算並追蹤乒乓球選手評分的系統，有點類似「棋類」的評分系統。在完成初步的設計和功能後，我意識到還可以利用資料生成最有可能進行精彩對戰的隊伍。我對這項功能非常有信心，認為使用者會一直用它，於是我實作了這項功能。但正如大家可能預料的，人們已有了確定對手的方法，根本就不需要這項新功能來分析——此功能只被少數人使用，而且只是出於好奇。

12.2.2　統合有相似穩定性的事物

在剛才描述的情況中，我可以透過刪除程式碼來消除大部分的錯誤。然而，為了適應額外的功能，我必須對支援函式和後端程式碼來進行一些泛化通用的相關處理。這種泛化很難消除，但由於它增加了程式碼的認知負擔，所以我必須處理它。

為了避免這個問題，在統合事物時我們應該謹慎行事。有個經驗法則可參考，最好不要立即把新的事物與舊的事物統合起來。相反地，等到這些事物達到相似的穩定狀態時再進行統合。它們的穩定狀態不需要經歷等長的時間，一般來說，第二個實例的穩定速度會快一些，第三個則更快。

12.2.3　消除不需要的通用性

我們對抗不必要的泛化通用性的最後防線是定期監控並在發現時刪除掉。我們已經見過兩種特定用於消除不需要泛化通用性的重構模式：「特定化方法（SPECIALIZE METHOD）」和「嘗試刪除後再編譯（TRY DELETE THEN COMPILE）」。在引入這些模式時，我們會在大量重構之後才發現對它們的需求。在實際的應用中，使用重構模式「嘗試刪除後再編譯（TRY DELETE THEN COMPILE）」可能無法找出我們能刪除的所有泛化通用部分。

在尋找不必要的泛化時，更有效做法是監控傳遞給函式的執行時期引數。只要我們的物件在合理範圍內可序列化，加入一些程式碼來記錄參數是相對容易

的。隨後就可以檢查每個方法最近的 N 個呼叫，並查看某個參數是否總是以相同的值被呼叫，如果是的話，我們可以根據該參數來進行「特定化方法（SPECIALIZE METHOD）」的處理。即使該參數被呼叫了幾個不同的值，對於每個值都製作一個特定的函式副本可能還是值得的。

12.3　最佳化的時機和做法

另一個很常見的高度認知負擔來源是最佳化。就像泛化通用性一樣，在我們進行任何操作之前，應該有動機去證明最佳化的必要性。不同於通用性，最佳化並沒有一個簡單的過程可以自動驅使。幸運的是，我們還有另一個可用的工具：為了推動最佳化，我大都是建議設定自動效能測試，只有在測試失效時才尋找最佳化的處理。這些測試的最常見類型如下所示：

- 「這個方法應該在 14 毫秒內終止。」這種類型的測試稱為**基準測試**（**benchmark test**），它在嵌入式或即時系統中很常見，我們必須在特定的截止時間或間隔內提供答案。雖然設計編寫很簡單，但這些測試與環境緊密結合；如果我們有垃圾回收程式或病毒掃描程式，則可能會影響絕對效能並提供錯誤的結果。因此，我們只能在類似可靠的上線作業環境中執行基準測試。

- 「這項服務應該能夠處理每秒 1000 個請求。」在**負載測試**（**load test**）中會驗證系統的吞吐量，這在網路或雲端的系統中很常見。與基準測試相比，負載測試對外部因素更具彈性，但我們仍可能需要類似上線作業環境的硬體設備來配合。

- 「執行這個測試的速度不應該比上次慢超過 10%。」最後是**效能認證測試**（**performance approval test**），確保效能不會突然下降。這些測試完全與外部因素無關，只要它們在執行時都保持一致即可。然而，它們仍然可以檢測到如果有人將某個過慢的元素加到主要迴圈中，或者意外地將某種資料結構切換為另一種，導致快取錯過的情況增加。

以法律界的措辭來說，程式碼在未被證明是有問題之前都是合法有效的。一旦測試證明我們需要進行最佳化，就必須知道如何在未來的維護工作中減少我們的認知負擔。

12.3.1　在最佳化之前先重構

第一步是確定程式碼已經適當地重構。重構的目標之一就是把不變條件部分局部區域化，使其更清楚明瞭。由於最佳化需要依賴於不變條件部分，這表示在經過良好重構的程式碼上進行最佳化是更容易完成的。

在第 3 章，我們介紹「呼叫或傳遞（EITHER CALL OR PASS）」規則時（3.1.1 小節），已看過這種重構的範例，我們把 length 提取到一個單獨的函式內，以避免違反這項規則。

▶Listing 12.4　之前

```
01   function average(arr: number[]) {
02     return sum(arr) / arr.length;
03   }
```

▶Listing 12.5　之後

```
01   function average(arr: number[]) {
02     return sum(arr) / size(arr);
03   }
```

在當時這種重構可能有點過度或太多人為色彩。然而，現在我們知道未來的處理步驟是把這些方法封裝在一個類別中，我們能看到這些方法為新資料結構定義了一個非常好且最小的公用介面。這個介面使得後面描述的最佳化很容易實現。只需在新類別中加入一個欄位，就能輕鬆新增內部快取。或者，如果想要更改資料結構，我們可以用「從實作提取介面（EXTRACT INTERFACE FROM IMPLEMENTATION）」重構模式（5.4.4 小節），隨後建構一個實作該介面的新類別，再使用所需的資料結構。

▶Listing 12.6　封裝

```
01   class NumberSequence {
02     constructor(private arr: number[]) { }
03     sum() {
04       let result = 0;
05       for(let i = 0; i < this.arr.length; i++)
06         result += this.arr[i];
07       return result;
08     }
09     size() { return this.arr.length; }
10     average() {
11       return this.sum() / this.size();
12     }
13   }
```

▶Listing 12.7　快取 total

```
01 | class NumberSequence {
02 |   private total = 0;
03 |   constructor(private arr: number[]) {
04 |     for(let i = 0; i < this.arr.length; i++)
05 |       this.total += this.arr[i];
06 |   }
07 |   sum() { return this.total; }
08 |   size() { return this.arr.length; }
09 |   average() {
10 |     return this.sum() / this.size();
11 |   }
12 | }
```

讓編譯器來處理

程式碼變得好看的另一個原因是編譯器不斷努力生成更好的程式碼。編譯器開發人員是透過研究常見和習慣的用法，並把焦點放在最常見的情況來決定最佳化的處理。因此，當我們試圖用聰明的方式來編寫程式碼時，卻意外地讓程式碼執行速度變慢，這可能只是因為編譯器無法再識別我們的意圖。這也呼應了第 7 章的內容：請與編譯器合作，而不是去對抗。

在第 1 章的範例中有提到，一個好的編譯器可以在確定沒有副作用之後自動消除重複的子表示式「pow(base, exp / 2)」。所以這兩支程式應該有相同的效能。

▶Listing 12.8　未最佳化

```
01 | return pow(base, exp / 2) * pow(base, exp / 2);
```

▶Listing 12.9　已最佳化

```
01 | let result = pow(base, exp / 2);
02 | return result * result;
```

如果我們寫出好的且符合慣用寫法的程式碼，編譯器的改進應該代表我們的程式碼將來會隨著時間自動變得更快。這是延後最佳化的很好理由。然而，我們人類的慾望與努力是相悖的，我們想展現自己有夠力處理複雜的程式碼或是透過不尋常的模式和解決方案來展示創造力。我自己在感到智力不足且不安全時也會這樣做，但在共享的程式碼庫中絕不要這麼做！我最喜歡炫耀的方式是用不尋常、看起來更快的低階操作來取代兩個常見的操作。

▶Listing 12.10　慣用的做法

```
01 | function isEven(n: number) {
02 |   return n % 2 === 0;
03 | }
```

▶Listing 12.11　炫耀的做法

```
01 |    function isEven(n: number) {
02 |        return (n & 1) === 0;
03 |    }
```

▶Listing 12.12　慣用的做法

```
01 |    function half(n: number) {
02 |        return n / 2;
03 |    }
```

▶Listing 12.13　炫耀的做法

```
01 |    function half(n: number) {
02 |        return n >> 1;
03 |    }
```

Listing 12.11 和 12.13 中的程式碼看起來很酷，但 Listing 12.10 和 12.12 中的表示式是慣用且很常見，所有主流編譯器都會自動最佳化處理。因此，「炫耀式」程式碼的唯一效果就是讓它變得更難閱讀而已。

12.3.2　依據限制理論進行最佳化

在重構了程式碼之後，如果測試仍然不符合要求，我們就需要進行最佳化。如果我們是在一個並行系統中工作，不論是透過協作的執行緒、處理程序或服務，我們都受制於**限制理論**（**theory of constraints**）。在，Eliyahu Goldratt 的傑作小說《The Goal》（North River Press, 1984）中生動地描繪了努力減少局部的低效率往往不會影響整體效率的故事。

為了說明限制理論，我很喜歡使用一個現實世界中的比喻來介紹，如圖 12.1 所示。這個系統就像是交通流量，其中的**任務**（**task**）就像是需要從左邊往右邊的車輛。在從左到右的處理過程中，任務會經過很像交通路口的**工作站**（**workstation**）。每個路口以不同的速率放行車輛，而且速率大都有所不同。在路口之間有一段車輛排隊的道路：在限制理論中，這段道路被稱為**緩衝區**（**buffer**）。如果某個路口的右側緩衝區幾乎為空，而左側緩衝區幾乎都滿了，我們稱之為**瓶頸**（**bottleneck**）。

無論是觀察車輛、一塊需要塑形的金屬，或是一段資料，限制理論都適用於由循序連結的工作站組成的任何系統。從開發者角度來看，系統就是應用程式，而工作站則是並行的工作者，每位工作者都會執行一些工作，然後經過緩衝區將結果傳遞給另一位工作者。

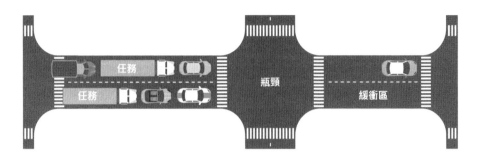

圖 12.1　系統的圖示

在從輸入到輸出的串流過程中，任何時候都會有一個明確的瓶頸工作者。最佳化瓶頸工作者的上游只會導致瓶頸入口的緩衝區一直累積。最佳化瓶頸工作者的下游不會對整體效能產生影響，因為下游的工作者無法快速獲取足夠的輸入。只有對瓶頸工作者本身進行最佳化才會對系統效能產生影響。

對瓶頸進行最佳化後又可能會產生新的瓶頸。也許下游的工作者跟不上前一個瓶頸所增加的吞吐量，或者上游的工作者無法快速產出足夠的輸出以滿足前一個瓶頸的需要。

還好在軟體開發中，我們有個極好的解決方案，稱之為「**資源池（resource pooling）**」。資源池的意思是將所有可用的處理資源放入一個共享的集中池內，需要使用這些資源的人可以共享使用。如此一來，最大可能的容量就能提供給瓶頸工作。我們可以透過負載平衡器在服務層外部實作這種方法，或者在應用程式內部透過執行緒池來實作。

不管資源池是在內部還是外部，對效能的影響都是一樣的，所以讓我們簡單看看一個內部池的範例。請記住，TypeScript 沒有執行緒，所以這是個偏向 Java 的虛擬程式碼。在這個範例中，我們有一個兩階段的系統，其中 B 階段需要的時間是 A 階段的兩倍；如我們所知，順序並不重要。我們使用阻塞佇列（blocking queues）在執行緒之間進行通訊，而我們的工作是永不終止的執行緒。在原生的實作中，每個階段有一個工作執行緒，請留意這兩個無窮迴圈。當我們引入資源池時，會把無窮迴圈移到階段之外，從而將它們變成任務。

▶Listing 12.14　原生的執行緒

```
01  interface Runnable { run(): void; }
02  class A implements Runnable {
03    // ...
```

```
04 |    run() {
05 |      while (true) {
06 |        let result = this.input.dequeue();
07 |        Thread.sleep(1000);
08 |        this.output.enqueue(result);
09 |      }
10 |    }
11 |  }
12 |  class B implements Runnable {
13 |    // ...
14 |    run() {
15 |      while (true) {
16 |        let result = this.input.dequeue();
17 |        Thread.sleep(2000);
18 |        this.output.enqueue(result);
19 |      }
20 |    }
21 |  }
22 |  let enter = new Queue();
23 |  let between = new Queue();
24 |  let exit = new Queue();
25 |  let a = new A(enter, between);
26 |  let b = new B(between, exit);
27 |  let aThread = new Thread(a);
28 |  let bThread = new Thread(b);
29 |  aThread.start();
30 |  bThread.start();
```

▶Listing 12.15　資源池

```
01 |  interface Runnable { run(): void; }
02 |  interface Task { execute(): void; }     ⟵——— 新任務抽象化
03 |  class A implements Task {
04 |    // ...
05 |    execute() {
06 |      let result = this.input.dequeue();
07 |      Thread.sleep(1000);
08 |      this.output.enqueue(result);
09 |    }
10 |  }
11 |  class B implements Task {               ⟵
12 |    // ...
13 |    execute() {
14 |      let result = this.input.dequeue();
15 |      Thread.sleep(2000);
16 |      this.output.enqueue(result);
17 |    }
18 |  }
19 |  class Worker implements Runnable {       ⟵——— 可執行的 Worker
20 |    run() {
21 |      while (true) {
22 |        let task = this.tasks.dequeue();
23 |        task.run();
24 |      }
25 |    }
26 |  }
```

```
27 │  let enter = new Queue();
28 │  let between = new Queue();                    任務排程
29 │  let exit = new Queue();
30 │  let tasks = new Queue();
31 │  enter.onEnqueue(element => tasks.enqueue(new A(enter, between)));
32 │  between.onEnqueue(element => tasks.enqueue(new B(between, exit)));
33 │  let pool = [new Thread(new Worker()), new Thread(new Worker())];   執行緒池
34 │  pool.forEach(t => t.start());
```

從上面的例子可看出，程式碼結構幾乎完全相同，其設定稍微複雜一點，因為我們必須在每次工作準備好時建立一個任務。但是，使用資源池的解決方案具有顯著更高的吞吐量。使用 Listing 12.14 中的程式執行 100 個請求大約需要 201 秒，而 Listing 12.15 的程式則可在 150 秒內完成。

最重要的是，就算是一個簡單的資源池實作，我們也不必擔心執行緒協調的問題，因為系統會自動處理。我們甚至可以稍後更改執行緒行為而不影響各個階段的處理。僅僅透過把 tasks 更改為優先等級的行列，我們就可獲得任何想要的順序。在這種情況下，很容易看出最理想的情況是每個 A 階段對應兩個 B 執行緒，但實際上，我們有數十個或數百個小階段，執行時間波動不定。代價是我們必須維護資源池的程式碼或軟體，這會增加系統的認知負擔。但很明顯的是，我們並未增加各個階段中領域程式碼的認知負擔。

12.3.3　以度量指標來主導最佳化

在使用資源池進行系統最佳化之後，如果我們仍然無法滿足效能要求，則需要在瓶頸處進行最佳化。在處於單執行緒的情況下，必須讓一個執行緒更快地完成任務。然而，我們不能指望可以最佳化所有事情，除了這是一項巨大的工程外，這會讓程式碼庫變得難以使用。相反地，我們需要把努力集中在對程式碼影響最大的部分上。

要做到這一點，我們需要辨識出程式碼中的熱點。**熱點**（**hot spots**）是指執行緒花費大部分時間的方法。有兩個因素導致某個方法成為熱點：方法要花時間完成執行，以及該方法位於迴圈內。發現熱點的唯一可靠方法是透過效能分析，**效能分析**（**profiling**）是追蹤方法所花費的累計時間，有很多工具可用來協助進行效能分析。另外，讀者也可以輕鬆地手動新增計時程式碼，從最上層開始逐步深入分析佔用 80% 時間的那 20% 的程式碼。

著名的 80:20 原則也適用於程式碼，並支持了我的口頭禪，即最佳化不應該成為開發人員日常工作的一部分，因為最佳化是以團隊生產力這個更有價值的資源為代價的。唯一的例外是那些日常工作中處於熱點位置的開發人員，例如效能專家或從事嵌入式或即時系統開發的人員。

每當我們在考量效能時，使用效能分析工具有另一個原因，許多程式設計師熟悉基本的演算法，包括漸進分析（通常是大 O 表示法）。雖然瞭解這些概念很有益處，但必須意識到漸進增長率是被簡化了。因此，轉換到具有更好漸進增長率的演算法或資料結構後，實際上可能會因為分析所設計用來抽象化的相同因素（例如快取錯過）而降低效能。我們只能透過測量來揭示這些影響。證據是大多數的程式庫中，用於小型資料的排序功能是使用 $O(n^2)$ 的插入排序，而不是漸進較優越，使用 $O(n \cdot \lg(n))$ 的快速排序。

12.3.4　選用好的演算法與資料結構

在識別出瓶頸元件中的熱點後，我們可以開始考慮最佳化的方式。最安全的最佳化方式是把一個資料結構換成具有相等介面的另一個資料結構，這種最佳化是安全的，因為我們的領域程式碼不需要改變以適應新的資料結構。在這種情況下，我們引入的不變條件是針對使用方式的，這表示如果不變條件被破壞，風險就是效能下降。

我們的效能測試立刻就會發現效能下降的情況，而在此時切換資料結構或演算法是很容易的。因此，我通常不介意在這樣的不變條件中下功夫。我建議開發人員在選擇現有的資料結構或演算法時考慮其行為。如果我們自己實作，除非處於熱點位置，否則仍應優先考慮實作的簡易性。

有時候我們可以以局部切換資料結構來取得好處。如果我們在熱點位置使用資料，但該資料在熱點之外也是可用的，那這種做法就常見。舉例來說，請想像一下我們有一些資料並且需要在熱點位置按順序來提取元素，此時可透過重複提取最小元素來實現，這是個線性時間操作 $O(n)$。但是，如果我們在熱點之外有資料可用，則可將其放入像最小堆積這樣的資料結構內，在其中可以用對數時間 $O(\lg(n))$ 來提取資料。甚至更好的是，如果我們可以在進入熱點之前將資料排序，則可以用常數時間 $O(1)$ 提取最小元素。

如前所述，這是家常便飯，而且確實也是使用資料結構而非演算法的動機，然而，我們可以進一步發揮這樣的想法。在程式碼的不同位置，我們可能以不同的方式使用資料：例如行為不變條件在程式碼中並不一致，在這種情況下，我們可以在局部區域切換資料結構以適應特定的使用方式。這個想法感覺很直接而明顯，但根據我的經驗，這是種被低估的技巧。

舉例來說，假設我們實作了一個連結串列（linked list）的資料結構，並希望它有一個 sort 方法。我們可以透過直接操作連結串列來實作排序。由於快取的行為，把串列轉換為陣列再排序，隨後將其轉換回連結串列的效率更高。

▶Listing 12.16　排序一個連結串列

```
01 │  interface Node<T> { element: T, next: Node<T> }
02 │  class LinkedList<T> {
03 │    private root: Node<T> | null;
04 │    // ...
05 │    sort() {
06 │      let arr = this.toArray();
07 │      Array.sort(arr);
08 │      let list = new LinkedList<T>(arr);
09 │      this.root = list.root;
10 │    }
11 │  }
```

> NOTE　請記住，私有（private）的意思是類別私有，而不是物件私有，所以我們可以存取其他物件的 list.root。

這個方法效率非常高，而且我們只需要寫轉換成陣列的程式碼，這在任何情況下都很有用。此外，如果我們希望連結串列資料結構是不可變的，只需將最後一行改成 return 而不是指定值。

12.3.5　使用快取

另一個我們可以安全地進行的最佳化是快取。快取（caching）的概念很簡單：不需要重複多次計算，只需計算一次，將結果儲存起來，以後再次使用。第 5 章中有一個快取類別的範例，可以把任何函式封裝起來，將副作用與返回值區分開來。快取的共同不變條件是我們多次使用相同的引數來呼叫一個函式。

▶Listing 12.17　快取將副作用與返回值區分開來

```
01 │  class Cacher<T> {
02 │    private data: T;
```

```
03 |     constructor(private mutator: () => T) {
04 |       this.data = this.mutator();
05 |     }
06 |     get() {
07 |       return this.data;
08 |     }
09 |     next() {
10 |       this.data = this.mutator();
11 |     }
12 |   }
```

快取與冪等不變條件（idempotence invariant）結合時是最安全的做法，也就是說，以相同的引數呼叫函式時，總是得到相同的結果。在這種情況下，我們可以在外部進行快取。下列有個這樣應用的快取範例。為了簡單起見，函式只接受一個引數，但可以擴充為多引數的函式。唯一的要求是引數擁有 hashCode 方法，這在許多程式語言中這是免費提供的。

▶Listing 12.18　為冪等函式進行快取

```
01 |   interface Cacheable { hashCode(): string; }
02 |   class Cacher<G extends Cacheable, T> {
03 |     private data: { [key: string]: T } = { };
04 |     constructor(private func: (arg: G) => T) { }
05 |     call(arg: G) {
06 |       let hashCode = arg.hashCode();
07 |       if (this.data[hashCode] === undefined) {
08 |         this.data[hashCode] = this.func(arg);
09 |       }
10 |       return this.data[hashCode];
11 |     }
12 |   }
```

當函式只在暫時冪等處理時，快取的安全性會稍微降低。暫時冪等在可變資料中很常見，例如產品的價格可能不會在每次呼叫時都改變，但這種不變條件更脆弱，因為價格在快取期間可能發生變化，導致快取值不正確。通常的實作方式是在外部快取中新增到期時間。請留意到這種不變條件更脆弱，因為持續時間的改變比冪等基本特性的破壞更有可能發生。

▶Listing 12.19　為暫時冪等函式進行快取

```
01 |   interface Cacheable { hashCode(): string; }
02 |   class Cacher<G extends Cacheable, T> {
03 |     private data: { [key: string]: { result: T, expiry: number }} = { };
04 |     constructor(private func: (arg: G) => T,
05 |     private duration: number) { }
06 |     call(arg: G) {
07 |       let hashCode = arg.hashCode();
08 |       if (this.data[hashCode] === undefined
```

```
09 |      || this.data[hashCode].expiry < Date.now()) {
10 |        this.data[hashCode] = {
11 |          result: this.func(arg),
12 |          expiry: Date.now() + this.duration
13 |        };
14 |      }
15 |      return this.data[hashCode].result;
16 |    }
17 |  }
```

即使沒有冪等，我們仍然可以進行快取，但這時需要內部化處理。舉例來說，
Listing 12.7 中的 total 欄位就是一個例子。正如我們所討論的，這是最危險的，
因為我們需要在整個類別的生命周期中一直維護它。

12.3.6　隔離最佳化程式碼

在極少數的情況下，演算法、並行處理和快取可能無法滿足我們的效能測試。
在這種情況下，我們會轉向效能**調校**（**tuning**），有時也被稱為**微最佳化**
（**micro-optimizations**）。在這裡，我們尋找執行時期和期望行為之間的小型不
變條件。

調校的一個例子是使用**魔法位元模式**（**magic bit patterns**），這些是魔術數字，
通常以 16 進位來表示，讓它們更難閱讀。魔法位元模式通常滿足使用的某些
微妙細節：需要高度的認知負擔來理解它，或是不去改動這段程式碼。為了說
明這一點，請思考下列的 C 語言函式，此函式用來計算逆平方根，取自遊戲
《Quake III Arena》中的程式碼庫，其中還包括原本的注釋。若要對這個函式
中做出修改，讀者會有把握嗎？

▶Listing 12.20　使用魔術位元模式的逆平方根函式

```
01 |  float Q_rsqrt( float number )
02 |  {
03 |    long i;
04 |    float x2, y;
05 |    const float threehalfs = 1.5F;
06 |    x2 = number * 0.5F;
07 |    y  = number;
08 |    i  = * ( long * ) &y;                       // evil floating point bit level hacking
09 |    i  = 0x5f3759df - ( i >> 1 );               // what the fuck?        ←────────  魔法位元模式
10 |    y  = * ( float * ) &i;
11 |    y  = y * ( threehalfs - ( x2 * y * y ) );   // 1st iteration
12 |  //y  = y * ( threehalfs - ( x2 * y * y ) );   // 2nd iteration, can be removed
13 |    return y;
14 |  }
```

利用方法和類別來最小化上鎖的區域

在不理解調校函式的情況下，就無法對其進行任何重大的修改，一般來說這種處理是很困難的（也就是需要付出較高的認知負擔）。因此，這段程式碼基本上是被上鎖的。基於這一點，我們應該把調校的程式碼隔離出來，最小化需要上鎖的程式碼量，以確保調校的效果。當調校涉及到資料時，我們必須使用一個類別來隔離它，不然就要將其提取到一個獨立的方法中。

對於「命名」這件事，我的立場是一旦有更好地理解了程式碼，我們大都能進行改進。但對於調校的程式碼而言，很少有人能比我們在提取時更好地理解它。因此應該花一些心思來確保這個方法或類別的命名是合適的，且說明文件完整，並經過充分的品質控制。如果有處理得好，就沒有人有興趣去查看原始程式碼。

使用套件來警告未來的開發人員

我們還可以透過溝通來提醒未來的開發人員，這段程式碼是調校過的，因此他們可能不需要再深入研究。就像我們剛剛把它隔離到方法和類別中一樣，我們需要更高層次的抽象化處理：套件或命名空間。正如之前所說，不同的程式語言有不同的機制，但本小節中的概念適用於任何程式語言。

我建議為調校過的程式碼制定一個專用的套件，這是因為當我們匯入並使用時，這個套件會變得隱形。只有在進行最簡單的檢視時才會顯示，因為它是放在檔案的第一行，並且會在大多數智慧程式碼補全中顯示出來。最好的警示標誌只在需要時才會顯示，以免在日常使用中分散注意力。

如果在為套件取名字時需要靈感，我喜歡加上 magic（魔法）字樣。有個著名的說法：「先進的科技與魔法無異」，這句話表達了我對於效能調校的感受，也很好地展現了調校往往依賴於魔法常數（例如之前提到的魔法位模式）。

除了表明這段程式碼很難閱讀外，將所有調校的程式碼放在一起還表明了這個區域對品質有不同的要求。絕對不要讓這個套件成為沒有人理解的程式碼垃圾堆。相反地，它應該是一個供少數開發者很熟悉的程式碼聖壇，至少在設計構思時是如此。這對使用者很有幫助，因為他們知道在這個區域內較不可能出現錯誤；但對作者也有影響，他必須滿足更高的品質要求，否則就會破壞這個區

域的神聖性，沒有人想成為被打破連勝紀錄的人。我們在下一章中會更深入地
討論這個現象。

總結

- 簡單化是指減少程式碼所需的認知負擔。

- 通用性增加了耦合的風險。

- 透過統合化和最小建構的方式引入泛化通用性，以此避免引入不必要的通
  用性。

- 只把相似穩定度的程式碼統合起來，可以減少移除泛化通用性的風險。

- 為了發掘不必要的泛化通用性或找出最佳化的候選項目，我們使用監控和
  分析。

- 所有的最佳化都應該以規格度量為基準，而在實務中一般是指某種形式的
  效能測試。我們應該避免在日常工作中進行最佳化。

- 重構局部不變條件。最佳化需仰賴不變條件的部分，所以在進行最佳化之
  前先進行重構。

- 資源池能提供最佳化，同時不會增加領域程式碼的脆弱性。

- 在現有的演算法和資料結構中做選擇是一個值得的最佳化的方向。

- 快取是一種便宜且安全的最佳化方式，快取會引入了少量的不變條件。

- 當我們在進行效能調校時，應該將其隔離開來，以防止大家浪費時間去理
  解它。

讓不良的程式碼突顯出來

13

本章內容

- 了解區分好壞程式碼的原因

- 了解不良程式碼的種類

- 了解讓程式碼變得更糟糕的安全規則

- 套用這些規則讓不良的程式碼變得更糟糕

在前一章的最後，我們討論了清楚澄清程式碼品質期望的好處。在最佳化的情境脈絡中，我們透過把程式碼放入獨立的命名空間或套件來達到這一目的。在本章中，我們將研究如何讓不良程式碼突顯出來，能一眼看出的做法，會介紹一個稱之為「**反重構（anti-refactoring）**」的過程來清楚地表明品質水準。

我們首先從流程的角度，然後再從維護的角度來討論為什麼反重構是有用的。在確定動機之後，我們透過簡要介紹一些最常見的品質指標來尋找不良程式碼的特徵。在開始反重構之前的最後一個準備工作是建立基本規則，確保我們不會永久破壞程式碼的結構，而只是修改程式碼的呈現方式。在掌握規則之後，我們以一系列安全、實用的做法來總結本章的內容，然後讓程式碼突顯出來。這裡實務的內容還會示範怎麼使用規則來開發適合您團隊的技術。

13.1　透過不良的程式碼來發出流程問題的訊號

有時候我們閱讀或撰寫的程式碼並沒有想像中好。然而，由於程式碼的複雜性、問題的本質，或只是因為時間不夠，我們無法對其進行完整的重構。在這種情況下，我們有時會進行一些小型的重構，只是為了讓程式碼不那麼糟糕。這麼做是因為我們要維護面子，不想交付低品質的東西。然而，這麼做是個錯誤。在這種情況下，交付一個糟糕且混亂的程式會比把問題隱藏起來更好。

留下不良的程式碼有兩個優點：容易再次被找到，且能表達出這些限制是不可持續的。為了指出問題而交付不良的程式碼需要相當程度的心理安全感：必須相信作為傳遞者的我們不會被懲罰。然而，沒有安全感的問題可能比程式碼品質更為重要。Google 和 re:Work 的「Aristotle 計畫」顯示心理安全感是最重要的生產力因素之一。身為一位過去的技術領導者，我遵循著「知情總比不知好」的信條，這代表傳遞者總是受到歡迎。事實上，我希望知道我們是否在可持續的節奏下進行且品質是否有所下滑。雖然我也很忙碌，中等品質的程式碼可能會讓我在忙碌中忽略掉，但明顯不良的程式碼是不會被忽視的。請思考下列這兩個具有相同功能的範例，哪一個程式碼最需要進行重構呢？

▶Listing 13.1　還可以的程式碼

```
01   function animate() {
02     handleChosen();
03     handleDisplaying();
04     handleCompleted();
05     handleMoving();
06   }                                      ── 內聯函式，並加入空行
07   function handleChosen() {  ◄───
08     if (value >= threshold && banner.state === "chosen") {
09       // ...
10     }
11   }                                      ── 內聯函式，並加入空行
12   function handleDisplaying() {  ◄───
```

```
13 |     if (value >= target && banner.state === "displaying") {
14 |       // ...
15 |     }
16 |   }
17 |   function handleCompleted() {        ←———————| 內聯函式，並加入空行
18 |     if (banner.state === "completed") {
19 |       // ...
20 |     }
21 |   }
22 |   function handleMoving() {          ←———————| 內聯函式，並加入空行
23 |     if (banner.state === "moving" && banner.target === banner.current) {
24 |       // ...
25 |     }
26 |   }
```

▶Listing 13.2　故意寫成不良的程式碼

```
01 |   function animate() {
02 |     // FIXME: All concern banner.state    ←————| 新的注釋
03 |     if (value >= threshold && banner.state === State.Chosen) {
04 |
05 |       // ...                          ←————————| 內聯函式，並加入空行
06 |
07 |     }
08 |     if (value >= target && banner.state === State.Displaying) {
09 |
10 |       // ...                          ←————————| 內聯函式，並加入空行
11 |
12 |     }
13 |     if (banner.state === State.Completed) {
14 |
15 |       // ...                          ←————————| 內聯函式，並加入空行
16 |
17 |     }
18 |     if (banner.state === State.Moving && banner.target === banner.current) {
19 |
20 |       // ...                          ←————————| 內聯函式，並加入空行
21 |
22 |     }
23 |   }                        ←————| 新的 enum
24 |   enum State {
25 |     Chosen, Displaying, Completed, Moving
26 |   }
```

答案是兩個都需要重構。雖然在 Listing 13.1 的程式中這些方法很小，但它們被
拆分得不夠好，隱藏了 banner.state 重複出現的事實。因此，很難看出這個方法
應該被提取到 State 類別之中，這是個需要讀者發揮熱情，並動手自行嘗試的
實作練習。

13.2 分離純淨優質和遺留的程式碼

程式碼愈糟，就愈容易被發現。能夠迅速被發現是很重要的，因為開發者通常把大部分的注意力放在解決問題上。如果有些問題一眼看不出來，我們很可能會忽略它；而如果程式碼明顯很糟，我們就會被不斷提醒，這樣有更大的機會在有時間時進行修復。我喜歡說：「如果無法做得很好，就讓它顯眼一點。」

我並不是說所有的程式碼都應該完美無瑕，但如果把程式碼分成相當好（quite good）、還好（good enough）和不良（bad）三個層級來看，我寧願選擇不良的程式碼而不是還好的程式碼。如果我們沒有足夠的時間或技能來將程式碼提升到「相當好」的水準，那就應該讓程式碼變成不良的程式碼。這樣可以把我們的程式碼分為純淨優質的程式碼和遺留的程式碼。

一旦我們能一眼辨識出程式碼是純淨優質的還是遺留的，就很容易估計一個檔案中好壞程式碼的比例，這項資訊能指引我們的重構工作。特別是我喜歡從最接近純淨優質狀態的檔案開始。我這麼做的原因有兩個。第一個原因是，重構一般都是一系列連鎖反應的活動，意味著為了讓某些程式碼變好，我們需要把周圍的程式碼也變好。若周圍的程式碼都已經很好時，那就能降低了陷入重構困境的風險。另一個原因是所謂的「**破窗理論（broken window theory）**」。

13.2.1 破窗理論

根據破窗理論，如果有一扇窗戶被打破，很快就會有更多窗戶跟著被打破。雖然破窗理論還有爭議，甚至完全被否定，但我仍認為用它作為一個隱喻還是有其價值的。從直覺上來看，這個理論是有道理的：當我穿著新鞋時，我會小心不要弄髒；但一旦鞋子變髒了，我就不再那麼小心，鞋子的狀態很快惡化。這種效應也發生在我們開發程式碼時。一旦我們看到一些不良的程式碼，很容易在旁邊寫出更多不良的程式碼，但如果我們讓整個檔案都是純淨優質的，它們通常能夠保持較長的純淨優質狀態。

13.3　定義不良程式碼的做法

在討論如何讓程式碼變得更糟之前，讓我們先瀏覽一些識別不良程式碼的不同做法。正如在介紹中所討論的，單憑外觀無法完美地判斷程式碼是好還是壞。因為可讀性是好程式碼的一部分，而可讀性是主觀的。然而，有幾種不同的做法可以評估程式碼的不良程度。讓我們檢視其中最常見的做法，以找出引人注目的特徵。

13.3.1　本書的規則：簡單且具體

在本書的 Part 1 部分中，我們討論了不良程式碼的概念。為了培養這種感覺，我們介紹了一些容易辨識的規則。這些規則的設計目的是讓我們的注意力就算放在其他地方時，它們仍然能夠引人注目且不需要太多的練習。

這些規則在開發第六感的過程中確實很有用，但它們並不是普世都適用的。那些沒有閱讀過本書的程式設計師可能不會認為把某些東西當作參數傳遞，並在同一個物件上呼叫方法是引人注目的，甚至可能不認為這是不良的做法。如果我們的團隊有一套像本書所提的共享規則，這樣就很容易做出相反的呈現來讓程式碼突顯出來。

以下的範例違反了兩項規則，讀者能找出是哪兩項嗎？

▶Listing 13.3　違反了兩項規則

```
01    function minimum(arr: number[][]) {
02      let result = 99999;
03      for (let x = 0; x < arr.length; x++) {
04        for (let y = 0; y < arr[x].length; y++) {
05          if (arr[x][y] < result)
06            result = arr[x][y];
07        }
08      }
09      return result;
10    }
```

答案是：「五行（FIVE LINES）」規則（3.1.1 小節）和「僅在開頭使用 if（if ONLY AT THE START）」規則（3.5.1 小節）。

13.3.2　程式碼異味：完整和抽象

我的規則並非憑空而來，它們是從多個來源中提煉出來的程式碼異味（code smells），參考來源是 Martin Fowler 的《Refactoring》和 Robert C. Martin 的《Clean Code》。利用程式碼異味是另一種定義不良程式碼症狀的做法。根據我的經驗，大部分的程式碼異味只有在我們練習了相當一段時間後才會吸引目光和引起注意。有些異味很簡單，可以在入門程式設計課程中教授，因此對任何人來說都能引起注意，例如「魔法數字」和「重複的程式碼」。

▶Listing 13.4　程式碼異味的範例

```
01 | function minimum(arr: number[][]) {
02 |   let result = 99999;                          ←————————  | 魔法數字
03 |   for (let x = 0; x < arr.length; x++) {
04 |     for (let y = 0; y < arr[x].length; y++) {
05 |       if (arr[x][y] < result)
06 |         result = arr[x][y];
07 |     }
08 |   }
09 |   return result;
10 | }
```

13.3.3　循環複雜度：演算法（客觀）

雖然前兩種方法是針對人類設計的，但也有嘗試讓電腦辨識壞程式碼的方法。再次強調，這些只是近似值，但因為它們是計算出來的，所以可以給人類一個可以用來引導重構決策的數值。其中最著名的自動程式碼品質指標可能就是**循環複雜度**（**cyclomatic complexity**）了。

簡而言之，循環複雜度是計算程式碼中的路徑數量。我們可以用陳述句層級進行計數，例如 if 陳述句有兩個路徑：一個為 true、一個為 false。對於 for 迴圈和 while 迴圈也是如此，因為我們可以進入或跳過迴圈。我們還可以用表示式層級進行計數，其中每個 || 或 && 都會將路徑分為兩個部分：一個路徑跳過右側，另一個則不會。有趣的是，這個指標還能為我們提供了至少需要多少個測試的下限值，因為我們應該至少對每個程式碼路徑進行一個測試。

▶Listing 13.5　循環複雜度：4

```
01 | function minimum(arr: number[][]) {                          +1
02 |   let result = 99999;
03 |   for (let x = 0; x < arr.length; x++) {                     +1
04 |     for (let y = 0; y < arr[x].length; y++) {                +1
```

```
05 |        if (arr[x][y] < result)                           +1
06 |          result = arr[x][y];
07 |      }
08 |    }
09 |    return result;
10 |  }                                                        =4
```

循環複雜度是根據方法的控制流程進行計算。然而，這對於人類來說並不是那麼明顯能看出，特別是在表示式層級上。當人們快速估算循環複雜度時，通常會依賴縮排，因為我們每個 if、for 等都會進行一次縮排。

13.3.4　認知複雜度：演算法（主觀）

在近期計算程式碼品質的指標之中有個稱之為「**認知複雜度（cognitive complexity）**」。正如其名，它評估了讀取這個方法時，人們需要在腦海中記住多少資訊量。與循環複雜度相比，認知複雜度對巢狀結構的嵌套有更嚴格的處置，因為人們需要記住通過的每個條件。認知複雜度可能更接近於評估人們閱讀某個方法的難度。然而，在我們尋找大人都能一目了然的事物時，這又歸結在縮排的問題。

▶Listing 13.6　認知複雜度：6

```
01 |  function minimum(arr: number[][]) {
02 |    let result = 99999;
03 |    for (let x = 0; x < arr.length; x++) {                +1
04 |      for (let y = 0; y < arr[x].length; y++) {           +2
05 |        if (arr[x][y] < result)                           +3
06 |          result = arr[x][y];
07 |      }
08 |    }
09 |    return result;
10 |  }                                                        =6
```

13.4　安全地破壞程式碼的規則

在故意破壞程式碼（也就是讓不良的程式碼突顯出來）的時候，我們需要遵循三項規則：

1. 不要破壞正確的資訊。

2. 不要讓未來的重構更困難。

3. 結果應該要引人注目。

第一項也是最重要的規則是，如果資訊是正確的，就必須保留它。舉例來說，如果某個方法有一個好名稱但其內容較混亂，我們不應該為了讓方法更加顯眼而將名稱改得更糟糕。我們可以移除不正確或多餘的資訊，例如過時或瑣碎的注釋文字。

第二項規則是，我們的努力不應該讓下一位開發者的工作變得更困難，下一位開發者有可能就是我們自己。因此，我們應該表明所擁有的任何資訊，包括建議如何重構程式碼，例如在打算提取方法的地方加入空行。最好的情況是，我們應該讓未來的重構變得更容易。

第三項規則是，最終的程式碼應該是引人注目的，確保程式碼會被當成訊號，並且與之前在本章中討論的純淨優質程式碼要有明顯的差異。這三條規則能共同確保我們不會產生更多問題，因為符合這些規則的任何程式碼，最糟的情況下都能輕易地還原回去。

13.5　安全地破壞程式碼的做法

在討論完遊戲規則之後，讓我們來看看我是怎麼使用一些通用的方法讓不良的程式碼突顯出來的。我鼓勵讀者找到自己的做法，符合您團隊認為的程式碼異味。但要小心不要違反上述三項規則。

這裡介紹的做法都是安全且容易還原的。安全性和可還原性非常重要：這些方法是我忙於做其他事情時採用的，所以有時我可能對程式碼的評估出錯。這些方法聚焦在大多數人會注意到的程式碼特徵，或是對於未來的重構很有用。

13.5.1　使用 enum

我最喜歡用的方法是在需要重構的程式碼中使用 enum 來替代型別碼，例如，Boolean。新增一個 enum 很簡單且快速，而且 enum 很容易被注意到。就像我們在第 4 章學到的，雖然要花費一些時間，但把 enum 去除是相對簡單的。此外，enum 還有一個額外的好處，就是更容易閱讀，因為它們有名稱。

如果我們遵守之前的三項規則，首先需要考量這個方法是否會破壞資訊。如果我們替換某個 Boolean 值，唯一可能的資訊形式就是具名的常數。在這種情況下，我們可以把這些名稱保留為 enum 值的名稱。此外，透過把 Boolean 值變成 enum，我們還能在變數和方法的型別簽章中增加資訊。

▶Listing 13.7　之前

```
01 │   class Package {
02 │     private priority: boolean;
03 │     scheduleDispatch() {
04 │       if (this.priority)
05 │         dispatchImmediately(this);
06 │       else
07 │         queue.push(this);
08 │     }
09 │   }
```

▶Listing 13.8　之後

```
01 │   class Package {
02 │     private priority: Importance;        ←───┤ 變成 enum
03 │     scheduleDispatch() {
04 │       if (this.priority === Importance.Priority) ←
05 │         dispatchImmediately(this);
06 │       else
07 │         queue.push(this);
08 │     }
09 │   }
10 │   enum Importance {  ←
11 │     Priority, Regular
12 │   }
```

第二個規則告知修改不應該讓未來的重構變得更困難。在這裡，我們卻讓重構變得更容易，因為對於 enum 型別我們有一套標準的處理流程：使用「用類別替代型別碼（REPLACE TYPE CODE WITH CLASSES）」的做法（4.1.3 小節），然後進行「把程式碼移到類別中（PUSH CODE INTO CLASSES）」模式（4.1.5 小節），最後使用重構模式「嘗試刪除後再編譯（TRY DELETE THEN COMPILE）」（4.5.1 小節）來消除多餘的方法。

第三項規則說明結果應該要引人注目。enum 型別容易被注意到，雖然並非每個人都認為它們是程式碼異味，就算如此，這種轉換對於未來的重構非常有幫助，我們不必顧慮別人不認為它們是程式碼異味。

13.5.2 使用整數和字串作為型別碼

在同一個概念上,有時候我們沒有能力加入 enum,或者只是需要快速讓某個功能運作起來。在這樣的情況下,我常常使用整數或字串作為型別程式碼。如果使用字串,優點是文字本身可以充當常數名稱的作用。字串型別的程式碼也非常靈活,因為我們不需要事先宣告所有的值,所以在快速實驗的情況下,這是我首選的做法。

▶Listing 13.9　以字串當作型別碼

```
01    function area(width: number, shape: string)
02    {
03
04
05      if (shape === "circle")
06        return (width/2) * (width/2) * Math.PI;
07      else if (shape === "square")
08        return width * width;
09    }
```

Listing 13.10　以整數當作型別碼

```
01    const CIRCLE = 0;
02    const SQUARE = 1;
03    function area(width: number, shape: number)
04    {
05      if (shape === CIRCLE)
06        return (width/2) * (width/2) * Math.PI;
07      else if (shape === SQUARE)
08        return width * width;
09    }
```

只要我們使用具有命名常數的整數或字串,就可以放入所有我們想要的資訊。因此,不會有遺失資訊的風險。

這種做法是為了啟動前一個方法,開始一個連鎖反應。當實驗減緩時,下一步是用 enum 替換字串或整數。由於我們把資訊嵌入常數名稱或字串內容中,將其轉換為 enum 是非常簡單的。因此,第二項規則得到了滿足。

一般我們會使用 else if 串或 switch 來檢查型別碼,這兩種方法我們一眼就能看出來。這種特性尤其明顯,因為字串或常數會垂直對齊,我們會多次檢查同一個變數。

13.5.3　把魔法數字放入程式碼中

更進一步來說，我們還會在其他情況下使用常數，而不僅僅是作為型別碼。如果我很忙碌、在進行實驗，或者想要強調某些程式碼需要重構，我會毫不避諱地把魔法數字直接放在程式碼中。最常見的情況是我在編寫程式碼時就這樣做，只有少情況下我會直接內聯一個常數。

使用這項技巧有破壞資訊的風險，所以必須小心謹慎。如果某個常數的命名不好或不正確，它就不會提供任何資訊，這時內聯就沒什麼問題。如果我無法確定該名稱是否具有資訊，或者我對其有一些了解，我大都會在內聯常數的位置加上注釋，確保符合第一項規則。

▶Listing 13.11　之前

```
01 |   const FOUR_THIRDS = 4/3;
02 |   class Sphere {
03 |     volume() {
04 |       let result = FOUR_THIRDS;
05 |       for (let i = 0; i < 3; i++)
06 |         result = result * this.radius;
07 |       return result * Math.PI;
08 |     }
09 |   }
```

▶Listing 13.12　之後

```
01 |
02 |   class Sphere {
03 |     volume() {
04 |       let result = 4/3;                        ←─────┐  常數內聯
05 |       for (let i = 0; i < 3; i++)                    │
06 |         result = result * this.radius;              │
07 |       return result * 3.141592653589793;   ←────────┘
08 |     }
09 |   }
```

如果事後發現這些魔法數字應該是常數，重新提取也很容易。因此，我們並沒有讓未來的重構變得更困難。

最後一項規則是這種轉換真正發揮作用的地方。幾乎所有人看到程式碼中的魔法數字都會有所反應。如果我們的團隊都認同，不僅僅是提取常數，而且還會修復整個方法，這種做法能有效地把某些程式碼放在聚光燈下。

13.5.4　新增注釋到程式碼中

如前所述，我們可以使用注釋來保存資訊，然而，注釋有雙重用途，因為它們同時也很引人注目——至少在我們遵循第 8 章並刪除大部分注釋的情況下是如此。應該成為方法名稱的注釋類型可以是個很好的信號，就像我們在 Part 1 部分開始時所看到的那樣。

▶Listing 13.13　之前

```
01    function subMin(arr: number[][]) {
02      let min = Number.POSITIVE_INFINITY;
03      for (let x = 0; x < arr.length; x++) {
04        for(let y = 0; y < arr[x].length; y++) {
05          min = Math.min(min, arr[x][y]);
06        }
07      }
08
09      for (let x = 0; x < arr.length; x++) {
10        for(let y = 0; y < arr[x].length; y++) {
11          arr[x][y] -= min;
12        }
13      }
14      return min;
15    }
```

▶Listing 13.14　之後

```
01    function subMin(arr: number[][]) {
02      // Find min
03      let min = Number.POSITIVE_INFINITY;
04      for (let x = 0; x < arr.length; x++) {
05        for(let y = 0; y < arr[x].length; y++) {
06          min = Math.min(min, arr[x][y]);
07        }
08      }
09      // Sub from each element
10      for (let x = 0; x < arr.length; x++) {
11        for(let y = 0; y < arr[x].length; y++) {
12          arr[x][y] -= min;
13        }
14      }
15      return min;
16    }
```

注釋可以（且應該）是方法的名稱

新增內容是不容易破壞資訊的。但如果在注釋中故意提供誤導性的資訊，那就有可能會破壞資訊。所以只要能夠相信在注釋中提供的內容是正確的，我們就能安全地並滿足第一項規則。

在程式碼中新增可以成為方法名稱的注釋是一個很好的做法，可用來指示未來重構工作的起點。這麼做不僅提供了一個容易入手的地方，還為重構者提供了建議的方法名稱。於此同時也遵守了第二項規則。

大多數的編輯器會以不同的顏色或風格突顯來注釋文字，使其更加顯眼。但即使不考慮這一點，由於第 8 章的建議，注釋應該變得更少，所以我們在閱讀程式時能更快地注意到注釋。

13.5.5　在程式碼中插入空白

另一種提示我們怎麼拆分方法的方式是插入空白。就像注釋一樣，在 Part 1 部分我們也使用了這種做法。不過，與注釋不同的是，我們不需要提供方法名稱的建議。插入空白的做法在我們能夠看到結構但又不太理解如何命名時非常有用。此外，除了可以對陳述句進行分組之外，還能使用空行對欄位進行分組，並提示如何封裝資料。

由於這種做法與注釋有密切相關，所以也有可能故意透過插入空白來誤導。在下面的範例中，我們故意在表示式內放入了具有誤導性的空白，使得該表示式很容易被誤解，分組陳述句或欄位也會有相同的效果。由於我們的初衷是好的，但不應該違反第一項規則。

▶Listing 13.15　之前
```
01   let cursor = cursor+1 % arr.length;
```

▶Listing 13.16　之後
```
01   let cursor = (cursor + 1) % arr.length;
```
這裡需要明確使用括號，因為%運算子的優先順序與乘法相同

如果使用空行來分組陳述句，就更容易看出需要進行「提取方法（EXTRACT METHOD）」重構模式（3.2.1 小節）的地方。如果我們使用這種做法來分組欄位，就更容易看出需要進行「封裝資料（ENCAPSULATE DATA）」重構模式（6.2.3 小節）的地方。無論哪種情況，空行都是有幫助的。

開發人員擅於發現模式，而空行是一個很容易辨識的模式，空行就像書中的段落一樣顯眼。

13.5.6　依據命名來對事物進行分組

另一種我們可以提示封裝候選項的做法是將具有共同字首或字尾的項目進行分組。大多數的人都會很自然地這麼做，因為這樣做對眼睛來說很舒服。但是在閱讀完本書第 6 章之後，我們知道這種技巧對於重構也非常有用。

▶Listing 13.17　之前

```
01 │   class PopupWindow {
02 │       private windowPosition: Point2d;
03 │       private hasFocus: number;
04 │       private screenWidth: number;
05 │       private screenHeight: number;
06 │       private windowSize: Point2d;
07 │   }
```

▶Listing 13.18　之後

```
01 │   class PopupWindow {
02 │       private windowPosition: Point2d;
03 │       private windowSize: Point2d;
04 │       private hasFocus: number;
05 │       private screenWidth: number;
06 │       private screenHeight: number;
07 │   }
```

更容易發現有共同的字首「window」

在某些少數的情況下，套用這種做法可能存在危險，即當「永遠不要有共同的字尾或字首（NEVER HAVE COMMON AFFIXES）」（6.2.1 小節）這項規則不適用時。若在其他的情況下，透過這種技巧可以讓字首更容易突顯資訊和被注意到。

「共同字首」是個具體規則的主題，指向了一個具體的重構模式：「封裝資料（ENCAPSULATE DATA）」。因此，我們只需要在看到共同字首時遵循這些模式和規則即可，這是很簡單的。正如之前所提的，人們本能地會把字首相同的分組放在一起，因為它們非常顯眼。

13.5.7　在名稱中加上脈絡

如果方法和欄位的名稱原本沒有共同的字首，我們可以在它們的名稱中新增字首來增加共同字首的可能性。新增字首本身可能已經是一個明確的信號，但如果我們需要更加突顯，則可在原本是 camelCased 式或 PascalCased 式的名稱中加上底線。

▶Listing 13.19　之前

```
01    function avg(arr: number[]) {
02      return sum(arr) / size(arr);
03    }
04    function size(arr: number[]) {
05      return arr.length;
06    }
07    function sum(arr: number[]) {
08      let sum = 0;
09      for (let i = 0; i < arr.length; i++)
10        sum += arr[i];
11      return sum;
12    }
```

▶Listing 13.20　之後

```
01    function avg_ArrUtil(arr: number[]) {
02      return sum_ArrUtil(arr)/size_ArrUtil(arr);
03    }
04    function size_ArrUtil(arr: number[]) {
05      return arr.length;
06    }
07    function sum_ArrUtil(arr: number[]) {
08      let sum = 0;
09      for (let i = 0; i < arr.length; i++)
10        sum += arr[i];
11      return sum;
12    }
```

把脈絡加入方法名稱中

在這裡必須小心確保我們所新增的情境脈絡是正確的。另一方面，即使我們最終把一些本不應該在一起的方法和欄位封裝在一起，但仍然可以透過進一步封裝這兩個本應分開的類別來進行拆分。

和前一項規則一樣，我們直接朝著共同字首的規則和對應的重構方法邁進。此外，改進命名始終都是個很好的作為。

當共同字首都放在一起時，最容易會被辨識出來。因此，這個技巧與前一個技巧能相輔相成。然而，即使沒有時間發現具有相同字首的多個方法或將它們進行分組，我們仍然可以透過打破常規的命名風格來讓它們突顯出來，正如在這個技巧的介紹中所提到的做法。

13.5.8　建立長方法

如果我們發現某些方法被抽取出來的方式並不滿意，可以把它們內聯成一個較長的方法。對大多數的開發人員來說，過長的方法是一種警示信號，表明需要做一些調整。長方法是一個很好的提示。

▶Listing 13.21　之前

```
01 │   function animate() {
02 │     handleChosen();
03 │     handleDisplaying();
04 │     handleCompleted();
05 │     handleMoving();
06 │   }
07 │   function handleChosen() {
08 │     if (value >= threshold && banner.state === State.Chosen) {
09 │       // ...
10 │     }
11 │   }
12 │   function handleDisplaying() {
13 │     if (value >= target && banner.state === State.Displaying) {
14 │       // ...
15 │     }
16 │   }
17 │   function handleCompleted() {
18 │     if (banner.state === State.Completed) {
19 │       // ...
20 │     }
21 │   }
22 │   function handleMoving() {
23 │     if (banner.state === State.Moving && banner.target === banner.current) {
24 │       // ...
25 │     }
26 │   }
```

▶Listing 13.22　之後

```
01 │   function animate() {
02 │     if (value >= threshold && banner.state === State.Chosen) {       ◄──────┐
03 │       // ...                                                                │
04 │     }                                                                       │
05 │     if (value >= target && banner.state === State.Displaying) {      ◄──────┤
06 │       // ...                                                                │
07 │     }                                                         更容易發現他們都在關注
08 │     if (banner.state === State.Completed) {                   ◄────── banner.state
09 │       // ...                                                                │
10 │     }                                                                       │
11 │     if (banner.state === State.Moving && banner.target === banner.current) { ◄──┤
12 │       // ...
13 │     }
14 │   }
```

原本的方法都有名稱，除非我們確信這些名稱是有誤導性的，否則應該保留它們的資訊。我們可以利用注釋來達到此目的，並獲取額外的能見度。

當方法的提取方式與適當的基本結構並不相符時，這可能會讓未來的重構變得困難。透過把這些方法內聯，就能重新評估並更容易確定程式的正確結構。

相較於我們討論過的其他特徵，長方法並不容易被發掘。然而，開發人員大都
會注意到長方法並記下它們所在的位置。開發人員會記住這些方法，以避免使
用它們，或因為他們知道這樣的方法是一種症狀。雖然長方法的馬上辨識度可
能有所不足，但它們在回顧和記憶上彌補了不足之處。

13.5.9 讓方法有很多參數

讓方法有很多參數是我最喜歡的一種提醒的做法，是提示方法需要進行重構的
技巧之一。除了在方法定義的位置變得很突顯之外，它在每個呼叫的位置也會
變得很明顯。

有兩種常見的做法可以避免擁有太多參數的情況。我們在第 7 章中討論了第一
種方式，就是把參數放入一個未指定型別的結構，例如 HashMap，以此來逃避
編譯器的檢查。另一種常見的做法是建立一個資料物件或結構體，這其中的值
都具有命名和指定型別。但這些類別一般無法與底層結構相吻合，所以只是掩
飾了問題而不是解決問題。這兩種做法都應該要還原。

▶Listing 13.23 之前的版本 1：Map

```
01   function stringConstructor(
02       conf: Map<string, string>,
03       parts: string[]) {
04     return conf.get("prefix")
05         + parts.join(conf.get("joiner"))
06         + conf.get("postfix");
07   }
```

▶Listing 13.24 之前的版本 2：data object

```
01   class StringConstructorConfig {
02     constructor(
03       public readonly prefix: string,
04       public readonly joiner: string,
05       public readonly postfix: string) { }
06   }
07   function stringConstructor(
08       conf: StringConstructorConfig,
09       parts: string[]) {
10     return conf.prefix
11         + parts.join(conf.joiner)
12         + conf.postfix;
13   }
```

▶Listing 13.25　之後

```
01    function stringConstructor(
02        prefix: string,
03        joiner: string,
04        postfix: string,
05        parts: string[]) {
06      return prefix + parts.join(joiner) + postfix;
07    }
```

如果我們把資料物件或結構體轉換為一長串的參數清單，就能保留型別和名稱。如果把一個 Map 分解成多個參數，其中的鍵值將成為變數名稱，我們甚至能夠透過明確的型別來新增額外的資訊。在這兩種情況下，我們不會破壞任何原本的資訊。

消除一長串的參數清單通常需要進行相當多的重構工作，把程式碼封裝成類別並逐步確定哪些參數是相互依賴的，進而把它們放入同一個類別中。還好把資料物件或 hashmaps 轉換為參數並不會讓重構變得更困難。

這種做法最大的優勢就是能引人注目。正如所述，無論是定義還是所有呼叫位置都醒目的呼籲需要進行重構。基本上，整個程式碼中都有小小的路標能引導我們找到問題所在的方法。

13.5.10　使用 getter 和 setter

另一種增加路標的做法是使用 getter 和 setter，而不是用全域變數或公開欄位。透過 getter 和 setter 能輕鬆封裝資料並存取運用。隨著我們把程式碼推入封裝類別內，這些 getter 和 setter 應該會逐漸消失。

▶Listing 13.26　之前

```
01    let screenWidth: number;
02    let screenHeight: number;
```

▶Listing 13.27　之後

```
01    class Screen {
02      constructor(
03        private width: number,
04        private height: number) { }
05      getWidth() { return this.width; }
06      getHeight() { return this.height; }
07    }
08    let screen: Screen;
```

這種做法也是累積式的：我們是增加程式碼而非修改或移除它。因此，在轉換過程中不會有遺失資訊的風險。

把這些資料進行封裝是重構的第一步，我們不僅讓重構變得更容易，也減少了負擔。

標準的慣例指定 getter 和 setter 分別以 get 或 set 為前置字首。這種語法慣例讓它們在定義的位置和呼叫的位置都很容易被辨認出來，就像使用多個參數一樣的顯眼。

總結

- 我們可以使用不良的程式碼來指出流程問題，例如缺乏優先順序或時間。

- 我們應該把程式碼庫分為純淨優質和遺留的程式碼。純淨優質程式碼往往能夠保持較長的良好狀態。

- 沒有完美的定義「不良的程式碼」的方法，但有幾個常見的做法是本書中的使用的規則：程式碼異味、循環複雜度和認知複雜度。

- 透過遵循三項規則，我們可以安全地增加純淨優質程式碼和遺留程式碼之間的差距：

  - 永遠不要破壞正確的資訊。

  - 提升未來重構的能力。

  - 增加問題的能見度。

- 套用規則之具體做法的範例包括：

  - 使用 enum。

  - 使用整數和字串作為型別碼。

  - 把魔法數字放入程式碼中。

  - 新增注釋到程式碼中。

  - 在程式碼中插入空白。

  - 依據命名來對事物進行分組。

- 在名稱中加上脈絡。

- 建立長方法。

- 讓方法有很多參數。

- 使用 getter 和 setter。

總結回顧

本章內容

- 回顧本書的旅程

- 探索其中的基本原則

- 提出如何繼續這趟旅程的建議

本章先簡要回顧了這本書中所涵蓋的內容，讓我們反思回顧這趟漫長的旅程。接著將解釋我之所以提出這些內容的核心想法和原則，以及讀者如何運用這些原則解決類似的問題。最後，我會提供一些建議，指引您在本書的基礎上如何自然地繼續這趟旅程。

14.1 回顧本書的旅程

當您開始閱讀本書時，對於「重構」的觀念可能是模糊的，或者與現在有很大的不同。我希望透過這本書能讓更多人理解並實踐「重構」的概念。我想降低例如程式異味、編譯器的使用、功能開關等等這些複雜概念的門檻。我們是用語言來為世界著色。因此，我希望透過規則、重構模式和章節標題，豐富讀者的語言詞彙量。

14.1.1　簡介：動機

在前兩章中，我們探索了什麼是重構、為什麼重構是重要的，以及何時應該優先進行重構。我們打下了基礎，定義了重構的目標：透過區域局部化不變條件來減少脆弱性、透過減少耦合增加靈活性，以及理解軟體的領域。

14.1.2　Part 1：具體化

在 Part 1 部分，我們逐步改進了一個看起來合理的程式碼庫。我們使用了一套規則來集中注意力，避免陷入支微末節的黑洞中。除了這些規則，我們還建立了一個小型的強大重構模式目錄。

我們一開始學習如何拆分冗長的函式。接著使用類別取代型別碼，讓我們能夠把函式轉換為方法，並將方法推入類別中。在擴充程式碼庫之後，我們繼續統合條件判斷、函式和類別。在 Part 1 的結尾則是探討了進階的重構模式來加強封裝。

14.1.3　Part 2：拓寬視野

在體驗了重構的工作流程，並對什麼樣的內容可以進行重構和怎麼進行有了深入的理解之後，我們提升了抽象層次。在 Part 2 部分中，我們並非討論具體的規則和重構，而是探討了許多與重構和程式碼品質相關的社會技術（socio-technical）議題。我們討論了與文化、技能和工具相關的議題，並提出可行的建議。

在 Part 2 的內容中，我們討論的工具包括編譯器、功能開關、Kanban、限制理論等等。我們討論了文化上的改變，例如處理刪除、新增和修改程式碼的做法。最後則是探索了實際的應用技巧，如怎麼發掘程式結構並安全地進行效能最佳化。

14.2　探索其中的基本原則

這本書提供了很多有用的資訊，但其中的內容對個人來說太多了，難以全部牢記在腦中。幸運的是，您並不需要記得所有細節，只要內化了其中的基本原則，就能受益良多。因此，我想給讀者一些關於我怎麼思考和應用這本書中的規則和其他內容的見解。

14.2.1　尋找更小的步驟

這本書與測試驅動開發和其他方法都分享了一個基本觀點：採取更小的步驟可以大幅降低錯誤的風險。這裡不只展示最終結果，因為其中的挑戰在於達成目標的過程。把一個大問題分解為小塊的問題是程式設計的重要一環。當我們考量進行重大轉變時，這種能力同樣能派上用場。我們可以找出一些較小的轉變，然後把它們串聯起來，達成重要的結果。透過小步驟的改進正是重構所關注的做法。

在這本書中，我們討論了當您不知道最終目標是什麼時應該採取的步驟，例如第 13 章或 Part 1 部分中的所有規則。所有這些步驟都屬於小步驟，它們的重點是從一個可執行的狀態轉向另一個可執行的狀態，這被稱為**從綠燈到綠燈**（**green to green**）。一般來說，這代表我們必須透過幾個中間步驟，只進行最小限度的改進。

除了能降低風險之外，快速從綠燈到綠燈的過程給予了更大的彈性，以便在過程中改變方向。如果我們發現了重要的事情，只需要繼續進行到下一個綠燈狀態之前再做調整。如果我們收到了緊急修復的請求，我們可以使用 git reset 回到上一個綠燈狀態，並且只損失最小量的工作。我們必須重新設定重構，而不僅僅是切換分支並稍後返回，因為當我們在進行重構的過程中，通常需要在腦海中記住許多零散的線索。如果我們從重構中切換到其他工作，很可能無法記

得這些線索，因此引入錯誤的風險會急劇增加。所以我們只應該在綠燈狀態下才切換工作內容。

我們還討論了如何把需要同時進行程式碼和生活文化改變的轉型分解為穩定狀態之間的小步驟。在第 10 章中，當我們探討功能開關時，研究了相關技術並討論了採用必要生活文化的步驟。從高層次的角度來看，我的建議是培養一種習慣，即在所有變更周圍加上或移除 if 陳述式。只有當這種技巧成為第二天性時，我們才能開始利用它在上線作業環境中獲得好處。如果我們試圖直接跳到最終階段，很有可能會錯過對新程式碼進行 if 開關切換的一些情況，意外地發佈未完成的內容或引入錯誤。

14.2.2　尋找底層結構

我們談論了很多關於程式結構的內容。事實上，第 11 章就是專門探討這個主題。當我進行重構時，最喜歡把自己想像成黏土雕塑家，從一塊黏土開始，慢慢地塑造出內在的結構。我使用「黏土」這個比喻是因為我認為程式碼比起在石頭上雕刻更具可塑性和可逆性。但忽略這一點，米開朗基羅美妙地表達了這個概念：

> 每一塊石頭裡都有一尊雕像，而雕塑家的任務就是去發現它。
>
> —Michelangelo di Lodovico Buonarroti Simoni

為了能協助發現程式碼內隱藏的雕像，我使用一個很不錯的技巧，這也是 Part 1 的主題之一：我利用程式碼的行數來引導方法的位置，然後再用方法來引導類別的位置。在實際應用中，我更進一步，讓類別來引導命名空間或套件的位置。這個技巧是從內部開始，然後逐層把變更延伸到愈來愈抽象的層級。因此，我寧願有多一個方法，而不想少一個方法。方法可能會決定是否具有共同的字首，進而產生另一個類別。

14.2.3　使用規則來進行協作

就像現實世界中的任何事情一樣，並沒有完美搞定一切的銀彈、沒有完整而直截了當的模型，本書中的規則和建議也不例外。因此，強調規則只是工具而不是定律是非常重要的。盲目套用這些規則，甚至更糟的是用它們來監視您的合作隊友，這都是嚴重的錯誤。正如前一章所提的，開發團隊中的首要目標是讓大家有安全感。如果這些規則能夠讓您在進行重構時感到安全和自信，那就是好的狀態。如果規則是用來互相攻擊，那就不好了。這些規則是關於程式碼品質的良好基礎，它們是一個很好的出發點，能夠引發關於「重構」的必要性和行動力。

14.2.4　團隊優先於個人

接下來我想強調團隊的重要性。軟體開發是一個團隊的努力成果。正如 DevOps 和敏捷開發所建議鼓勵的，我們應該注重密切的合作。有時候我們很容易陷入這樣的思維，認為單獨的開發者並行工作可以提高效率。然而，這種安排會產生知識孤立，這比並行化帶來的好處更為不利。像是成對程式設計和團隊程式設計這樣的做法就是良好合作的範例。妥善實施這些做法有助於分散知識、技能和責任，並增強信任和承諾。正如非洲諺語所說，

> 如果您想走得快一點，就單獨行動；如果您想走得更遠，就一起攜手前進。

> —非洲諺語

換句話說，遞送成果的是團隊，而不是個別成員。當有人問我「這行程式碼太長了嗎？」或者「這個功能有問題嗎？」時，我總是問以下這些問題：

1. 「您的開發人員是否理解這段程式碼？」

2. 「他們對此是否感到滿意？」

3. 「是否有一個簡單的版本，並且不會違反任何效能或安全的限制？」

整個團隊都必須為他們負責的整個程式碼庫承擔責任。我們希望能夠快速且有信心地修改程式碼，所以任何阻礙這麼做的問題都應該被解決。

14.2.5　簡單化優先於完整性

如果您想要努力定自己的規則，我也建議這麼做，但您必須遵守一個重要的設計原則。當我們看到糟糕的程式碼，想要建立某項規則來禁止時，很容易陷入試圖達到泛化通用的陷阱。這種做法會導致產生模糊和一般性的規則，就像程式碼異味一樣。有些規則非常有用且具體指定，但很多規則在最重要的「易於應用」標準上失敗了。

認知心理學描述了兩種認知任務的系統，兩種系統都各有一定的能力。系統 1 是快速但不精確的。使用系統 1 幾乎不耗費能量，所以我們的大腦更傾向於使用它。系統 2 則是慢速且耗能的，但更準確。有個經典的實驗展示了系統 1 和系統 2 的運作處理。請回答這個問題：「摩西帶了多少隻動物上方舟？」如果您回答兩隻，那是您的系統 1 在回應。如果您正確地察覺到方舟的動物是諾亞帶的，那就是您用系統 2 來回答的。

我們能夠同時進行多項系統 1 的任務，像是嚼口香糖、走路或開車。然而，我們只能專注在單一個系統 2 的任務，例如說話或發簡訊。人類並不具備多工處理的能力，有些人可以快速切換任務，但因為我們並非在並行處理事情，所以這樣做實際上並不實用。

程式設計主要是用來解決問題的，因此屬於系統 2 的任務。在整本書中，我一直強調開發人員已經在解決問題的任務上耗盡了他們的腦力。因此，我們希望大家執行的任何規則都必須非常簡單，這樣就可以毫不費力、不需思考地應用這些規則。

在「簡單但錯誤」到「複雜但正確」的範疇中，如果我們想要讓行為改變，就應該偏向簡單的一方。過於簡化可能會有問題，但我們可以利用人類的另一個特性：常識。以類似本書中的規則來呈現，並宣告它們只是指導原則而非定律，這樣可以阻止人們的盲目遵從。

14.2.6　使用物件或高階函式

在本書中，我們使用了許多物件和類別。然而，幾乎所有主流程式語言都引入了一項功能特性，讓我們省去了其中一些的使用。這項功能特性有很多名稱：高階函式、匿名函式、委派、閉包和箭頭等等。本書中有一些範例，但我在大部分情況下避免使用它們，這樣的選擇只是為了保持風格的一致性。

從重構的觀點來看,一個只有一個方法的物件與一個高階函式是相同的,如果物件有欄位,那就是一個閉包,它們具有相同的耦合性。一個看起來比較花俏,但對某些人來說讀起來可能更困難。因此,同樣的建議仍然適用:使用您的團隊認為讀起來比較容易的方式。如果您想要練習,可以參考 Part 1 中的程式碼,以其中講解的方式來進行重構。

▶Listing 14.1　物件

```
01 │  function remove(shouldRemove: RemoveStrategy)          ← RemoveStrategy 中唯一
02 │  {                                                         方法的型別簽章
03 │    for (let y = 0; y < map.length; y++)
04 │      for (let x = 0; x < map[y].length; x++)
05 │        if (shouldRemove.check(map[y][x]))              ← .check 被刪除,因為
06 │          map[y][x] = new Air();                            只有一種方法
07 │  }
08 │  class Key1 implements Tile {
09 │    // ...
10 │    moveHorizontal(dx: number) {
11 │      remove(new RemoveLock1());                        ← RemoveLock1 的主體
12 │      moveToTile(playerx + dx, playery);                   當作高階函式
13 │    }
14 │  }
15 │  interface RemoveStrategy {                            ← RemoveStrategy 中唯一
16 │    check(tile: Tile): boolean;                            方法的型別簽章
17 │  }
18 │  class RemoveLock1 implements RemoveStrategy
19 │  {
20 │    check(tile: Tile) {                                 ← RemoveLock1 的主體當
21 │      return tile.isLock1();                               作高階函式
22 │    }
23 │  }
```

▶Listing 14.2　高階函式

```
01 │  function remove(shouldRemove: (tile: Tile) => boolean)  ← RemoveStrategy 中
02 │  {                                                          唯一方法的型別簽章
03 │    for (let y = 0; y < map.length; y++)
04 │      for (let x = 0; x < map[y].length; x++)
05 │        if (shouldRemove(map[y][x]))                    ← .check 被刪除,因為
06 │          map[y][x] = new Air();                            只有一種方法
07 │  }
08 │  class Key1 implements Tile {
09 │    // ...
10 │    moveHorizontal(dx: number) {
11 │      remove(tile => tile.isLock1());                   ← RemoveLock1 的主體當
12 │      moveToTile(playerx + dx, playery);                   作高階函式
13 │    }
14 │  }
```

14.3 延伸學習：從這裡出發的方向

本書的學習旅程可以沿著許多不同的路線繼續進行，其中最自然的延伸方向包括宏觀架構（macro-architecture）、微觀架構（micro-architecture）和軟體品質（software quality）。我會針對每個下一步提供建議。

14.3.1 微觀架構的路線

微架構或團隊內部架構一直是本書的主要焦點，也可能是最順利的過渡路線。這個領域關注著耦合性和脆弱性，從表示式一直到公用介面和 API 設計（但不包括在內）。在這個路線上，我認為有兩個方向可選：

■ 您可以深入研究 Robert C. Martin 編寫的《Clean Code》一書，探索更複雜且詳細的程式碼異味。

■ 或者您可以透過 Martin Fowler 編寫的《Refactoring》一書，擴充您的重構模式庫。

14.3.2 宏觀架構的路線

您也可以選擇專注於宏觀或團隊之間的架構。正如在第 11 章提到的那樣，Conway 定律主宰著宏觀架構，也就是我們的（宏觀）架構會反映出組織的溝通結構。因此，我親切地把這個稱之為「人的路線（people route）」，要影響程式碼，我們必須關注在「人」這個層面上。關於團隊組織和 Conway 定律的精彩敘述，我推薦閱讀 Mathew Skelton 的《Team Topologies》（IT Revolution Press，2019 年出版）。

14.3.3 軟體品質的路線

最後一條路線是學習軟體品質。在這本書中，我們多次討論了品質的問題，而品質也有各種不同的形式來適應不同的需求。

對於把軟體交付給「程式碼麻瓜」的產品團隊，我建議學習測試。重構已內建於測試驅動開發中，雖然這個主題很難精通，但入門卻很容易。我個人偏好

Kent Beck 編寫的經典著作《Test-Driven Development》（Addison-Wesley Professional，2002 年版）。雖然測試並非萬全之策，但可以針對使用者可能面臨的許多問題。

平台團隊以程式庫、框架或可擴充工具的形式將軟體交付給其他程式設計師。對於這些團隊，我建議學習型別理論（type theory）。在現代程式語言中，我們可以在型別系統內表達了許多複雜的屬性，並讓編譯器證明其有效性。同時，型別有助於文件化並指導使用者在使用我們的軟體時，確保特定的屬性能保持不變，避免錯誤產生。我推薦 Benjamin C. Pierce 的《Types and Programming Languages》（MIT Press，2002 年版），這本書對函數式程式設計和型別提供了很好的入門介紹，並提供了工具和講解，可應用於其他程式設計範式。型別安全性是可靠的，但僅涵蓋我們所指導的部分。

最後，最有野心的讀者可以研究相依型別或證明輔助工具的可證正確性。可證正確性（provable correctness）是軟體品質的最新技術。然而，要掌握這一項技術需要非常努力。幸運的是，這個領域的經驗和知識可以輕鬆轉移到其他所有的程式設計活動上。我推薦 Edwin Brady 的《Type-Driven Development with Idris》（Manning，2017 年版），這本書也以函數式程式設計為基礎。截至筆者撰寫本文時，對於這一門學科所提供的品質需求並不是很高。然而，仍有新的可證正確性程式語言被創造出來了，例如 Lean 語言。因此，我們可以期待可證正確性的軟體在其中有一席之地，因為它具有可靠性並涵蓋了所有層面。

總結

- 為了讓「重構」更容易理解，我們強調了重構的重要性，並透過具體的規則和重構模式的範例進行了探索。接著擴大了視野，討論了許多影響程式碼品質的社會技術議題。

- 這本書的基本理念是將大型步驟轉換分解成穩定狀態之間的細小步驟。

- 結構通常是隱藏的，所以我們利用程式行來引導方法應該放在哪裡，而方法則引導類別應該放在哪裡。

- 書中的規則應該用來支持協作和團隊合作。在進行重構時，常識是無可替代的。

- 本書中的規則和建議是針對「人」來設計的，會考慮到人的環境和情況。如果我們想改變行為，就必須傾向於簡單性而不是正確性。

希望讀者會覺得這本書既有趣又有用。非常感謝您的關注與支持。

為 Part 1 內容安裝
相關工具

我們使用 Node.js 來安裝 TypeScript，所以需要先安裝 Node.js。

Node.js

1. 連到 https://nodejs.org/en，並下載 LTS 版本。

2. 啟動並切換到安裝程式 installer。

3. 開啟 PowerShell（或其他主控台）並執行下列命令來驗證安裝是否成功。

```
npm --version
```

命令執行後應該會返回像 6.14.6 之類的版本訊息。

TypeScript

1. 開啟 PowerShell，並執行如下命令：

```
npm install -g typescript
```

這是使用 Node.js 的套件管理員（npm）以全域（-g）安裝 typescript 編譯器，而不是安裝在本機的資料夾內。

2. 執行下列命令來驗證安裝是否成功。

```
tsc -version
```

命令執行後應該會返回像 Version 4.0.3 之類的版本訊息。

Visual Studio Code

1. 連到 https://code.visualstudio.com，並下載安裝程式。

2. 啟動並切換到安裝程式。在選擇附加的工作時，我建議勾選下列項目：

    ◆ 將[以 Code 開啟]動作加入 Windows 檔案總管檔案的操作功能表中。

    ◆ 將[以 Code 開啟]動作加入 Windows 檔案總管目錄的操作功能表中。

這些選項能讓你在 Windows 檔案總管中，只需按下滑鼠右鍵即可使用 Visual Studio Code 開啟目錄資料夾或檔案。

Git

1. 連到 https://git-scm.com/downloads，並下載安裝程式。

2. 啟動並切換到安裝程式。

3. 開啟 PowerShell 並執行下列命令來驗證安裝是否成功：

```
git -version
```

命令執行後應該會返回像 git version 2.24.0.windows.2 之類的版本訊息。

設定 TypeScript 專案

1. 打開您儲存遊戲程式的主控台。

   ◆ 使用 git clone https://github.com/thedrlambda/five-lines 下載遊戲的原始程式碼。

   ◆ 輸入 cd five-lines 來進入遊戲的目錄。

   ◆ 輸入 tsc -w ，在有變更時會編譯 TypeScript 成 JavaScript。

2. 在瀏覽器中開啟 index.html。

建置 TypeScript 專案

1. 請在 Visual Studio Code 中開啟遊戲範例程式所在的資料夾。

2. 選取「終端機→新增終端」指令。

3. 在終端機中執行 tsc -w 指令。

4. 當 TypeScript 有變更時，就會在背景中進行編譯，隨後請關閉終端機。

5. 每次有變更時，稍等一下 TypeScript 的編譯，然後會更新瀏覽器中的 index.html 檔。

開啟遊戲時，瀏覽器中會提供有關如何過關的說明。

如何修改遊戲關卡

可以在程式碼中修改關卡級別，因此可以透過更新 map 變數中的陣列來盡情享受自己建立地圖的樂趣。根據以下概述，其數字對應於 map 中方塊的類型。

0	Air 空的	2	Unbreakable 不能打破
1	Flux 變化的	8	Yellow key 黃色鑰匙
3	Player 玩家	9	Yellow lock 黃色鎖
4	Stone 石頭	10	Blue key 藍色鑰匙
6	Box 箱子	11	Blue lock 藍色鎖

數字 5 和 7 是箱子和石頭的掉落版本，因此不用在關卡的建立。如果您需要一些靈感和範例，請嘗試以下的關卡級別。其目標是讓兩個箱子都到達右下角，一個放在另一個上面。

▶Listing A.1　另一個遊戲關卡級別

```
01   let playerx = 5;
02   let playery = 3;
03   let map: Tile[][] = [
04     [2, 2, 2, 2, 2, 2, 2, 2],
05     [2, 0, 4, 6, 8, 6, 2, 2],
06     [2, 1, 1, 1, 1, 1, 2, 2],
07     [2, 0, 0, 0, 4, 3, 0, 2],
08     [2, 2, 9, 2, 2, 0, 0, 2],
09     [2, 2, 2, 2, 2, 2, 2, 2],
10   ];
```

這個關卡的過關解答為：← ↑ ↑ ↓ ← ← ↓ → → ↑ ← ← ↓ → → → ↑ ← ↓ →。

重構的時機與實作｜五行程式碼規則

作　　者：Christian Clausen
譯　　者：H&C
企劃編輯：蔡彤孟
文字編輯：詹祐甯
設計裝幀：張寶莉
發 行 人：廖文良

發 行 所：碁峰資訊股份有限公司
地　　址：台北市南港區三重路 66 號 7 樓之 6
電　　話：(02)2788-2408
傳　　真：(02)8192-4433
網　　站：www.gotop.com.tw
書　　號：ACL067900
版　　次：2023 年 08 月初版
建議售價：NT$680

國家圖書館出版品預行編目資料

重構的時機與實作：五行程式碼規則 / Christian Clausen 原著；
　H&C 譯. -- 初版. -- 臺北市：碁峰資訊，2023.08
　　面；　公分
　譯自：Five Lines of Code: How and when to refactor
　ISBN 978-626-324-584-6(平裝)
　1.CST：軟體研發　2.CST：電腦程式設計
312.2　　　　　　　　　　　　　　　　112012382

讀者服務

● 感謝您購買碁峰圖書，如果您對本書的內容或表達上有不清楚的地方或其他建議，請至碁峰網站：「聯絡我們」\「圖書問題」留下您所購買之書籍及問題。(請註明購買書籍之書號及書名，以及問題頁數，以便能儘快為您處理)
http://www.gotop.com.tw

● 售後服務僅限書籍本身內容，若是軟、硬體問題，請您直接與軟體廠商聯絡。

● 若於購買書籍後發現有破損、缺頁、裝訂錯誤之問題，請直接將書寄回更換，並註明您的姓名、連絡電話及地址，將有專人與您連絡補寄商品。